智能制造领域应用型人才培养"十三五"规划精品教材

工业机器人

系统集成（控制设计）项目教程

主编 ◎ 刘杰　汪漫

华中科技大学出版社
http://www.hustp.com
中国·武汉

内 容 简 介

本书以企业工业机器人应用项目的运行流程为主线,以项目任务为节点,讲解如何整合工业机器人系统集成相关控制设计专业知识和技能,实现对工业机器人系统集成项目的立项、技术文件编制、设备安装、设备编程调试、验收、交付、售后等环节的实施和管理。本书中心内容包括工业机器人系统集成的基本流程和组织结构、工业机器人系统集成控制设计的初步设计流程、工业机器人系统集成控制设计选型基础、工业机器人系统集成电气图设计、工业机器人系统集成电气设备安装规范作业流程等。

本书适合普通本科及高等职业院校自动化相关专业学生使用,以及从事工业机器人应用开发、调试与现场维护的工程师,特别是进行工业机器人系统集成开发的工程技术人员参考学习。

图书在版编目(CIP)数据

工业机器人系统集成(控制设计)项目教程/刘杰,汪漫主编. —武汉:华中科技大学出版社,2019.1
(2024.1重印)
智能制造领域应用型人才培养"十三五"规划精品教材
ISBN 978-7-5680-4244-4

Ⅰ.①工… Ⅱ.①刘… ②汪… Ⅲ.①工业机器人-系统集成技术-教材 Ⅳ.①TP242.2

中国版本图书馆 CIP 数据核字(2019)第 012490 号

工业机器人系统集成(控制设计)项目教程 刘 杰 汪 漫 主编
Gongye Jiqiren Xitong Jicheng (Kongzhi Sheji) Xiangmu Jiaocheng

策划编辑:袁 冲
责任编辑:段亚萍
封面设计:孢 子
责任校对:李 弋
责任监印:朱 玢
出版发行:华中科技大学出版社(中国·武汉)   电话:(027)81321913
         武汉市东湖新技术开发区华工科技园   邮编:430223
录　排:武汉蓝色匠心图文设计有限公司
印　刷:武汉中科兴业印务有限公司
开　本:787mm×1092mm　1/16
印　张:17.75
字　数:440千字
版　次:2024年1月第1版第5次印刷
定　价:48.00元

现阶段,我国制造业面临资源短缺、劳动力成本上升、人口红利减少等压力,而工业机器人的应用与推广,将极大地提高生产效率和产品质量,降低生产成本和资源消耗,有效提高我国工业制造竞争力。我国《机器人产业发展规划(2016—2020年)》强调,机器人是先进制造业的关键支撑装备和未来生活方式的重要切入点。广泛采用工业机器人,对促进我国先进制造业的崛起,有着十分重要的意义。"机器换人,人用机器"的新型制造方式有效推进了工业升级和转型。

伴随着工业大国相继提出机器人产业政策,如德国的"工业4.0"、美国的先进制造伙伴计划、中国的"十三五"规划与"中国制造2025"等国家政策,工业机器人产业迎来了快速发展的态势。当前,随着劳动力成本上涨,人口红利逐渐消失,生产方式向柔性、智能、精细转变,中国制造业转型升级迫在眉睫。全球新一轮科技革命和产业变革与中国制造业转型升级形成历史性交汇,中国已经成为全球最大的机器人市场。大力发展工业机器人产业,对于打造我国制造业新优势、推动工业转型升级、加快制造强国建设、改善人民生活水平具有深远意义。

工业机器人已在越来越多的领域得到了应用。在制造业中,尤其是在汽车产业中,工业机器人得到了广泛应用。如在毛坯制造(冲压、压铸、锻造等)、机械加工、焊接、热处理、表面涂覆、上下料、装配、检测及仓库堆垛等作业中,机器人逐步取代人工作业。机器人产业的发展对机器人领域技能型人才的需求也越来越迫切。为了满足岗位人才需求,满足产业升级和技术进步的要求,部分应用型本科院校相继开设了相关课程。在教材方面,虽有很多机器人方面的专著,但普遍偏向理论与研究,不能满足实际应用的需要。目前,企业的机器人应用人才培养只能依赖机器人生产企业的培训或产品手册,缺乏系统学习和相关理论指导,严重制约了我国机器人技术的推广和智能制造业的发展。武汉金石兴机器人自动化工程有限公司依托华中科技大学在机器人方向的研究实力,顺应形势需要,产、学、研、用相结合,组织企业专家和一线科研人员开展了一系列企业调研,面向企业需求,联合高校教师共同编写了"智能制造领域应用型人才培养'十三五'规划精品教材"系列图书。

该系列图书有以下特点:

(1) 循序渐进,系统性强。该系列图书从工业机器人的入门应用、技术基础、实训指导,到工业机器人的编程与高级应用,由浅入深,有助于读者系统学习工业机器人技术。

(2) 配套资源丰富多样。该系列图书配有相应的人才培养方案、课程建设标准、电子课件、视频等教学资源,以及配套的工业机器人教学装备,构建了立体化的工业机器人教学体系。

(3) 覆盖面广,应用广泛。该系列图书介绍了工业机器人集成工程所需的机械工程案

I

例、电气设计工程案例、机器人应用工艺编程等相关内容,顺应国内机器人产业人才发展需要,符合制造业人才发展规划。

"智能制造领域应用型人才培养'十三五'规划精品教材"系列图书结合工业机器人集成工程实际应用,教、学、用有机结合,有助于读者系统学习工业机器人技术和强化提高实践能力。该系列图书的出版发行填补了机器人工程专业系列教材的空白,有助于推进我国工业机器人技术人才的培养和发展,助力中国智造。

中国工程院院士

2018 年 10 月

编写依据

(1)本课程从企业项目的运行需求来组织,课程教材依据实用性原则来编写。

(2)工业机器人系统集成的核心问题是利用自控技术、通信技术、安全防范技术等将工业机器人单元、自控单元、自动线单元、外围监控单元进行集成设计、生产制造、安装调试及交付。工业机器人工作站的集成设计需要掌握和融合 PLC 系统、配电系统、工业机器人系统及外围设备的专业知识。本教材从工业机器人系统集成的需求出发,侧重于系统硬件集成的设计方法及需要掌握的基本技能,涉及 PLC 及工业机器人系统软件编程、PLC 硬件结构、外围自动输送线设备及传感器的硬件结构的不着重描述,请参阅相关教材。以上所述内容所涉及的课程包括 PLC 应用技术、传感器及检测技术、工业机器人虚拟仿真、编程及调试、自动机与自动线等。

(3)工业机器人工作站控制系统集成的过程设计可以分为系统规划(总体设计)、硬件设计、软件设计这几个基本的步骤,每一部分的设计都有不同的要求。由于软件设计已集中在 PLC 应用技术、工业机器人虚拟仿真、编程及调试教材中,所以本教材将按照实际工程设计的步骤,对控制系统硬件的具体设计过程做较为系统、完整的介绍。本教材内容涉及控制系统规划、硬件设计等方面的基本方法与步骤,还包括控制系统硬件设计中需要注意的基本问题。对于工业机器人系统集成的项目过程管理与控制,本教材会引述,但不做深入探讨。如需更深层学习这方面的知识,请参阅工业机器人系统项目管理相关教材。

教学任务

(1)工业机器人应用人才需求链条闭环工作岗位可分为销售、方案、验证、项目、工程、配置、调试、操作、现场、管理十大类别(见图1)。从事工业机器人系统设备集成的技术性工作可分为方案、验证、机械、电气、调试、售后技术服务六大类别。在企业中,也相应划分为五大部门:项目部、机械设计部、电气设计部、工程运营部、售后服务部。各部门人员被称为项目工程师、机械工程师、电气工程师、调试工程师、售后技术工程师。工作中的职责划分可以按表1所示的内容进行(各企业可能会有略微差别。微、小企业中通常是一个人兼数个职位,最常见的是项目工程师兼方案及工艺验证,电气工程师兼调试,设计人员兼售后技术支持)。

(2)本教材的主要任务是掌握系统集成的控制系统硬件设计方法、设计图纸的绘制及相关技术文件的编写。教材培养目标是使学习者通过学习,能够掌握工业机器人系统集成工程中电气硬件设计的技能。

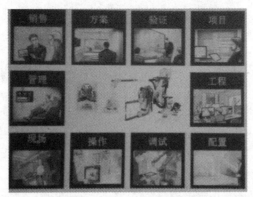

图1 工业机器人应用人才需求链条闭环工作岗位

表1 工程师类型与职责

工程师类型	负责范围
项目工程师	1.方案设计制作; 2.方案工艺验证(打样); 3.项目进度管控
机械工程师	1.设备总平面布置图及地基施工图(涉及电气布置的,要负责地基图合汇)设计; 2.机械部分(机构、机架、机架中电气安装支架预留、工业机器人底座、工业机器人抓具等)设计; 3.动力机头、执行部件选型及设计(如电机选型,气动、液压系统中的气缸、油缸等执行部件的选型及设计)
电气工程师	1.电气布置及电气地基图设计; 2.电气控制部分硬件设计; 3.动力控制部件(如气动、液压系统中的电磁阀部件、电控件 PLC、按钮等)选型及设计
调试工程师	设备软件编制及设备综合运行调试直至设备的最后交付及培训
售后技术工程师	设备交付后的技术服务及支持

作者积累了相关的课程设计素材,有需要的读者可以联系作者索取,作者邮箱:
289907659@qq.com。

编者

认识工业机器人系统集成

◀ 任务 1-1　制作系统集成公司特征表 ▶

【任务介绍】

进行工业机器人系统集成的平台是各式各样的工业机器人系统集成公司,了解系统集成公司的相关特性是工业机器人系统集成电气设计学习方向的指南针,也是日后进入工业机器人系统集成行业的敲门砖。请为自己制作一张关于系统集成公司特性的特征表,让自己通过比较系统集成公司的种类、业务范围、核心技术、利润空间、基本部门及人员组成等方面的异同点,找到中意的系统集成公司作为自己以后的工作平台。

【任务分析】

制作一张系统集成公司特征表首先需要了解整个系统集成行业中各种企业所扮演的角色,以及它们的经营范围、技术特点、基本的人员结构等。要想更加全面地了解工业机器人系统集成行业中的相关公司的特点,从而使表格内容更加详细全面,可以检索各大品牌机器人厂家官网和自动化产品厂家官网获取更多信息。

【相关知识】

(1)系统集成指一个组织机构内的设备、信息的集成,并通过完整的系统来实现对应用的支持。系统集成包括设备系统集成和应用系统集成。

(2)设备系统集成也可称为硬件系统集成,在大多数场合简称系统集成。它利用自控技术、通信技术、网络互联技术、安全防范技术等将相关设备、软件进行集成设计、安装调试、界面定制开发和应用支持。

(3)应用系统集成即为用户提供一个全面的系统解决方案。应用系统集成已经深入用户具体业务和应用层面。在大多数场合,应用系统集成又称为行业信息化解决方案集成。

(4)系统集成商是指具备系统资质,能对行业用户实施系统集成,能为客户提供系统集成产品与服务的专业机构或企业。系统集成包括设备系统集成和应用系统集成,因此,系统集成商也分为设备系统集成商(或称硬件系统集成商)和应用系统集成商(行业信息化方案解决商)。

控制和信息系统集成商协会把系统集成商定义为一个独立的、增值的工程机构(或是其中的一个利润-亏损部门)。它聚焦于工业控制和信息系统、制造执行系统以及工厂自动化系统等方面。系统集成商需要具备应用知识、销售、设计、执行、安装、调试以及支持方面的专项技能。只有能够为客户设计、建造、安装和调试一个由多个部分构成的自动化系统的公司才能被称为自动化系统集成商。情况类似的还有原始设备制造商(OEM),如果它们制造的机械设备包含自动化和控制设备,那么原始设备制造商也可以被认为是系统集成商。许多制造商和OEM也能够提供编程服务,这对任何集成的自动化系统都是一项关键的要素。

许多自动化产品的供应商和它们的分销商甚至都拥有已经达到系统集成商标准的应用工程部门。它们可能对于应用自身产品具有特别的倾向性,但是如果它们能够解决客户的自动化问题、执行自动化解决方案,那么它们就会被列入自动化系统集成商中。

近几年大型的综合性公司也开始涉足工业机器人系统集成业务。实际上所有的现代化工厂都具备一定的自动化程度,也参与建造自动化系统,进行系统集成。

通过项目咨询、系统设计、编程实施、安装调试以及培训支持等系统服务,系统集成满足了用户提高生产系统自动化程度的根本需求,实现了用户的投资价值。

(5)系统集成的环境及条件如下。

①系统集成需要拥有一批多专业的技术人员,而且要有一定的工程经验和经济实力。

②从技术角度看,计算机技术、应用系统开发技术、网络技术、控制技术、通信技术、建筑技术综合运用在一个工程中是技术发展的一种必然趋势。系统集成就是要根据用户提出的要求,为用户完成一个完整的解决方案。不仅要在技术上实现用户的要求,而且要满足用户投资的实用性和有效性,对用户的技术支持、培训有所保障,遵循技术规范化、工程管理科学化。

③目前国内系统集成市场上,除了大型的、复杂的工程之外,也存在像搭积木似的项目。系统集成就是一个综合性的工程,其涉及的不仅仅是技术和设备的问题,而且还有方方面面的关系问题。这样一个市场背景,给新人进入留下了巨大的活动、发展空间。

④系统集成行业市场容量巨大,类型较多,涉及的行业也非常多,与硬件产品一样有着低、中、高档之分。

⑤一般来说,系统集成的商业利润包括硬件利润、软件利润和集成利润三部分。其中硬件的价格透明度高,利润较低,而软件利润和集成利润占整个项目利润的绝大部分。

【任务实施】

不同的应用领域所对应的集成商不同,对应需要完成的工作任务、所使用的关键技术以及所取得的利润也各不相同。通过对上述内容的学习以及自己检索的典型系统集成企业的相关信息,可以开始制作自己的系统集成公司特征表了。表 1-1 所示是系统集成公司特征表参考样例,可参照该格式拓展表格中的项目和内容。

表 1-1　系统集成公司特征表(样表)

系统集成种类	代表性集成商	业务范围	关键技术	利润组成
设备系统集成				
应用系统集成				

【归纳总结】

通过自己制作表格对比不难发现,系统集成企业的工作模式是非标准化的,从销售人员拿订单到项目工程师根据订单要求进行方案设计,再到安装调试人员到客户现场进行安装调试,最后交给客户使用,不同行业的项目都会有其特殊性,很难完全复制。企业专注于某个领域,可以获得较高的行业壁垒,同时作为即将成为系统集成的从业者的我们也应该培养自己的业务专长以适应工业机器人系统集成企业需求。

【拓展提高】

在系统集成商中有各种各样的岗位,每个岗位有着自己独特的岗位职责和能力要求,对不同的岗位需求市场也给出了不同的薪酬。及时了解市场对工业机器人系统集成的人才需求和对人才相关能力的要求是引导我们学习工业机器人系统集成专业知识的重要方式。通过检索各大招聘网站对工业机器人系统集成相关岗位的招聘需求,制作一张包含岗位名称、工作职责、能力要求、薪酬福利的工业机器人系统集成岗位信息表,让自己实时了解市场需求,明确学习方向。

◢ 任务1-2 绘制系统集成的发展方向导图 ◣

【任务介绍】

工业机器人系统集成处于机器人产业链的下游应用端,为终端客户提供应用解决方案,其负责工业机器人应用二次开发和周边自动化配套设备的集成,是工业机器人自动化应用的重要组成。随着机器人技术的日趋成熟以及智能制造相关软硬件技术、物联网技术、工业云应用技术的飞速发展,工业机器人系统集成未来的发展将在多个方向齐头并进。请绘制一张思维导图,直观展现工业机器人系统集成未来的发展方向及其特点。

【任务分析】

我们可以借助以下途径来完成工业机器人系统集成发展方向思维导图:在相关工业机器人系统集成行业网站检索相关业内专家对工业机器人系统集成未来发展方向的判断;通过相关知识的学习了解工业机器人系统集成未来可能的发展方向;借助专用的思维导图绘制软件绘制工业机器人系统集成未来发展方向导图。

【相关知识】

随着系统市场的规范化、专用化的发展,系统集成商将趋于以下三个方向发展。

(1)系统咨询:为客户系统项目提供咨询(项目可行性评估、项目投资评估、应用系统模式、具体技术解决方案)。如有可能承接该项目,则负责对产品技术服务型和应用产品开发型的系统集成商进行项目实现招标并负责项目管理(承包和分包)。

(2)技术服务:以原始厂商的产品为中心,对项目具体技术实现方案的某一功能部分提供技术实现方案和服务。

(3)产品开发:表现在与用户合作共同规划设计应用系统模型,以及共同完成硬件、应用软件系统的设计开发。需要对行业知识和关键技术有大量的积累,为用户提供全面系统的解决方案,最终完成系统集成。

【任务实施】

图1-1所示是一张关于"工业"的思维导图,利用思维导图软件,模仿该图,以上述内容

以及自己在网络上检索到的关于工业机器人系统集成未来发展方向的相关素材绘制出工业机器人系统集成未来发展方向的思维导图。

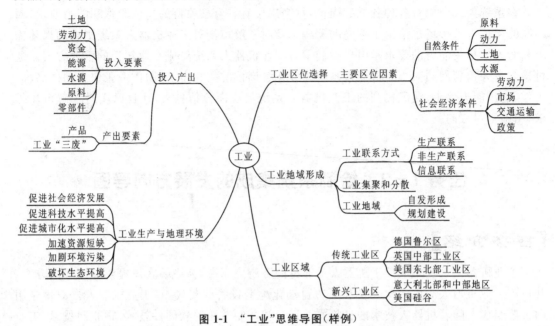

图 1-1　"工业"思维导图（样例）

【归纳总结】

　　通过整理我们可以发现，未来工业机器人系统集成的发展方向除了以上提到的内容之外，还包含从汽车行业向一般工业延伸、应用行业细分化、标准化程度持续提升、智能工厂等发展趋势。同时，通过绘制思维导图可以发现思维导图绘制软件能够将抽象思维形象化，是一款进行思维梳理的有效工具。

【拓展提高】

　　请利用相同的方法，利用思维导图绘制软件绘制出工业机器人系统集成与你大学所学习的其他相关课程之间的联系，通过这张思维导图形象反映出你对你学习的专业课在工业机器人系统集成中可能的作用的理解。

◆ 任务 1-3　绘制系统集成的组织结构图 ▶

【任务介绍】

　　了解系统集成中各种管理体系和组织职能划分是理解系统集成中各个岗位职责、完成职位任务、学会团队合作、有效完成系统集成项目信息沟通、协调团队资源更好完成项目任务的基础。作为一名工业机器人系统集成的参与者，请绘制一张工业机器人系统集成的组织结构图，直观展示工业机器人系统集成各个岗位间的关系。

【任务分析】

组织结构图是组织架构的直观反映。它形象地反映了组织内各机构、岗位上下左右相互之间的关系。组织架构图是从上至下、可自动增加垂直方向层次的组织单元、图标列表形式展现的架构图,在相关组织单元可以添加详细信息,还可以添加与组织架构关联的职位、人员信息。

【相关知识】

1. 系统集成的组织职能划分

系统集成运作的合理分工和各部分的协调管理可以依功能划分为市场、销售、技术、售后服务、专家机构等。

(1)市场:系统行销市场的分析、策划、管理,并对新产品的研发提出市场性指导意见。

(2)销售:总负责与具体客户的商务人员接触、跟踪并运作关系。其包含售前。售前人员对销售人员负责,为具体客户的技术人员提供产品技术介绍、具体系统解决方案。

(3)技术:包含产品开发及工程。产品开发负责软硬件产品的具体开发实施;工程对项目组负责,完成项目的工程实施。

(4)售后服务:完成项目的售后持续性技术维护和服务。

(5)专家机构:研究跟踪新产品、新技术,提出系统模式和具体系统技术解决方案;对售前为客户提供的系统方案进行评审;对产品开发提供的系统模式、开发平台进行评审和指导。

系统集成运作也可以依行业性市场划分。依据行业划分,要求各级人员除了对本职工作专而精,还要对行业关系、行业业务知识进行深入了解。

可以结合以上两点,根据具体情况划分系统集成的各职能部门。

2. 系统集成的协调管理

形成塔式管理体制:各层各部门责、权明确,逐层上行协调管理,决策逐层下行发布实施。

项目组:系统集成的外在行为表现为项目,如具体客户的项目、产品研发的项目等。项目组应由该项目相关的各平行部门指派的相应人员组成,由项目经理全权负责该项目的管理。

行业性销售项目的项目经理要对该行业销售部门负责,并直接对各平行部门的上级管理部门负责。应将塔式管理体制和项目组相结合。分工管理的层次性可充分适应企业未来的规模化发展,项目组的灵活性、平面化管理可以避免多层次管理可能带来的僵化和平行部门协调的低效。

【任务实施】

结合上述关于系统集成的组织职能划分和系统集成的协调管理机制的相关知识分别统计在工业机器人系统集成公司中的常见职位和管理体制,参照图 1-2 所示的某公司组织结构图绘制工业机器人系统集成通用组织结构图。

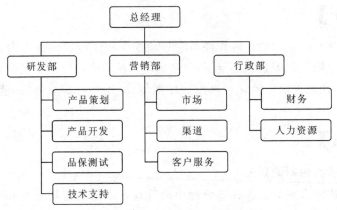

图1-2 某公司组织结构图(样例)

【归纳总结】

通过对系统集成公司组织结构图的绘制可以了解到以后从事相关岗位的职能的划分,以后进行相关工作推进时也能协调资源与人力协作完成任务。因此,在进入工业机器人系统集成行业前,了解典型的系统集成公司的组织结构十分有必要。

【拓展提高】

通过上述内容的学习和实践,你对于常见的系统集成企业的组织框架有了一定的了解,那么请对这种常见的组织框架中的塔式管理和项目管理的利弊进行对比并列表展示。

◀ 任务1-4 制作机器人系统集成常见应用设备清单 ▶

【任务介绍】

工业机器人系统集成是把工业机器人本体、机器人控制软件、机器人应用软件、机器人周边设备结合起来,成为系统,应用于焊接、打磨、上下料、搬运、机加工等工业自动化。所以,除了要了解工业机器人相关软硬件知识之外,对工业机器人各种不同工艺所涉及的外围设备的了解,对于完成相关工艺的集成至关重要。请结合以下知识及网络检索到的工业机器人工艺应用的相关知识,按照工业机器人应用工艺分类将相关工艺涉及的外部设备整理成表。

【任务分析】

工业机器人工艺应用中设备可分为以下几类:工业机器人及其附件、工艺设备、工装夹具、物流输送设备、水气电生产辅助设备、机器人末端工具、安全设备、外部控制系统、人机交互系统等。按照上述分类,结合检索到的和教材上的工业机器人应用相关设备介绍,对每一种工业机器人应用的相关设备进行梳理就能完成工业机器人工艺应用设备表。

【相关知识】

工业机器人工作站控制系统的集成是一个复杂而完整的工程,包括集成方案的制订、投标(或审议)、集成规划、系统图纸设计、系统生产、系统交付、售后服务等。项目开发流程如图1-3所示。

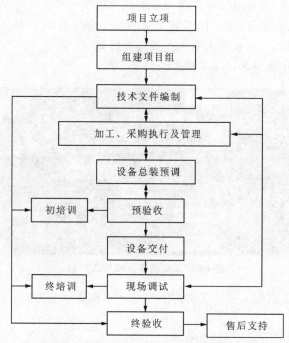

图1-3　工业机器人系统集成项目开发流程

根据工业机器人应用的领域,工业机器人工作站大致可分为如下的几种类型。

1. 工业机器人弧焊工作站

电弧焊是工业生产中应用最广泛的焊接方法。它的原理是利用电弧放电(俗称电弧燃烧)所产生的热量使焊接部位焊丝与工件熔化并在冷凝后形成焊缝,从而获得牢固接头。

工业机器人电弧焊可以进行平焊、横焊和立焊等多方位焊接。但在对焊缝质量要求较高及不易焊接到的场合,通常会使用变位机来安装固定焊接夹具。通过变位机旋转焊接夹具,改变工件的空间位置和姿态,使用工业机器人可以获得理想的焊接姿态以保证可焊性及焊接质量。工业机器人气体保护焊如图1-4所示。

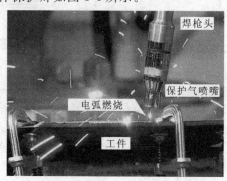

图1-4　工业机器人气体保护焊

弧焊工业机器人对工艺的主要要求之一,是需要保证零件焊接前焊缝误差的一致性。焊缝误差小,焊接质量才能达到要求。夹装不当或焊接时的热变形会使焊接接头位置发生变化,容易导致焊接工业机器人的焊接轨迹与焊缝偏离。弧焊工业机器人可以选配如下的纠偏选项:接触式探测、电弧式跟踪、弧压式跟踪、激光跟踪、视觉跟踪定位。针对具体焊接情况,选择有效的定位或跟踪方式。

电弧焊的安全特点:焊丝电弧焊焊接设备的空载电压一般为 50~90 V,焊接过程设备输出电压一般设定不超过 30 V,而人体所能承受的安全电压为 30~45 V,所以工业机器人焊接设备通常会在母材侧,工业机器人本体均做接地处理。

工业机器人弧焊工作站如图 1-5 所示。

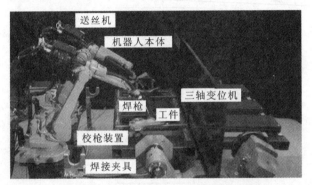

图 1-5　工业机器人弧焊工作站

图 1-6 所示是工业机器人气体保护焊工作站基本构成示意图。

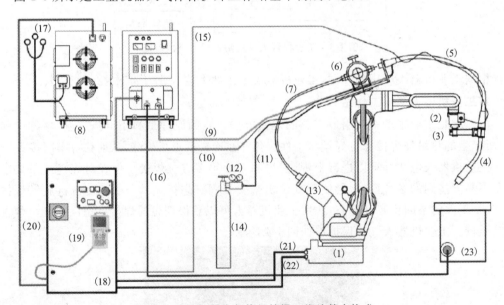

图 1-6　工业机器人气体保护焊工作站基本构成

(1)工业机器人本体;(2)防碰撞传感器;(3)焊枪把持器;(4)焊枪;(5)焊枪电缆;(6)送丝机构;(7)送丝管;
(8)焊接电源;(9)功率电缆(+);(10)送丝机构控制电缆;(11)保护气软管;(12)保护气调节器;(13)送丝盘架;
(14)保护气瓶;(15)防碰撞传感器电缆;(16)功率电缆(-);(17)焊机供电电缆;(18)工业机器人控制柜;
(19)示教盒;(20)焊接指令电缆(I/F);(21)供电电缆;(22)控制电缆;(23)夹具及工作台

2. 工业机器人点焊工作站

点焊是焊件搭接装配后,压紧在两电极之间,利用正负两极在瞬间短路时产生的高温电弧来熔化电极间的被焊材料,形成焊点的电阻焊方法,如图1-7所示。点焊多用于薄板的连接,如飞机蒙皮、航空发动机的火烟筒、汽车驾驶室外壳(车身)等。点焊机焊接变压器是点焊电器。点焊时,上、下电极臂有一极作动(动极臂)压紧工件并保持设定的压力直到焊接结束,如图1-8所示。工业机器人点焊钳的动极臂驱动分为气动及伺服电机驱动两种。电极臂及电极既用于传导焊接电流,又用于传递压力。车身工业机器人点焊工作站如图1-9所示。

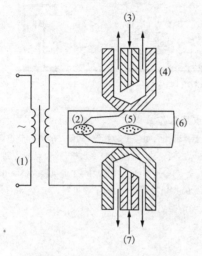

图 1-7 点焊工作状态示意
(1)电阻焊变压器;(2)分流;(3)冷却水;
(4)电极;(5)焊点;(6)工件;(7)冷却水

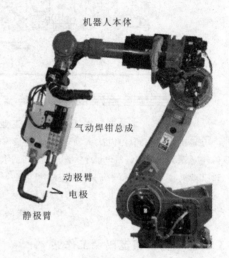

图 1-8 工业机器人及焊接变压器总成

图 1-9 车身工业机器人点焊工作站

为避免焊接过程发热,配置冷水设备。接通焊接电源时,冷却水路要首先通过变压器、电极等部分。电极常用紫铜、镉青铜、铬青铜等制成,焊接过程中由于高热,电极容易粘连或变形,电极外形的质量直接影响焊接过程、焊接质量和生产率。系统配置电极修磨器,在焊接过程中需要不断对电极进行修磨。当修磨到一定程度后,必须更换电极。

图1-10所示是基本工业机器人点焊工作站构成示意图。

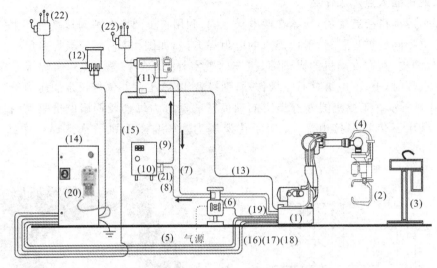

图 1-10 基本工业机器人点焊工作站构成

(1)工业机器人本体;(2)伺服/气动焊钳;(3)电极修磨器;(4)手首部集合电缆;(5)焊钳(伺服/气动)控制电缆;
(6)气、水管路组合体;(7)焊钳冷水管;(8)焊钳回水管;(9)点焊控制箱冷水管;(10)冷水机;(11)点焊控制箱;
(12)工业机器人变压器;(13)焊钳供电电缆;(14)工业机器人控制柜;(15)点焊指令电缆;(16)工业机器人供电电缆;
(17)工业机器人供电电缆;(18)工业机器人控制电缆;(19)焊钳进气管;(20)工业机器人示教盒;
(21)冷却水流量开关;(22)电源提供

3. 工业机器人搬运码垛工作站

搬运或码垛工业机器人通常是配合输送生产线进行工作的。其主要的工作任务是在生产线上进行搬运作业。搬运作业是指用一种设备握持工件,通过该设备将工件从一个加工位置移到另一个加工位置。搬运工业机器人可安装不同的末端执行器(简称端执器)以完成各种不同形状和状态的工件搬运工作,被广泛应用于机床上下料、冲压机自动化生产线、自动装配流水线、码垛搬运、集装箱等的自动搬运。部分发达国家已制定出人工搬运的最大限度,超过限度的必须由搬运工业机器人来完成。

工业机器人码垛工作站通常由如下部分组成:工业机器人本体及控制器、工业机器人上臂的气管及线缆包(简称管线包)、工业机器人底座、工业机器人手部抓具(端执器)、电气(PLC)控制系统、安全围栏等,如图 1-11 所示。

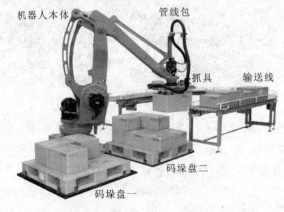

图 1-11 工业机器人码垛工作站

4. 工业机器人切割工作站

工业机器人切割工作站属于三维加工设备，可以实现各种图形、边的二维或三维立体切割。工业机器人切割按使用的切割工具种类可以分为激光切割、水切割、等离子切割、火焰切割等。

激光切割是利用经聚焦的高功率密度激光束照射工件，使被照射的材料迅速熔化、汽化、烧蚀或达到燃点，同时借助与光束同轴的高速气流吹除熔融物质，从而将工件割开。激光切割属于热切割方法之一，可用于热塑性塑料、玻璃、碳纤维塑料、钢制品的切割和修边加工。切割面加工精度高，可作为最终加工工序。

水切割又称水刀切割，是一种利用高压水流进行切割的加工方式。水切割可以切割绝大部分材料，如金属、大理石、玻璃、汽车内装饰材料等。因为它是采用水和磨料切割，在加工过程中不会产生热（或产生极少热量），这种效果对被热影响的材料是非常理想的。一般而言，以厚、易碎及怕热的不惧水材料，最适合使用水刀切割。水切割的切割面加工精度高，可作为最终加工工序。

等离子切割是利用高温等离子电弧的热量使工件切口处的金属局部熔化（和蒸发），并借助高速等离子的动力排出熔融金属以形成切口的一种加工方法，可切割不锈钢、铝、铜、铸铁、碳钢，加工速度快，获得工件毛坯快，加工精度不高，但给下一步精加工节省时间。对切割表面和尺寸精度要求不高场合可以考虑使用该工艺完成成品交付。

火焰切割是利用可燃气体与氧气混合燃烧的火焰热能将工件切割处预热到一定温度后，喷出高速切割氧流，使金属剧烈氧化并放出热量，利用切割氧流把熔化状态的金属氧化物吹掉，而实现切割的方法。火焰切割设备的成本最低，并且是切割厚金属板最经济有效的手段，但是在薄板切割方面有其不足之处。与等离子切割比较起来，火焰切割的热影响区要大许多，热变形比较大。为了切割准确有效，需注意切割过程中回避金属板的热变形。火焰切割是钢板粗加工的一种常用方式，常用于中厚板下料、切厚板坡口等。

图 1-12 所示为一个典型的工业机器人激光切割工作站的构成。

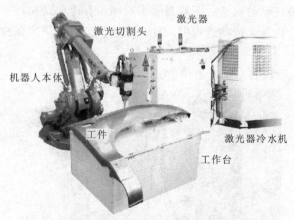

图 1-12　工业机器人激光切割工作站

5. 工业机器人打磨工作站

打磨抛光工业机器人用于替代传统人工进行工件的打磨抛光工作，主要用于工件的表面打磨、棱角去毛刺、焊缝打磨、内腔内孔去毛刺、孔口螺纹口加工等工作，应用于卫浴五金行业、IT 行业、汽车零部件、工业零件、医疗器械、木材建材家具制造、民用产品等行业。

工业机器人打磨基本可以以两种方式去实施：一种是工业机器人拿工件打磨，另一种是工业机器人拿工具去打磨工件。

工业机器人拿工件通常用于需要处理的工件相对比较小的情况，工业机器人通过抓手抓取工件并操作它在打磨设备上进行打磨。其有以下特点：在一个工位完成装件、打磨及卸件。

打磨设备的打磨机头可以有多样配置，也可以采用大功率打磨机头。在这种情况下，工件一次装夹，可以让工业机器人完成多道打磨工艺。比如在焊接不锈钢水龙头打磨工业机器人工位上，通过配置不同规格的砂带机头及抛光轮，就可以一次进行焊缝去高打磨、粗磨、精磨和抛光。

工业机器人拿工具打磨一般用于如下工况：对工业机器人来说比较重的大型工件；工件的形状不规则，不利于机器抓取；工件打磨部位不易到达，需要打磨工具与工件同时变换位置(工件的位置变换通常通过变位机来实现)。

当工业机器人所执的工具不能满足所有打磨工艺要求时，通常会配置自动换刀机构。通过换刀机构，工业机器人可以变换磨具进行加工。

工业机器人打磨属于硬碰硬性质的应用。为保护工业机器人或者被打磨工件，打磨轨迹或打磨压力必须进行控制。控制的手段可以采用两种方式：加工工具配柔顺性(浮动)装置或工业机器人配力控装置。这两种方式的使用依具体项目进行配置。加工工具的柔顺性装置结构可以为机械弹性或气动弹性结构。当工件打磨加工阻力大于柔顺性装置的预设值时，加工工具往减小阻力方向退让，以保持加工力的稳定。工业机器人配力控装置及相关处理软件，使加工过程更智能化。通过力传感器的反馈，工业机器人智能改变其运动轨迹或改变加工的速度来保持加工力的稳定，更有利于被加工件的外形精度控制。在对外形要求比较高的场合，必须配置该力控装置。相应力控装置的控制模式分为两种：力控压力模式和力控速度模式。第一种模式用于消除表面的不平整，工业机器人的运动过程中速度与磨削压力保持不变，刀具的最终运动轨迹会随着表面不规则而有浮动变化；第二种模式用于去除多余的表面材料，在工业机器人运动过程中，速度产生变化，磨削压力保持不变，运动轨迹遵循所设定的路径。

图 1-13 所示为工业机器人打磨工作站。

图 1-13　工业机器人打磨工作站

6. 工业机器人机加工工作站

工业机器人机加工是指工业机器人手执加工刀具，对被加工件进行加工的加工方法。工业机器人选用时，通常是选用结构刚度比较好的机型，以保证在加工过程中减少不断变化的加工反力对工业机器人运动轨迹精度产生的影响。工业机器人机加工可以用于金属、非金属件的二维、三维切削。如在三维雕刻上，应用于石像雕刻。

工业机器人手部的加工工具常用电主轴作为动力部件。通过配置不同的刀具，可以执行不同的加工工艺。由于电主轴具有结构紧凑、转速高、重量轻的特性，所以在加工过程中具有切削反力小、工业机器人空间可达性好以及工业机器人的后备负荷能力比较充足的特点。

与数控机床或数控加工中心的加工精度比较，由于受限于工业机器人本身的运动轨迹精度、刚度、本身精度校准误差及运动中各轴各向摩擦力不等等因素，工业机器人的加工精度略有不足。但是工业机器人的空间可达性、易用性、柔性是加工中心无法比拟的，所以工业机器人在机加工方面也大有作为。

图 1-14 所示为工业机器人机加工工作站。

图 1-14　工业机器人机加工工作站

7. 工业机器人装配工作站

装配工业机器人是柔性自动化装配系统的核心设备，由工业机器人操作机、控制器、末端执行器（手部工具）和传感系统组成。生产线产品更换时，可通过改变运动程序来实现柔性化生产的需求。末端执行器为适应不同的装配对象而设计成各种手爪和手腕等。传感系统用来获取装配工业机器人与环境和装配对象之间相互作用的信息。

根据工作需求，注意选择的装配工业机器人的装配精度、工作范围、运行速度是否能够满足。当现有的工业机器人不能满足精度需求时，可用的解决方法是进行端执器结构设计优化，如增加机械柔性装置、对中装置、力控导向装置或视觉导向装置等。

装配工业机器人主要用于各种电器（包括家用电器，如电视机、录音机、洗衣机、电冰箱、吸尘器、空调）、小型电机、汽车及其部件、计算机、玩具、机电产品及其组件的装配等方面。

图 1-15 所示为工业机器人装配电机转子工作站。

8. 工业机器人喷涂工作站

喷涂工业机器人又称喷漆工业机器人，是可进行自动喷漆或喷涂其他涂料的工业机器人。喷涂工业机器人对防爆性要求比较高。各工业机器人生产厂家对喷漆都有专用的喷涂工业机器人。喷涂工业机器人广泛用于汽车、仪表、电器、搪瓷等生产企业。

喷涂按工艺方式不同可分为无气喷涂、有气喷涂及静电喷涂等。

图 1-15　工业机器人装配电机转子工作站

无气喷涂是利用柱塞泵、隔膜泵等形式的增压泵将液体状的涂料增压,然后经高压软管输送至无气喷枪,最后在无气喷嘴处释放液压、瞬时雾化后喷向被涂物表面,形成涂膜层。由于涂料里不含空气,所以被称为无空气喷涂,简称无气喷涂。

有气喷涂也称低压有气喷涂,是依靠低压空气使油漆在喷出枪口后形成雾化气流作用于物体表面的喷涂方式。

静电喷涂是利用高压静电电场使带负电的涂料微粒沿着电场相反的方向定向运动,并将涂料微粒吸附在工件表面的一种喷涂方法,如机壳喷塑过程就是采用静电喷涂工艺。

高速旋杯式静电喷涂工艺已成为现代汽车车身涂装的主要手段之一,并且被广泛地应用于其他工业领域。其中,高速旋杯式静电喷枪已成为应用最广的工业涂装设备。它是将被涂工件接地作为阳极,静电喷枪(旋杯)接上负高压电($-50\sim-120$ kV)为阴极,旋杯采用空气透平驱动,空载时最高转速可达 60 000 r/min,带负荷工作转速为 15 000~40 000 r/min。当涂料被送到高速旋转的旋杯上时,由于旋杯旋转运动产生离心作用,涂料在旋杯内表面伸展成为薄膜,并获得巨大的加速度向旋杯边缘运动,在离心力及强电场的双重作用下破碎为极细的且带电荷的雾滴并向极性相反的被涂工件运动,最终沉积于被涂工件表面,形成均匀、平整、光滑、丰满的涂膜。

喷涂工业机器人的主要共同特点如下。

(1)中空内置管道式手臂。手臂各部分都准备了内置管道。内置管道将管道黏着薄雾和飞沫的机会降到最低,也最大限度地降低了灰尘黏附。另外,有的喷涂工业机器人(如ABB工业机器人)在臂上集有集成过程系统。该系统可实现闭环回路式调节及高速漆料控制与空气流量调节。喷涂工艺设备整合在机器人手臂内部,加快工艺响应速度的同时减少漆料和溶剂耗用。漆料流与机械臂运动同步可提升传送效率并使喷涂量最小化,从而节省漆料并提高成本效益。

(2)防爆等级为本质防爆、内部压力防爆。本质防爆是通过限制电气设备电路的各种参数,或采取保护措施来限制电路的火花放电能量和热能,使其在正常工作和规定的故障状态下产生的电火花和热效应均不能点燃周围环境的爆炸性混合物,从而实现电气防爆。内部压力防爆是通过密封加压以保证壳体内部压力值在工业机器人工作过程中始终保持正压而防止外界易燃气体进入的办法实现其防爆性能。

(3)专用的喷涂应用软件包。

(4)喷涂工业机器人系统具有紧凑的设计,不仅缩小喷房尺寸,降低通风需求,而且实现了有效节能。能与转台、滑台、输送链系统等一系列工艺辅助设备轻松集成。无与伦比的柔性使手腕可沿任意方向大角度旋转(可达 140°)。

图 1-16 所示为工业机器人喷涂车身工作站。

图 1-16 工业机器人喷涂车身工作站

9. 工业机器人涂胶工作站

工业机器人涂胶系统已在汽车前、后、侧风挡玻璃密封胶的涂布及汽车车灯、车门防水帘、车身底板、塑料件和家电产品等领域得到了广泛应用。涂胶类型有聚氨酯涂胶、热熔胶、发泡胶等。在仪器仪表的密封胶点涂上也有大量自动涂胶工业机器人被应用。

工业机器人涂胶系统由工业机器人、工件自动输送单元、工件定位装置、供胶系统、安全防护系统等组成。当定位装置不够精确时,还需要配置工业机器人工件寻位系统。利用寻位确定工件的实际位置,从而使工业机器人自动修正运动轨迹,保证生产质量。寻位方式有接触式测量、非接触式测量、视觉定位等。

工业机器人涂胶具有涂胶速度稳定、涂胶品质高的特点。与人工涂胶相比,最大的优点是工作效率高,涂胶胶线形状可控且均匀,质量稳定。利用工业机器人涂胶,节省的胶量相当可观,有利于生产成本的下降。

图 1-17 所示为发动机缸体工业机器人涂胶工作站。

图 1-17 发动机缸体工业机器人涂胶工作站

【任务实施】

了解工业机器人常见应用中的相关设备类型是完成项目集成的基础,结合所学习的工业机器人常见工艺应用,将工业机器人常见应用中的相关设备整理到表 1-2 中。(表 1-2 为样表,可根据样表格式完成此任务。)

表 1-2　工业机器人典型工艺应用相关设备

应 用 工 艺	工业机器人	工 装 夹 具	水气电设备	工 艺 设 备	末 端 工 具	…
弧焊工艺						
点焊工艺						
搬运工艺						
切割工艺						
打磨工艺						
涂胶工艺						
…						

【归纳总结】

进行工业机器人系统集成的核心就是将现有的成熟的硬件设备组成一个平台,借助功能软件和客户开发的软件实现既定的工艺功能。通过梳理相关应用中的硬件设备可以总结出工业机器人系统集成硬件设备组成特点和规律,从而为进一步的硬件设计、系统方案制作、软件设计构建框架。所以熟悉这些常见应用中的设备组成是进一步进行工业机器人系统集成相关设计与编程调试的基础。

【拓展提高】

上述任务中我们完成了对工业机器人系统集成相关硬件组成的总结,与此同时,在工业机器人系统集成中软件的功能同样重要。检索相关资料,结合已经学习的电气相关课程,将工业机器人系统集成的相关软件按照功能模块进行总结。在不同的工艺应用中又包含哪些软件功能模块呢?请参照表 1-2 所示的样表制作工业机器人系统集成软件功能模块组成表。

工业机器人系统集成电气设计基础

◀ 任务2-1　制作系统集成中电气电缆颜色使用规则表 ▶

【任务介绍】

　　不论是在非标自动化项目中还是在工业机器人系统集成中,连接各个电气元件的电缆起着传递能量和传输状态信号的作用。在自动化系统中电缆传输的能量和信号的特性千差万别,如何快速直观地了解电缆中所传输的能量或信号的特性呢? 电缆的颜色就是一个有效的介质,通过电缆颜色和电缆传输的能量或信号的特性的对应关系,可以直观了解电缆中所传输能量或信号的特性。所以,制作一个电缆颜色使用规则表能够为系统集成中的硬件安装、检修维护提供极大的便利。

【任务分析】

　　什么样的信号对应什么颜色的电缆,在不同的国家和地区有不同的规定,甚至在不同的企业也存在着不同的要求,所以在不同的系统集成项目地应该遵循当地关于电缆颜色使用的规定,按照规定选择所使用的电缆颜色。因此,制作系统集成中电气电缆颜色使用规则表的参考依据就是各个国家和地区、行业、企业的相关电气标准。以颜色和各种标准作为系统集成电气电缆颜色使用规则表中的项目,检索相关标准,完成表格内容制作。

【相关知识】

1. 标准概述

　　产品设计必须遵循国家和行业的有关标准。对出口产品,还需要符合使用国标准或国际标准的规定。一般而言,作为国际标准化组织的成员原则上应等同、等效采用国际标准。例如,我国的国家标准 GB 5226.1—2008《机械电气安全 机械电气设备 第1部分:通用技术条件》就等同采用了国际标准 IEC 60204-1：2005, *Safety of machinery—Electrical equipment of machines—Part1:General requirements*,IDT 等。但是,由于世界各国对产品质量的要求有所不同,不同国家及行业的标准可能存在一定差异,因此,产品设计时可以考虑直接采用国际标准或欧美先进标准,以提高产品质量。

2. 常用国际标准

　　国际标准化机构是负责制定、出版国际或地区性(如欧洲)标准的组织。制定、出版电气设备的国际或地区性标准的组织机构主要如下。

　　ISO(International Organization for Standardization):国际标准化组织。

　　IEC(International Electrotechnical Commission):国际电工委员会。

　　CEE(International Commission on Rules for approval of Electrical Equipment):国际电工认证委员会(主要负责电工产品认证)。

ANSI(American National Standards Institute):美国国家标准学会。

IEEE(Institute of Electrical and Electronics Engineers):电气和电子工程师协会。

DIN(Deutsches Institut Für Normung):德国标准化学会。

BS(British Standard):英国标准。

JIS(Japanese Industrial Standards):日本工业标准。

3. 国家标准

在我国,制定机电设备的国家和行业标准的主要组织和机构有国家标准化管理委员会、全国工业机械电气系统标准化技术委员会(SAC)、中国电工产品认证委员会(CCEE)等。工业机械电气设备、电气设计、制造应贯彻执行的国家标准主要是 GB 5226.1—2008《机械电气安全 机械电气设备 第 1 部分:通用技术条件》。

GB 5226 是由国家市场监督管理总局、国家标准化管理委员会发布的国家标准。该标准等同采用了 IEC 60204(国际电工委员会标准)。它是工业机械电气设备必须贯彻执行的强制性标准。第 1 部分(GB 5226.1—2008/IEC 60204-1)适应于额定电压不超过 AC1000 V 或 DC1500 V、额定频率不超过 200 Hz 的工业机械电气设备,是工业机器人系统集成电气设计必须遵守的标准之一。

4. 行业标准

我国机械行业的标准一般由中国机械工业联合会提出,由全国工业机械电气系统标准化技术委员会归口,国家发展和改革委员会进行发布。工业机器人设备系统电气设计可参照的行业标准主要有以下两个:

JB/T 2739—2015《机床电气图用图形符号》;

JB/T 2740—2015《机床电气设备及系统 电路图、图解和表的绘制》。

JB/T 2739—2015、JB/T 2740—2015 是机械行业的推荐标准,标准制定时引用和参照了 IEC 60617 等国际标准,但与 IEC、DIN 等国际和地区性标准不完全等同,因此,在电气图形符号、电气图表等的画法上,可能与其他国家和地区有所不同。由于标准不限制或阻碍技术进步,JB/T 2740—2015 等标准已明确规定,在设计机电设备时,也可采用 IEC 或 EN(欧洲标准)、DIN 等国际和地区性先进标准。

5. 质量认证

产品质量认证始于 20 世纪初,英国是最早开展产品质量认证的国家,随后许多工业发达国家也相继实行了本国的产品质量认证制度。1970 年,国际标准化组织成立了认证委员会(后改为合格评定委员会 CASCO);1972 年,国际电工委员会建立了质量评定体系(IECQ),并成立了认证管理委员会(CMC)和调查协调委员会(ICC),从此国际上有了统一的产品认证制度和指导性文件。

在进行机电产品电气设计时,必须采用符合标准的配套电器。电器产品的质量认证标记是表明产品符合相关标准的标记,它是购买配套电器的重要参考之一。选择设备电器产品时,不仅要考虑产品的性能参数、价格,而且还需要选择通过相关质量认证的配套电器,以确保产品达到使用国的安全、电磁兼容和环保等方面的要求。例如,出口欧洲的设备,需要选用经过 CE 认证的电器产品等。

6. 国际认证

电工电器产品常用的国际质量认证标记主要有如下几种。

➤CE 标志。

CE 标志(见图 2-1)是欧盟(European Union,EU)所推行的一种产品质量强制认定标志,它是用来证明产品符合欧盟低压电气设备 EG 法令的产品合格标志。

➤GS 标志。

GS 标志(见图 2-2)是德国劳工部授权特殊机构实施的一种产品安全认证标志。GS 认证的产品能在发生故障造成意外事故时,使制造商受到德国产品安全法的约束,因此,它虽不是强制认定,但取得 GS 认证的产品安全性更高。

➤UL 标志。

UL 标志(见图 2-3)是美国安全检测实验室公司的产品安全认证标志。UL 是美国最权威的质量认证机构,UL 认证的产品除了满足有关的安全标准外,对产品的生产管理体系也有一定的要求。取得 UL 认证的电器产品称为"注册电器",允许在美国零售。

图 2-1 CE 标志   图 2-2 GS 标志   图 2-3 UL 标志

➤其他常见的认证标志。

AS 标志:澳大利亚标准协会(SAA)使用于电器和非电器产品的标志,英联邦商务条例对其保障,国际通用。

BEB 标志:英国保险商实验室的检验合格标志。这个标志在世界许多国家通行,具有权威性。

JIB 标志:日本标准化组织(JIB)对其检验合格的电器产品、纺织品颁发的标志。

7. 国内认证

我国的电工电子产品认证主要由中国电工产品认证委员会(CCEE)负责。CCEE 成立于 1984 年,1985 年加入国际电工委员会电工电子产品质量安全认证组织(IECEE),1989 年成为 IECEE-CCB 成员。CCEE 是经国家质量监督检验检疫总局授权、国际电工委员会认可、代表中国参加 IECEE 的唯一机构。CCEE 的认证标志主要有以下 3 种。

➤CCC 标志。

CCC(China Compulsory Certification,中国强制认证)标志(见图 2-4)是中国电器产品强制性安全认证标志,它是我国对涉及安全、电磁兼容、环境保护要求的产品所实施的强制性认证。CCC 认证只是基础的产品安全认证,并不意味着产品的使用性能优异。

➤长城标志。

长城标志(见图 2-5)是 CCEE 质量认证标志,它是表示电工产品已符合中国电工产品认证委员会规定的认证要求的标志。

➤CCIB 标志。

CCIB(China Commodity Inspection Bureau)标志(见图 2-6)是中国进出口商品检验局

的检验标志。它表明该产品是正规进出口的商品,其质量安全可靠。进口的家电产品须有此标志方可在中国市场上销售。

中国电工产品安全认证

图 2-4　CCC 标志　　　　图 2-5　长城标志　　　　图 2-6　CCIB 标志

【任务实施】

为便于识别成套装置中各种导线的类别和作用,各种标准明确规定各类导线的颜色标志。请检索表 2-1 所示的各标准对导线颜色的规定。

表 2-1　系统集成中电气电缆颜色使用规则表(样例)

颜　　色	IEC 标准	CE 标准	GB 标准	JIS 标准	DIN 标准
黄色					
绿色					
红色					
黑色					
蓝色					
浅蓝色					
棕色					
黄绿相间					

【归纳总结】

通过对系统集成中电气电缆颜色使用规则表的制作,为以后的系统集成电气设计及调试检修提供了参考;在电气设计和调试检修中通过将现场的电缆颜色和系统集成电气电缆颜色使用规则表中的内容进行对比就能判断出电缆所传输的信号属性,为相关工作提供了重要的参考依据。要想使用规则表准确判断电缆中的信号特性或者灵活选择不同颜色的电缆进行电气设计,需要对系统所处地遵循的标准进行确定,明确了系统所适用的标准才能准确判断相关颜色与信号的对应关系。

【拓展提高】

对一个电气系统而言电缆的颜色固然重要,不同规格的电缆所能传输的电流大小对电气系统设计和系统的安全稳定运行也至关重要。因此,结合上述制作系统集成中电气电缆颜色使用规则表的方法制作系统集成中电气电缆载流量表,要求该表包含不同标准对不同规格、不同材质、不同使用环境温度、不同安装方式的电缆的最大安全电流给出的描述。

◀ 任务 2-2 依据实物接线图绘制标准电气图 ▶

【任务介绍】

图是设计师的语言,设计师通过图表达系统的构架和组成,以及各个组成部分之间的关系。在工业机器人系统集成电气设计中电气制图工作是十分重要的部分。工业机器人系统集成电气部分实施工作的依据就是电气图,因此为了保证整个项目的所有相关参与人员都能准确全面地理解电气图的含义,电气图必须符合规范标准。现有绘图任务如下:某公司多年前购置了一套输送线设备,由于随机图丢失,为了方便维护检修,现需要根据输送线电气元件实物接线图(见图 2-7)绘制电气原理图及接线图。

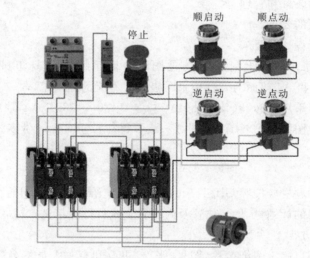

图 2-7 输送线电气元件实物接线图

【任务分析】

说电气图是电气工程师的设计语言,那么电气图作为一门"语言"必定有自己的"语法"。在利用这门"语言"表达含义的时候必须要严格遵循对应的"语法"才能使其他人正确理解语义,从而理解设计意图和设计细节。电气图的绘图"语法"就是电气制图标准。国家标准和行业标准对电气制图的图框、幅面大小、字体、符号、线型、标准、步进等方面都有详细的规定。因此,完成上述任务的方法是首先掌握相关制图标准,借助制图工具依据制图标准绘制相关电气图。

【相关知识】

1. 基本说明

工业机器人系统的电气设计主要参照的是机械行业推荐标准 JB/T 2739—2015《机床电气图用图形符号》、JB/T 2740—2015《机床电气设备及系统 电路图、图解和表的绘制》,以及 GB/T 6988.1—2008《电气技术用文件的编制 第 1 部分:规则》。

2. 电气图纸幅面

幅面尺寸分为五类：A0～A4(见表 2-2)。

表 2-2 常用幅面尺寸

代号	A0	A1	A2	A3	A4
尺寸/mm	841×1189	594×841	420×594	297×420	210×297

选择幅面尺寸的基本前提：保证幅面布局紧凑、清晰和使用方便。

幅面选择考虑因素。

(1)所设计对象的规模和复杂程度。

(2)由简图种类所确定的资料的详细程度。

(3)尽量选用较小幅面。

(4)便于图纸的装订和管理。

(5)复印和缩微的要求。

(6)计算机辅助设计的要求。

由于电气图可采用分页绘制，为了方便图纸的装订和管理、复印和打印、AutoCAD 制图，图纸以采用 A3 和 A4 幅面为宜。如果图幅尺寸不能满足要求，A3、A4 号图纸可根据需要沿短边加长，即可采用 A3×3(420×891)、A3×4(420×1189)、A4×4(297×841)、A4×5(297×1051)等加长图纸。A0～A2 号图纸一般不得加长。对于一份多张的图，所有图纸的幅面应相同。

3. 标题栏

(1)图纸中的标题栏应按照 GB/T 10609.1 的规定绘制。但不同的企业，根据自身的特点及需要，对电路图的标题栏尺寸、位置及内容有企业自行的定义。标题栏的位置一般在图纸的右下方或正下方。

(2)标题栏是用以确定图纸名称、图号、张次、更改和有关人员签名等内容的栏目，相当于图样的"铭牌"。会签栏是供各相关专业的设计人员会审图样时签名和标注日期用。

(3)图纸编号由企业内部标准规定执行，通常由图号和检索号两部分组成。例如图纸编号 15010-4-5001 中，检索号为 15010-4，图号为 5001。图纸编号由企业内部自行规定。

(4)电气图在一张图内画不完时，可以将图纸分为多张图。这多张图可以标示相同的图号及图纸名称。

(5)按电气图的特点，标题栏可采用扁平化布置，以获得更大的制图空间，如图 2-8 所示。

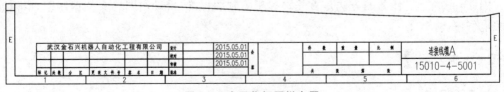

图 2-8 扁平化标题栏布置

4. 分区

为了确定图中各部分的内容及电气元器件在图上的位置，电气图需要进行分区。同方向的分区间距应相等,并为 25～75 mm。竖向分区用大写字母编号(如图 2-9 中的 A～E),横向分区用数字编号(如图 2-9 中的 1～6),编号应从左上角开始编排。

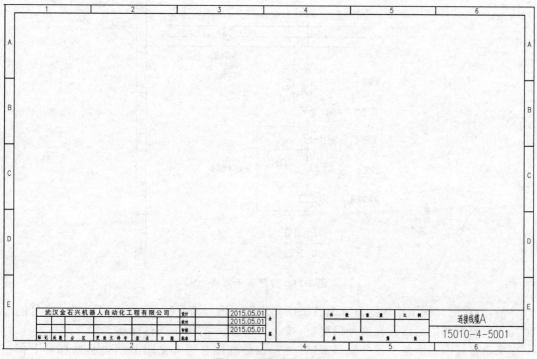

图 2-9　分区电气图幅

电气元件在图上的位置用分区代号表示,分区代号用该位置所在的分区编号表示,竖向分区的字母编号在前,横向分区的数字编号在后。

1)在相同图号图纸上的标示

电气元件在图纸上可以采用集中法或分开法来表示,如图 2-10 所示的电磁控制的开关组示意图。利用分开法表示,有利于图面接线布置。

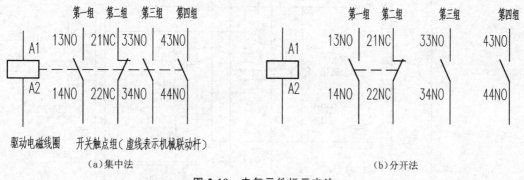

图 2-10　电气元件标示方法

(1)同一张图纸内,直接用分区号标示。如图 2-11 所示,对接触器 KM1 采用分开法把其控制线圈及触点与线路中的各元件进行连线绘制,其触点位置的分区号标示("C5""A6")按图示进行。

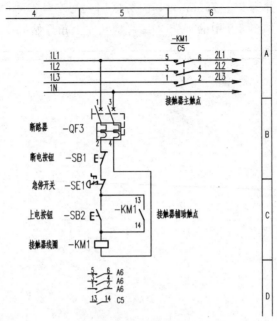

图 2-11　分区表示方法

（2）不在同一张图纸内。由于电气图纸允许同一图号跨页绘制,所以同一图号有可能产生几张页码连续的图纸。在这种情况下,按图 2-12 所示的例子进行标示。

第 1 张图所表示的元件接触器 KM1 主触点的线圈在第 2 张图 D6 区内,则在第 1 张图的元件 KM1 主触点旁标记 2/D6。

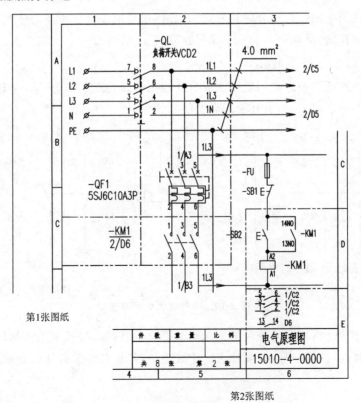

图 2-12　分图纸表示方法

2)在不同图号图纸上的标示

当跨图号进行引用时,按如下例子进行标示。

如在图号为 3002 的图纸上分别引用了图号 3219(元件 1)及图号 4752(元件 2)内元件的触点,则在图号 3002 引用的位置标明如下:

(1)元件 1 在图号为 3219 的图纸(该号对应的图纸只有一张)的 F3 区内,则应标记为图 3219/F3;

(2)元件 2 在图号为 4752(该号对应的图纸有多张)的第 8 张图 G8 区内,则应标记为图 4752/8/G8。

5.字体与图线

1)字体

字体应按 GB/T 14691—1993 的规定。A0 幅面的图纸字体最小高度为 5 mm,A1 为 3.5 mm、A2～A4 为 2.5 mm(AutoCAD 中,在 1∶1 的图幅中,文字高度不宜小于 25,否则打印出来的图纸文字过小,难以辨认)。除边框外,字体的方向应向上或向左(从底部或右侧阅读)。

2)图线

(1)线型。电气图的图线应按 GB/T 4457.4—2002 规定,采用表 2-3 所示的线型。

表 2-3 常用线型应用

图 线 型 式	一 般 应 用
实线(粗或细)	基本线、可见导线、可见轮廓线、简图的主要内容线
虚线(粗或细)	屏蔽线、辅助线、机械连线、不可见导线、不可见轮廓线、计划扩展的内容线
点画线(粗或细)	分界线、结构围框线、功能围框线、分组围框线
双点画线	辅助围框线

当用围框线来表示某个单元时,如围框内有可查阅详细资料的标记,围框内的电路可用简化的形式表示。

如果围框线内含有不属于该单元的元件符号,则应对这些符号加双点画线围框,并加注代号或注解。

当屏蔽线或接地线回绕整个单元时,应省略边界的围框线。

字体与图线如图 2-13 所示。

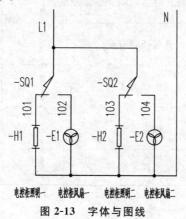

图 2-13 字体与图线

（2）线宽。线宽可为 0.25(0.13 mm)、0.35(0.18 mm)、0.5(0.25 mm)、0.7(0.35 mm)、1.0(0.5 mm)、1.4(0.7 mm)，优选 0.35(0.18 mm)或 0.5(0.25 mm)。在一份图样中，图线一般只选 2 种宽度，粗线宽度为细线的 2 倍。使用 2 种以上线宽时，宽度应以 2 的倍数依次递增。但是，对于 CAD 设计的电路图，一般应统一采用 0.2 mm 线宽。

（3）间距。考虑复制和微缩的需要，平行线的最小间距应为粗线宽度的 2 倍；等宽平行线的间距至少应为线宽的 3 倍。简图中相互平行的连接线，中心距至少应等于字高；带有信号代码等附加信息的平行线，中心距至少应为 2 倍字高。

6. 电气图用图形符号

电气图的符号原则上应按照 JB/T 2739 标准绘制。但是 JB/T 2740 已明确规定，电气设计图可采用 IEC 或 EN、DIN 等国际和地区性的先进标准。

图形符号、文字符号（代号）是电气图的主要组成部分。一个电气系统或一种电气装置同各种元器件组成，在主要以简图形式表达的电气图中，无论是表示构成、表示功能，还是表示电气接线等，通常用简单的图形符号表示。

图形符号的含义：用于图样或其他文件以表示一个设备或概念的图形、标记或字符。图形符号是通过书写、绘制、印刷或其他方法产生的可视图形，是一种以简明易懂的方式来传递一种信息，表示一个实物或概念，并可提供有关条件、相关性及动作信息的工业语言。

图形符号由一般符号、符号要素、限定符号等组成。

常用主令电器符号图如表 2-4 所示。（依据 GB/T 2900.18 的定义，主令电器是用作闭合或断开控制电路，以发出指令或作程序控制的开关电器。它包括按钮、凸轮开关、行程开关，另外还有踏脚开关、接近开关、倒顺开关、紧急开关、钮子开关等。）

表 2-4　电气符号图

序　号	符　号	代　号	名　称	序　号	符　号	代　号	名　称
1		SR	操作器件吸合时延时闭合的动合触点	9		SB	自动复位常闭按钮
2		SR	操作器件吸合时延时断开的动断触点	10		SB	手动操作开关
3		SR	操作器件释放时延时断开的动合触点	11		SE	蘑菇头按钮
4		SR	操作器件释放时延时闭合的动断触点	12		SF	脚踏开关
5		SQ	机械挡块开关	13		SG	钥匙开关
6		SA	选择开关	14		SQ	位置开关动合触点
7		SQ	接近开关	15		SQ	位置开关动断触点
8		SB	自动复位常开按钮				

其他常用器件符号图如表 2-5 所示。

表 2-5 其他常用器件符号图

序号	符号	代号	名称	序号	符号	代号	名称
1		QF	断路器触点	17		M	直流电机
2		QF	单极微型断路器	18		M	交流电机
3	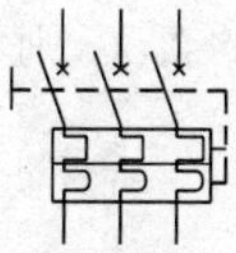	QF	断路器 JB/T 2739	19		G	发电机
				20		T	单相变压器
4		FU	熔断器	21		T	三相变压器
5		FR	热继电器	22		PA	电流表
6	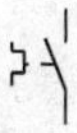	FR	热继电器动合触点	23		PV	电压表
7		FR	热继电器动断触点	24		XS	连接器插头
8		KM	交流接触器触点	25		XP	连接器插针
9	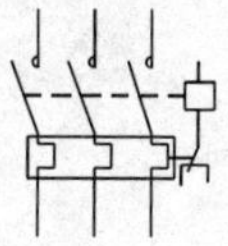	KM	交流接触器 JB/T 2739	26		XT	接线端子
				27		PE	接地
10		HL	指示灯	28		H	报警器
11		B	扬声器	29		UR	直流电源
12		PE	保护接地	30		C	电容
13		YV	电磁阀	31		R	电阻
14		KM KA	接触器线圈 继电器线圈	32		V	二极管
15		H	日光灯	33		A	放大器
16		E	风扇				

注:其他未列出的符号,请参阅 JB/T 2740 的规定,或同等采用 IEC、EN、DIN 标准。

需要特别注意的如下。

(1)所有的图形符号均按无电压、无外力作用的正常状态示出。

(2)在图形符号中,某些设备元件有多个图形符号,有优选形、其他形,形式 1、形式 2 等。选用符号遵循的原则:尽可能采用优选形;在满足需要的前提下,尽量采用最简单的形式。在同一图号的图中使用同一种形式。

（3）符号的大小和图线的宽度一般不影响符号的含义，在有些情况下，为了强调某些方面或者为了便于补充信息，或者为了区别不同的用途，允许采用不同大小的符号和不同宽度的图线。

（4）为了保持图面的清晰，避免导线弯折或交叉，在不致引起误解的情况下，可以将符号旋转或成镜像放置，但此时图形符号的文字标注和指示方向不得倒置。

（5）图形符号一般都画有引线，但在绝大多数情况下引线位置仅用作示例，在不改变符号含义的原则下，引线可取不同的方向。如引线符号的位置影响到符号的含义，则不能随意改变，否则引起歧义。

如图 2-14 所示，变压器引线可以改变方向。

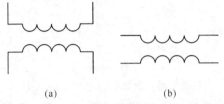

图 2-14　变压器引线方向

如图 2-15 所示，电阻引线不可以改变方向，否则出现意义变化。

图 2-15　电阻引线的方向

（6）图线符号中，一般不会有端子符号。在特殊情况下，如果端子符号是图线符号另一部分，则端子符号一定要画出。端子符号为空心圆点。图 2-16 所示为断路器、接触器触点及三相电机接线端子符号示意图。

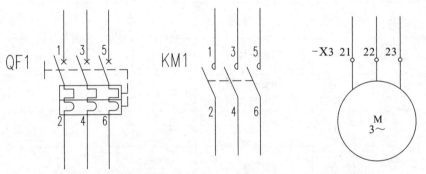

图 2-16　断路器、接触器触点及三相电机接线端子符号示意图

（7）围框。

当需要在图中显示出某一部分所表示的是功能单元、结构单元或项目组（如电器组、继电器装置）时，可以用点画线图框表示。为了使图画清晰，围框的形状可以是不规则的。

围框线不应与元件符号相交，但插头插座和端子符号除外。它们可以在围框上，或在围框线内，或者可以被省略。围框线以内或围框线上的符号，属于该单元的组成部分。

当用围框表示一个单元时,若在围框内给出了可查阅更详细资料的标记,则其内部的电路可以用简化的形式表示。

如果表示一个单元的围框内的图上含有不属于该单元的元件符号,则应对这些符号加双点画线的围框,并加注代号或注解(见图 2-17)。

图 2-17 双点画线的围框

当屏蔽线或接地线围绕着整个结构单元时,边界线(点画线)应省略。

(8)一个元件的多个端子可以用一个端子符号表示。尤其是在系统图中,端子代号可以用逗号隔开。如果端子连续编号且不会引起混乱,可以只表示第一个和最后一个代号,用圆点分开,如图 2-18 所示。

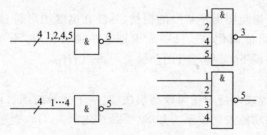

图 2-18 多个端子的表示方法

(9)在标准中,比较完整地列出了符号要素、限定符号和一般符号,但组合符号是有限的。若某些特定装置或概念的图形符号在标准中未列出,允许将已规定的一般符号、限定符号和符号要素进行适当组合,派生出新的符号。

7. 项目代号

(1)项目代号:用以识别图纸、图表、表格中和设备上的项目种类,并提供项目的层次关系、实际位置等信息的一种特定的代码。

(2)用途:可以在图纸、图表、表格中标明项目代号,从而可以将不同的图纸或其他技术文件上的项目(元件)与实际设备中的该项目(元件)一一对应和联系在一起。

(3)组成:项目代号由拉丁字母、阿拉伯数字、特定的前缀符号按照一定规则组合而成。一个完整的项目代号含有四个代号段。

(4)表示方法:项目代号通常标注在图形符号的上方或左侧。

(5)项目代号示例:

＝A1P2＋C1S3M6－Q4K2:13

高层代号段,其前缀符号为"＝"   ＝A1P2

种类代号段,其前缀符号为"－"   －Q4K2

位置代号段,其前缀符号为"＋"   ＋C1S3M6

端子代号段,其前缀符号为":"   :13

项目代号含义:表示 A1 装置 P2 系统中的 Q4 开关中的继电器 K2 的 13 号端子,并表明其位置在 C1 区间 S3 列操作柜 M6 柜中。

(6)在设备中可以把项目代号的全部或一部分表示在该项目上或其附近。如图 2-19 所示,断路器的项目代号为－QF2,直流电源的项目代号为－UR2,单极微型断路器的项目代号为－QF1。

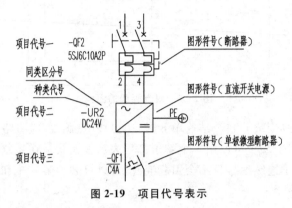

图 2-19 项目代号表示

(7)简化原则:为了避免图面不必要的拥挤,标注在电气图形符号附近的项目代号群,以清楚明了为原则,应尽可能简化——只要能识别这些项目即可,不一定都标注上四个代号段。在不引起误解的前提下,某些项目的前缀符号可以省略。

(8)项目代号说明。

①高层代号:指系统或设备中任何较高层次(对给予代号的项目而言)项目的代号,用于表示该给定代号项目的功能隶属关系。如 S2 系统中的开关 Q3,表示为＝S2－Q3,其中"＝S2"为高层代号。

JB/T 2740 推荐以 A 或 B 表示电气图,以 C 或 D 表示电源电压变换装置、变频装置等动力电路,以 E、F 表示冷却、润滑、排屑等交流辅助传动装置等。

②位置代号:指项目在组件、设备、系统或建筑物中的实际位置的代号。位置代号由自行规定的拉丁字母或数字组成(企业自行规定)。在使用位置代号时,就给出表示该项目位置的示意图。如＋204＋A＋4 可写为＋204A4,意思为在 204 室 A 列柜的第 4 机柜中。

③种类代号:

a.用以识别项目种类的代号。电气技术中的文字符号用拉丁字母将各种电气设备、装置和元器件划分为 23 大类,每大类用一个专用单字母符号表示,如表 2-6 所示。

表 2-6 电气技术文字符号

类 别 代 号	类 别	类别代号所代表实物举例
A	成套组件和装置	CNC、PLC、伺服驱动器、变频器等
B	非电量到电量变换器或电量到非电量变换器	检测装置、传感器、测速发电机、编码器、光栅等
C	电容器	
D	二进制元件、延迟器件、存储器件	存储器、触发器等

类别代号	类　　别	类别代号所代表实物举例
E	其他元器件	照明、加热器、风机等
F	保护元器件	熔断器、小型断路器、热继电器、避雷器等
G	发生器、电源、发电机	发电机、蓄电池、供电设备等
H	信号器件	指示灯、蜂鸣器等
K	继电器、接触器、电感器	交直流接触器、中间继电器、时间继电器等
L	电感器、电抗器	电感器、电抗器等
M	电动机	
N	放大器、调节器、不使用、测量仪器、检测设备、大电流开关器件、电阻	集成的开关电路、运算放大器、阻抗变换器等
P	测量设备、实验设备	显示器、数据记录仪、时钟、打印机、电压/电流/功率表等
Q	电力电路的开关器件	电动机保护断路器、负荷开关、隔离开关
R	电阻器	各类电阻、电位器
S	控制、记忆、信号电路的开关器件选择器	按钮、限位开关、选择开关等
T	变压器	电压/电流互感器、变压器、调制解调器、逆变器、变流器等
U	调制器、变换器	终端设备、滤波器、限幅器等
V	电子管、晶体管	电子管、晶体二极管、晶体三极管等
W	传输通道、波导、天线	电缆\母线、天线等
X	端子、插头、插座	接线端、插头/插座等
Y	电气操作的机械器件	电磁阀、制动器、离合器、电磁铁等
Z	终端设备、混合变压器、滤波器、均衡器、限幅器	终端设备、滤波器、限幅器

b. 文字符号(代号)分基本文字符号和辅助文字符号。基本文字符号分单字母符号和双字母符号。双字母符号由表示种类的单字母与另一字母组成,以单字母符号在前、另一个字母在后的次序列出。双字母符号中的另一个字母通常选用该类设备、装置和元器件的英文名词的首位字母,或常用缩略语,或约定俗成的习惯用字母。

c. 辅助文字符号表示电气设备、装置和元器件以及线路的功能、状态,通常是由英文单词的前一两个字母构成。它一般放在基本文字符号后边,构成组合文字符号。

文字符号示例如表 2-7 所示。

表 2-7　文字符号示例

中 文 名 称	类 别 代 号	种 类 代 号	符 号 说 明
电阻器	R	R	基本单字母文字符号
熔断器	F	FU	基本双字母文字符号

续表

中 文 名 称	类 别 代 号	种 类 代 号	符 号 说 明
快速熔断器	F	FQ	基本单字母＋辅助文字符号
端子箱	A	ATB	基本双字母＋辅助文字符号

d.同类器件不同型号可以通过字母后的数字进行区分(同类区分号)。例如:用 R1、R2、R3 来区分不同的电阻,以 QF1、QF2 区分图纸中不同型号的断路器。当图纸中同一型号元件有多个时,为了进一步区分清楚,可以在数字编号之后增加细分符号".",随后再增加细分编号。如图 2-20 中的 QF3.1 和 QF3.2 规格型号都是 5SJ6C10A2P 的断路器。

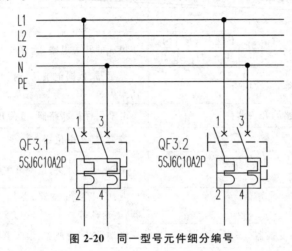

图 2-20　同一型号元件细分编号

但在实际中,常见一些图纸为了线号区分编制方便不再做细分编号,而是继续使用同类区分号进行连续编号。

e.当用顺序数字(1,2,3,…)取代种类代号(如 KM1、QF1、QF2、…)时,应将这些顺序数字和它所代表的项目排列于图中或另外的说明表中。

④端子代号通常不与前三段组合在一起,只与种类代号组合,可采用数字或大写字母。例如:-S4:A 表示控制开关 S4 的 A 号端子。-XT:7 表示端子板 XT 的 7 号端子。

8. 连接线

(1)连接线为图形符号间的连线,采用实线,对预计需要扩展的内容采用虚线标示。

(2)连接线不应在与另一连接线的交叉处改变方向,也不应穿过其他连接线的连接点。

(3)连接线相互连接处应使用实心圆点标示,如图 2-21 所示。

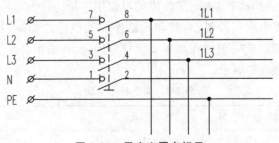

图 2-21　用实心圆点标示

(4)连接线与指引线相交时,在指引线末端与连接线的交点处用短斜线标示,如图 2-22 所示。

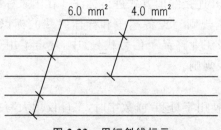

图 2-22 用短斜线标示

(5)需要连接到下一张图的连接线,连接线可以中断。当一张图中的连接线较长或需要穿越图形稠密区时,也可以采用中断的方式。连接线的中断处,应标明页次和分区编号。例如,在图 2-23 中,第 1 张图的直流电源输出 0 V/24 V 连接线需要连接到第 2 张图中的 KM1 控制回路,连接线需要中断。因此,其中断处需要标明去向,即图纸页次和分区编号 2/D5、2/E5;而第 2 页的 0 V/24 V 连接线中断处,需要标明连接线来源的第 1 页分区编号 1/E5。

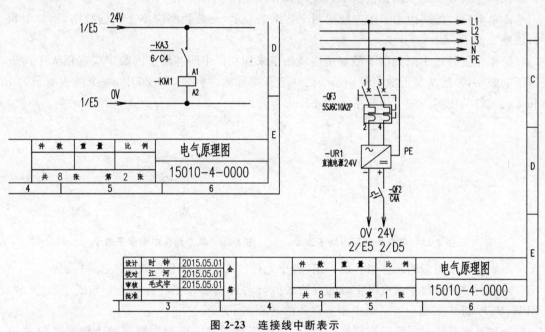

图 2-23 连接线中断表示

(6)简化画法。

在电气连接图等图样上,为了避免出现太多的连接线,可采用图 2-24 所示的单线简化画法,来表示一组连接线。利用单线表示一组线时,一般需要在连接线的末端注明连接线标记。

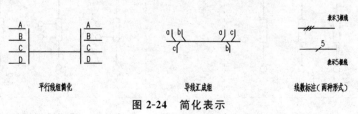

图 2-24 简化表示

（7）连接线标记（线号）。

①连接线应采用字母、数字或符号作为识别标记。标记一般应位于上方（水平布置）或左侧（垂直布置），也可用断开连接线的方式进行标注。在国家标准 GB/T 4026—2010《人机界面标志标识的基本和安全规则　设备端子和导体终端的标识》以及 GB/T 16679—2009《工业系统、装置与设备以及工业产品　信号代号》中，规定了用于标识信号、信号连接线和设备端子代号和名称的构成规则。

②字母数字系统通则。

a.一般要求：在标识中使用字母和/或数字时，字母仅用大写拉丁字母，数字要用阿拉伯数字。

注意：直流元件的字母从字母表的前半部分中选用，交流元件的字母从字母表的后半部分选用。

b.为了避免与数字 1 和 0 的混淆，不应使用字母 I 和 O。

c.可以使用"＋"和"－"。

d.对不致产生混淆的场合，允许省略标志规则中的完整字母数字符号的某些部分。

③标志规则。端子标志依据下列规则：

a.单个元件的两边端子用连续的两个数字来表示，奇数数字应小于偶数数字，例如 1 和 2，如图 2-25 所示。

b.单个元件的中间各端子最好用连续数字来区别。中间各端子的数字应选用大于两边端子的数字，并应从靠近数字较小端子的一边开始标志。例如图 2-26 中，一个两边端子为 1 和 2 的元件的中间各端子用数字 3 和 4 标志。

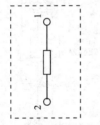

图 2-25　单个元件两边端子表示

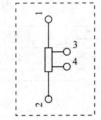

图 2-26　单个元件中间端子表示

c.如果几个相似的元件组合成一组，各个元件的端子应采用下列方法之一标记：

➤用所规定的数字前冠以字母的方法来区分两边端子和中间各端子。如图 2-27 所示，用 U、V、W 标志三相交流系统中相应设备的各相端子。

➤对不需要或不可能识别相位的场合，用所规定的数字前冠以数字的方法来区分两边端子和中间各端子。为避免混淆，在这些数字中间用一个圆点分开。如图 2-28 所示，一个元件的端子用 1.1 和 1.2 标志，另一个元件的端子用 2.1 和 2.2 标志。

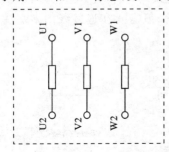

图 2-27　相似元件组合端子表示

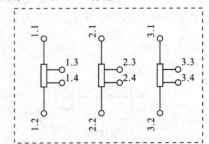

图 2-28　不能识别相位的表示

➤当端子组是用数字标记时,则采用数序。

➤同类的元件组用相同字母标志时,在字母前冠以数字来区别,如图 2-29 所示。

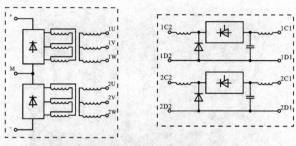

图 2-29 同类元件组用相同字母标志时

➤IEC、DIN、EN 等标准规定了表 2-8 所示的特殊连接线标记。标注特殊连接线时,使用这些标记。

表 2-8 标注特殊连接线标记

导 线	字母、数字标记	
	连接线	负载连接端
交流相线	L1、L2、L3	U、V、W
中性线	N	N
直流电源	L+、L−	C、D
中线	M	M
保护接地线	PE	PE
保护接地中线	PEN	PEN
功能接地	FE	FE

标注综合示例如图 2-30 所示。

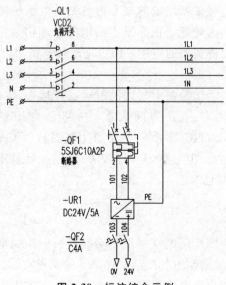

图 2-30 标注综合示例

注意:当进行布线打线号码(见图2-31)时,线号码应与识别标记一致。如果现场无法保证一致而产生变更,则应及时修正图纸,保证图纸与实物相对应。

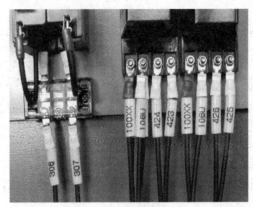

图 2-31 布线线号码

【任务实施】

根据相关的电气制图标准绘制出标准的 A4 图框和标题栏,按照图纸分区规范对图纸进行分区并标记;在电气制图标准中可以找到实物图中电气元件对应的电气图形符号,分析实物图连接线路的电路原理,将电气图形符号按照相关标准进行布局连线并标注对应的代号。遵循电气制图标准绘制接线图中各个硬件图形及端子,依据实物连线连接相关端子完成接线图绘制。

【归纳总结】

在工业机器人系统集成中要规范绘制电气图纸,需要掌握以下几个方面的内容。

掌握电气制图标准。电气制图标准是绘图的基本规则,只有按照电气制图标准绘制图纸,电气图纸才具备基本的可读性。

熟悉相关技术手册。电气图纸反映的核心内容是电气系统中各个元件间的能量传输、信号传递、指令传送等关系,因此除了依靠基本的电路原理构建电路图之外,通过相关的电气元件的技术手册获取该元件典型的应用电路也是绘制电路图、获取元件间关系、构建电路图的重要手段。

选择合适的制图软件。手工绘制电气图的时代已经远去,借助合适的软件绘制电气图能够事半功倍。电气制图软件分为两大类,一类是专用制图软件,例如 EPLAN、ELWCWORKS、PCSCHEMATIC 等,另一类是通用制图软件 CAD。专用制图软件拥有标准的图形符号和相关绘图控件,但是学习难度较大;通用软件基本操作简单,但软件中没有足够的电气制图标准元素和工具。

【拓展提高】

本任务中通过实物接线图绘制电气图纸是实践项目中绘制电气图纸的一种需求,但更多的时候,需要根据设计方案绘制电气图纸。如果你的家里有套新房需要装修,请结合你自己对照明及供电的需求绘制自己家里装修的标准配电电气原理图和接线图。

任务 2-3 检索工业机器人系统集成中机器人系统对使用环境及电源的要求

【任务介绍】

工业机器人是工业机器人系统集成项目中的核心硬件。由于工业机器人是一种结构复杂、集成度高、精密的机电一体化设备,因此工业机器人系统对其运行环境和电源性能有明确的要求。在进行某工业机器人集成项目时,客户指定使用发那科 R-1000iA 机器人作为作业设备。现在需要对客户项目现场进行考察以确定现场条件是否符合该款机器人的正常运行要求。制作发那科 R-1000iA 机器人对使用环境及电源的要求清单,与项目现场进行比对,确定客户项目现场环境是否符合要求。

【任务分析】

不同品牌和型号的工业机器人对其运行环境及电源均有不同的要求,要详细了解各个品牌及型号工业机器人对运行环境及电源的要求,最直接的方法是在该型号机器人的技术手册上查看相关说明。获取该款工业机器人技术手册的方法有两种:其一可以通过工业机器人随机资料获取,其二可以登录工业机器人厂家官网下载。

【相关知识】

1. 电源要求

(1)为保证设备及人员安全,工业机器人系统配电采用三相五线制配电方式(TN-S)。

(2)工业机械电气设备的设计应满足使用国的电压和频率要求。中国的低压电网的电压和频率分别为 220/380 V 和 50 Hz。

(3)进入中国的国外品牌工业机器人中,日系工业机器人如日本安川(首钢 MOTOMAN)工业机器人的 DX100 控制柜、NACHI 工业机器人的 FD\CFD 控制柜等均还采用日本制式的单相 100 V、60 Hz 电源或三相 200 V、60 Hz 电源。但对于电源制式与国内不一致的工业机器人,工业机器人厂家均有变压器选配项供设备使用者进行选配。在使用它们时,应注意选配。进入中国的欧系工业机器人(如 ABB、KUKA)则与中国电源制式相同。所以在给工业机器人配电时,应注意查阅工业机器人厂家提供的工业机器人控制柜技术规格参数。

(4)小型工业机器人通常采用的是单相+接 PE 线供电,中大型工业机器人采用三相+接 PE 线供电。图 2-32 所示为 ABB 工业机器人控制柜的三相输入开关接线及单相开关接线的图示。

在各工业机器人厂家的技术资料(安装手册)中,同时也表明了工业机器人控制柜的外接电源的接线规范及要求。如图 2-33 所示为某一工业机器人控制柜的外接电源技术说明。

工业机器人控制柜的外接电源示意图如图 2-34 所示。

工业机器人控制柜对电源品质的技术规范如下。

(1)常规要求:电压变化范围不超过±10%,频率变化范围不超过±2%。

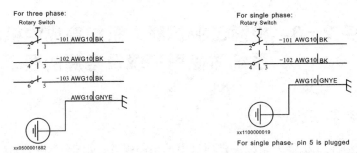

图 2-32　ABB 工业机器人控制柜的三相输入开关接线及单相开关接线的图示

⚠ 警 告	⚠ 小 心
1.请确认外部电源是否满足铭牌板和断路器侧面所贴标签中记载的规格要求。如果与规格不同的电源相连接,将会导致内部电气元件损坏。 2.为防止电气干扰和触电,请把控制器接地。 3.请使用专用接地线(100 Ω 以下),其尺寸大于等于规定的电缆尺寸(3.5~8.0 mm²)。 4.焊接机等和焊接电源的负极(母材)务必不要共接地线。 5.弧焊时把焊接电源的负极(母材)接到治具上或者直接连到要焊接的工件上。机器人机身和控制器要绝缘,不要共用接地线。 6.在打开控制器的外部电源前,请务必确认电源接线完毕和所有的保护盖已经正确地安装上。否则会导致触电。	1.外部电源应符合控制器规格要求,包括:电源瞬间中断、电压波动、电源容量等指标。如果电源中断或电压超出或低于控制器规定的范围,电源监视电路就会激活电源断开,并报出故障。 2.如果外部电源有大量的电气干扰,请使用干扰滤波器来减少干扰。 3.机器人马达的PWM噪声也有可能影响低噪声阻抗的设备,而导致误动作。请事先确认附近没有那样的设备。 4.为控制器安装一个专用外部电源断路器;不要和焊接设备共用断路器。 5.为防止外部电源端发生短路或意外漏电,请安装接地漏电断路器。(请使用感应度为100mA以上的延时型断路器。) 6.如果从外部电源来的雷电涌等浪涌电压可能会增高的话,将通过安装突波吸收器来降低浪涌电压等级。

图 2-33　某一工业机器人控制柜的外接电源技术说明

(2)注意:过高的电压有可能会使器件烧损。过低的电压会使机器人控制柜的工作不稳定而出现自动关机或出错的现象。在这种情况下,应配置稳压器进行电源的处理。

(3)在选择稳压器的时候应注意稳压器的类型。常用的稳压器有两种:一种是机械式,另一种是电子式。机械式稳压器是通过一块控制线路板驱动电机调节碳刷位置来稳压的。这种电路的缺点就是可靠性低和动态响应速度慢(瞬态电压变化响应时间为 1~1.5 s)。实际应用表明,在电压波动较大的场合(320~440 V),该种稳压器无法保证工业机器人控制柜正常工作。电子式稳压器的瞬态电压变化响应时间小于或等于 40 ms,比机械式稳压器响应速度快,精度高,但价格要贵。

(4)如果在同一供电母排下还有其他用电设备启动后对电网的污染比较大(如大功率电机、测功机等),工业机器人控制柜的工作状态有可能不稳定,造成工业机器人出错报警。这种情况下,技术规范上应对供电电源做如下的额外规定。

①谐波:2~5 次谐波的总和不超过线电压有效值的 10%,6~30 次谐波的总和不超过线电压有效值的 2%。

②三相不平衡电压:电压负序和零序成分不超过正序成分的 2%。

③电压冲击:上升/下降时间在 500 ns~500 μs 时,其持续时间不超过 1.5 ms,峰值不高于电源额定电压有效值的 200%。

④电压中断:电源中断或零电压持续时间不超过 3 ms,中断间隔应大于 1 s。

⑤电压降:电压降不超过峰值电压的 20%,间隔时间应大于 1 s。

如果电网无法满足以上要求,则工业机器人控制柜入线端应配置隔离变压器或交流电抗器进行电源处理。如果还不能解决,则改变工业机器人控制柜的用电来源。

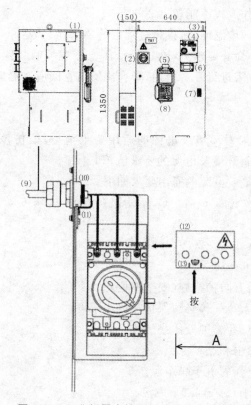

图 2-34 工业机器人控制柜的外接电源示意图

(1)外部电源入口;(2)控制器电源开关;(3)吊环;(4)操作面板;(5)吊钩;(6)附件面板;(7)示教器连接器;

(8)示教器;(9)外部电源电缆;(10)接地端子;(11)地线;(12)外部电源电缆连接端子保护盖;(13)锁口

2. 环境要求

IEC 60204-1 标准对工业机械电气设备的一般工作环境规定如下。

(1)温度。

密封的工业电气设备应能在环境温度为 5~40 ℃、24 h 平均温度不超过 35 ℃的环境下正常使用;外露的工业电气设备应能在环境温度为 5~55 ℃、24 h 平均温度不超过 50 ℃的环境下正常使用。工业电气设备应能受得住−25~+55 ℃温度范围内的运输和存放,并能经受 70 ℃、时间不超过 24 h 的短期运输和存放。

(2)湿度。

工业电气设备应能在相对湿度为 30%~95%的环境下正常使用。

(3)海拔。

工业电气设备应能在海拔 1000 m 以下正常工作。

海拔越高的地区,空气密度就越小,大气压降低,使得空气黏性系数增加,空气分子数就会减少,从而导致传递的热量减少。对流散热传递的热量减少将导致产品温升的增加,电子部件的散热性能变差。

影响低压电器的分断能力:由于海拔升高,空气密度降低,空气散热能力减弱,当触头在分断电流时,介质恢复强度降低,电弧较难熄灭,容易引起电弧重燃,因而燃弧时间延长,触头寿命缩短。一般海拔超过 1000 m 的地区就必须开始考虑对电子设备的影响。一般的低压开关设备和控制设备工作海拔不能超过 2000 m。

如果电气设备工作的环境温度、海拔超过规定的要求,除了器件和控制装置本身需要满足特殊环境下的可靠性、寿命等要求外,在选择低压电器或控制装置时,对器件或控制装置的额定工作电流、电压参数需进行降容使用,降容比值请查阅所选器件的技术规格书。

【任务实施】

以下样例是工业机器人对环境及电源的通用要求清单,模仿该清单格式完成发那科 R-1000iA 工业机器人对运行环境及电源的要求清单。

工业机器人对运行环境及电源的通用要求如下。

(1)环境温度要求:工作温度 0~45 ℃,运输储存温度−10~60 ℃。

(2)相对湿度要求:20%~80%RH。

(3)动力电源:三相 AC 200/220 V(−15%~+10%)。

(4)接地电阻:小于 100 Ω。

(5)机器人工作区域需有防护措施(安全围栏)。

(6)灰尘、泥土、油雾、水蒸气等必须保持在最小限度。

(7)环境必须没有易燃、易腐蚀液体或气体。

(8)设备安装要远离撞击和振动源。

(9)机器人附近不能有强的电子噪声源。

(10)振动等级必须低于 0.5g(4.9 m/s^2)。

【归纳总结】

工业机器人对环境的要求分为温度、湿度、海拔、振动撞击、洁净度、易燃易爆物质、安全防护等方面;工业机器人对电源的要求分为电源电压、接地、电源干扰情况、电源线径等方面。在进行工业机器人选型,考虑外部运行条件时,可以考虑以上各个方面的情况。

【拓展提高】

对已经采购的工业机器人,由于现场的条件没有达到工业机器人运行要求导致工业机器人不能正常运行,面对这种情况有哪些方法可以优化现场的环境及进行电源调试以保证工业机器人的正常运行?列表说明。

◀ 任务 2-4 变频驱动电气设计 ▶

【任务介绍】

变频器是可调速驱动系统的一种。它应用变频驱动技术改变交流电机工作电压的频率和幅度,来平滑控制交流电机速度及转矩。变频驱动系统具有节能、启动冲击小、调速范围大、调速平滑、控制方式灵活等特点,在工业自动化领域得到了广泛的应用。现有某大型汽车零部件厂计划投产 2 条工业机器人点焊生产线,为点焊生产线提供冷却水的泵站有 3 台功率为 7.5 kW 的水泵,3 台水泵由变频器驱动轮流工作,每台水泵工作 8 小时。现要求对该泵站变频驱动系统进行电气设计,实现 3 台水泵的驱动供水。要求变频驱动系统有 2 种工作模式,其中自动模式要求启动按钮按下,3 台水泵按照每台水泵工作 8 小时的模式自动轮流工作,停止按钮按下,所有水泵停止运行;手动模式可通过旋钮选择工作水泵,当启动按钮按下,对应水泵开始工作,停止按钮按下,水泵停止工作。

【任务分析】

该任务要求对泵站的变频驱动系统进行电气设计,首先要完成的是方案的确定,确定该变频驱动系统是采用一对一的驱动方式还是一对多的驱动方式。在完成方案确定后进行元件选型,需要选择的电气元件包括变频器、断路器、按钮、开关、接触器、继电器等。完成选型后结合变频器的技术手册进行相关电路的设计和绘制。

【相关知识】

1.供电系统

供电系统由电源系统和输配电系统组成,是产生电能并供应和输送给用电设备的系统。根据 IEC 规定,低压供电系统大致可分为 TN、IT、TT 三种。其中,TN 系统节省材料、工时,在我国和其他许多国家得到广泛应用。TN 系统又分为 TN-C、TN-S、TN-C-S 三种形式。

TN 系统属于接零保护系统。TN 系统的电力系统有一点直接接地,所有电气设备的外露可导电部分均接到保护线上,并与电源的接地点相连,这个接地点通常是配电系统的中性点。当故障使电气设备金属外壳带电时,形成相线和地线短路,回路电阻小、电流大,能使熔丝迅速熔断或保护装置动作切断电源。如果将工作零线 N 重复接地,碰壳短路时,一部分电流就可能分流于重复接地点,会使保护装置不能可靠动作或拒动,使故障扩大化。

1)TN-C 系统

TN-C 系统为三相四线制,PEN 线在规定距离内接地,在入户端就近接地,四线到达用电设备。导线分为黄、绿、红、黄绿线。

采用三相交流供电的 TN-C 系统如图 2-35 所示,在整个系统中,电气设备的中性线 N 和保护接地线 PE 公用,并称为 PEN 线。TN-C 系统的电源中性线直接接地。电气设备的机壳连接公用线 PEN。

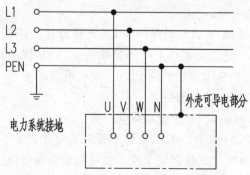

图 2-35 采用三相交流供电的 TN-C 系统

采用 TN-C 系统时,如电气设备的相线和机壳发生短路,将直接导致相线短路而产生很大的短路电流,使得电气设备的过电流保护装置迅速动作,快速切断电源。因此,TN-C 系统的中性线不允许安装开关或断路器,系统中也不允许同时存在机壳接地的设备,以防止不足以使过电流保护装置动作的短路电流引起机壳出现危险电压。此外,在电气设备内部,中性线和保护接地线不应该连接,也不应把 PEN 作为电气柜内部的连接端使用(IEC 60204)。

2)TN-S 系统

TN-S 系统为三相五线制。导线分为黄、绿、红、蓝、黄绿线。

TN-S 系统为电源中性点直接接地时,电气设备外露可导电部分通过零线接地的接零保护系统,N 为工作零线,PE 为专用保护接地线,即设备外壳连接到 PE 上。图 2-36 所示为采用三相交流供电的 TN-S 系统。

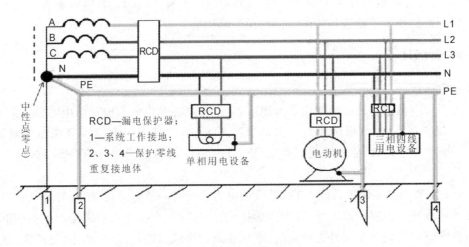

图 2-36 采用三相交流供电的 TN-S 系统

采用 PE 线的原因如下:在三相四线制供电系统中,三相负载不平衡或因低压电网零线过长导致阻抗过大时,零线将有零序电流通过。过长的低压电网,由于环境恶化,导线老化、受潮等因素,导线的漏电电流通过零线形成闭合回路,致使零线也带一定的电位,这对安全运行十分不利。在零干线断线的特殊情况下,断线以后的单相设备和所有接零保护的设备产生危险的电压,这是不允许的。

一旦设备出现外壳带电,接零保护系统能将漏电电流上升为短路电流,这个电流很大,实际上就是单相对地短路故障,熔断器的熔丝会熔断,低压断路器的脱扣器会立即动作而跳闸,使故障设备断电,比较安全。

TN-S 系统是把工作零线 N 和专用保护线 PE 严格分开的供电系统。系统正常运行时,专用保护线上没有电流,只是工作零线上有不平衡电流。PE 线对地没有电压,所以电气设备金属外壳接零保护是接在专用的保护线 PE 上,安全可靠。

工作零线只用作单相照明负载回路。

专用保护线 PE 不许断线,也不许接入漏电开关。

干线上使用漏电保护器(RCD),工作零线不得有重复接地,而 PE 线有重复接地,但是不经过漏电保护器,所以 TN-S 系统供电干线上也可以安装漏电保护器。

TN-S 系统安全可靠,适用于工业与民用建筑等低压供电系统。国家规定在建筑工程开工前的"三通一平"(电通、水通、路通和地平)必须采用 TN-S 系统。

3)TN-C-S 系统

TN-C-S 系统为伪三相五线制。三相四线制 PEN 线在规定距离内接地,在入户端就近接地,进入入户端后分为五线制到达用电设备。导线在入户端前分为黄、绿、红、黄绿线,在入户端后分黄、绿、红、(N)淡蓝、(PE)黄绿线。图 2-37 所示为采用三相交流供电的 TN-C-S 系统。

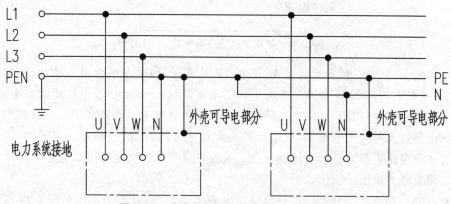

图 2-37 采用三相交流供电的 TN-C-S 系统

在施工临时用电中,如果前部分以(没有 220 V 负载的)TN-C 方式供电,而施工规范规定施工现场必须采用 TN-S 系统,则可以在系统后部分现场总配电箱分出 PE 线。这种系统就是 TN-C-S 系统。TN-C-S 系统的特点如下。

(1)工作零线 N 与专用保护线 PE 相联通。总开关箱后线路不平衡电流比较大时,电气设备的接零保护受到零线电位的影响。总开关箱后面 PE 线上没有电流,即该段导线上没有电压降,因此,TN-C-S 系统可以降低电气设备外壳对地的电压,然而又不能完全消除这个电压,这个电压的大小取决于 N 线的负载不平衡电流的大小及 N 线在总开关箱前线路的长度。负载不平衡电流越大,N 线又很长时,设备外壳对地电压偏移就越大。所以要求负载不平衡电流不能太大,而且在 PE 线上应作重复接地。

(2)PE 线在任何情况下都不能接入漏电保护器,因为线路末端的漏电保护器动作会使前级漏电保护器跳闸造成大范围停电。规范规定:有接零保护的零线不得串接任何开关和熔断器。

(3)对 PE 线除了在总箱处必须和 N 线相接以外,其他各分箱处均不得把 N 线和 PE 线相连。PE 线上不许安装开关和熔断器,且连接必须牢靠。

通过上述分析可知,TN-C-S 供电系统是在 TN-C 系统上临时变通的做法。当三相电力变压器工作接地情况良好、三相负载比较平衡时,TN-C-S 系统在施工用电实践中是可行的。但是,在三相负载不平衡、施工工地有专用的电力变压器时,必须采用 TN-S 系统。

4)IT 系统

IT 系统的"I"表示电源侧没有工作接地,或经过高阻抗接地,第二个字母"T"表示负载侧电气设备进行接地保护。图 2-38 所示为采用三相交流供电的 IT 系统。

IT 系统在供电距离不是很长时,供电的可靠性高、安全性好,一般用于不允许停电的场所,或者是要求严格地连续供电的地方,例如电力炼钢、大医院的手术室、地下矿井等处。地

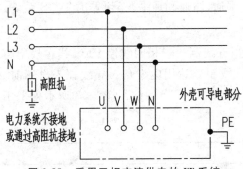

图 2-38　采用三相交流供电的 IT 系统

下矿井内供电条件比较差,电缆易受潮,运用 IT 系统,即使电源中性点不接地,一旦设备漏电,单相对地漏电流仍小,不会破坏电源电压的平衡,所以比电源中性点接地的系统还安全。

但是,如果供电距离很长,供电线路对大地的分布电容就不能忽视了。在负载发生短路故障或漏电使设备外壳带电时,漏电电流经大地形成回路,保护设备不一定动作,这是危险的。只有在供电距离不太长时才比较安全。这种供电方式在工地上很少见。

2. 三相负载的接法

交流电的三相负载可分为三角形接法和 Y 形接法(又称星形接法),如图 2-39 所示。

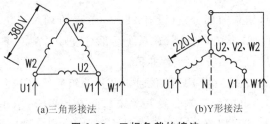

(a)三角形接法　　　(b)Y形接法

图 2-39　三相负载的接法

三角形接法的负载两端电压为 380 V,Y 形接法的负载两端电压为 220 V。Y 形接法的中间公共点引出线为中性线。三相负载平衡时,三相电的中性线电流为零,故也叫零线。三相负载不平衡时,应当连接中性线,否则各相负载将分压不等。在意外情况下,某相断开后,为防止其他相上负载电压重新分配引起事故,也应当连接中性线。

3. 三相电机的接线方法

三相交流电机接线柱与内部线圈的关系如图 2-40 所示。

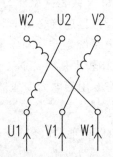

图 2-40　三相交流电机接线柱与内部线圈的关系

三相电机的 Y 形接法是把上排的短接片横向相互连接起来,下排接线柱分别接入交流电的各相,如图 2-41 所示。电机的转动方向不正确时,只需对调其中两相的接线位置。

图 2-41 三相电机的 Y 形接法

三相电机的三角形接法是把上下排的短接片纵向分别连接,下排接线柱分别接入交流电的各相,如图 2-42 所示。电机的转动方向不正确时,只需对调其中两相的接线位置。

图 2-42 三相电机的三角形接法

接电机线时,特别要注意的是电机铭牌上的电压与允许接线方式的对应关系。

如图 2-43 所示的电机铭牌,当三相交流电的相电压为 220~240 V 时,接线方式采用三角形接法。当三相交流电的相电压为 380~420 V 时,接线方式采用星形接法。我国三相电的制式为 380 V,在没有变压的条件下,只能采用星形接法。

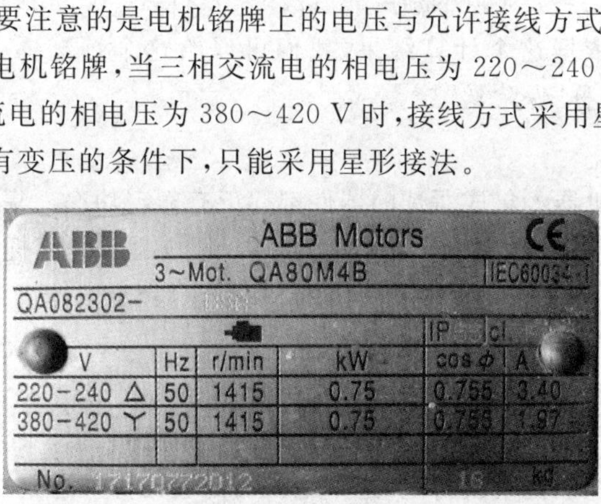

ABB		ABB Motors				CE
	3~Mot. QA80M4B				IEC60034-1	
QA082302-						
	V	Hz	r/min	kW	IP cl	cosφ	A
220-240 △	50	1415	0.75	0.755	3.40
380-420 Y	50	1415	0.75	0.755	1.97
No. 1717077 2012					16	kg

图 2-43 ABB 电机铭牌

有的电机铭牌比较紧凑,将两行并作一行来标明,如图 2-44 中方框内的标示。其意义相同,即当三相交流电的相电压为 220~240 V 时,接线方式采用三角形接法;当三相交流电的相电压为 380～420 V 时,接线方式采用星形接法。但对于初学者,容易误解为:这两种电压下都可以采用两种接线方式。任意接线的后果就是烧电机。

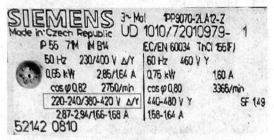

图 2-44　西门子电机铭牌

4. 输入线负载(电流)计算

在做工业机器人系统集成的时候,更关注的是元件在线路上的负荷。这个负荷包含功率、电压、电流、负载率、功率因数等参数。设计过程中,功率可以通过终端执行机构的设计计算获得;电压由使用的电源环境确定(在国内,交流电单相电压为 220 V,三相电压为 380 V。直流电按所配直流电源确定,常用 5 V、12 V、24 V);负载率按设备的用途去确认;对于电阻性负载,功率因数为 1,电感性负载依不同类型的器件而定。如果有器件的技术资料,可以查获器件的额定电流参数。但是在设计选型过程中,必须进行电流参数的计算。通过电压及计算出来的电流参数对器件进行选型。

1)单相负载计算

一般负载(可以为用电器,如电灯、冰箱等)分为两种,一种是电阻性负载,一种是电感性负载。

对于电阻性负载,功率的计算公式为 $P=UI$。转换为电流的计算式:$I=P/U$。

对于电感性负载,功率的计算公式为 $P=UI\cos\varphi$,其中 $\cos\varphi$ 为功率因数。转换为电流的计算式:$I=P/(U\cos\varphi)$。

例:某日光灯功率为 40 W,其功率因数 $\cos\varphi=0.5$。求负载电流。

$$I=P/(U\cos\varphi)=40/(220\times0.5)\text{ A}=0.36\text{ A}$$

负载电流的应用:依据这个计算结果,我们可以给这个灯选择一个耐压 250 V 以上、0.5 A 规格的熔断器(俗称"保险丝")。

2)三相负载计算

一般情况下,工业机器人集成所选的器件都标记有额定功率。集成过程中,为了在线路上配置断路器等配电或控制元件,需要注意器件标记的额定电流标识。如图 2-43 所示的 ABB 电机铭牌,三角形接法时,输入电压为 220～240 V,额定电流为 3.4 A;星形接法时,输入电压为 380～420 V,额定电流为 1.97 A。

需要提醒的是,电机所标示的电压对应的电流值指的是通过每一根输入电源线的额定电流值。在选择元件的容量时,应以供电电压下的这个值为依据。

例如,这个电机用在国内的设备上,这个电机的配套元件应选耐压 380 V、允许最大电流 1.97 A 以上规格的器件;如果用在国外 220 V 供电环境中,这个电机的配套元件应选耐压 220 V、允许最大电流 3.4 A 以上规格的器件。还应注意的是,所选器件的额定容量还要满足电机的各工况工作要求。

三相电电器的总功率为各相功率（对于电机来说就是各绕组的消耗功率）的总和。

$$P_总=3P_相$$

$$P_相=U_相\ I_相\ \cos\varphi$$

对于电机，采用三角形接法时情况如下。

线电压 $U_线$（输入电压）等于相电压 $U_相$（各绕组电压），而输入线电流 $I_线$ 等于相（各绕组）电流的 $\sqrt{3}$ 倍，所以：

$$P_相=U_相\ I_相\ \cos\varphi=U_线\ I_线\ \cos\varphi/\sqrt{3}$$

对于电机，采用星形接法时情况如下。

线电压 $U_线$ 是各绕组电压 $U_相$ 的 $\sqrt{3}$ 倍，而线电流等于相（各绕组）电流，所以：

$$P_相=U_相\ I_相\ \cos\varphi=U_线\ I_线\ \cos\varphi/\sqrt{3}$$

从以上的计算结果可以看出，两种接法的计算式一样。电机总功率计算式可用以下式子表示：

$$P_总=3P_相=3\times(U_线\ I_线\ \cos\varphi)/\sqrt{3}=\sqrt{3}U_线\ I_线\ \cos\varphi$$

电流计算式为：

$$I_线=P_总/(\sqrt{3}U_线\ \cos\varphi)$$

例：设备需要配一台 132 kW 的交流电机，三相 380 V 供电。请估算输入电源线上的电流。

一般大功率交流电机的功率因数为 0.9，则有：

$$I_线=P_总/(\sqrt{3}U_线\ \cos\varphi)=132\,000/(1.732\times380\times0.9)\ A=222.8\ A$$

接下来，通过这个电流及电机的工况可以对电机接线电缆、断路器等相关器件进行选型确认。

当然，在电机型号确认的情况下，这个电流参数也可以从电机铭牌或技术资料上获取，如图 2-45 所示。

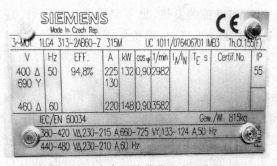

图 2-45　由电机铭牌获取电流参数

对于三相平衡电阻性负载（如三相接相同的电加热元件），功率因数为 1，电流计算式可简化为：

$$I_线=P_总/(\sqrt{3}U_线)$$

5. 变频器

1）变频器简介

变频器（variable-frequency drive，VFD）是应用变频技术与微电子技术，通过改变电机工作电源频率的方式来控制交流电机的电力控制设备。

变频器主要由整流(交流变直流)单元、滤波单元、逆变(直流变交流)单元、制动单元、驱动单元、检测单元、微处理单元等组成。变频器靠内部IGBT的开断来调整输出电源的电压和频率,根据实际来提供电机所需要的电源电压,进而达到节能、调速的目的。另外,变频器还有很多的保护功能,如过流保护、过压保护、过载保护等。随着工业自动化程度的不断提高,变频器得到了非常广泛的应用。

2)功能作用

(1)变频节能。

变频器节能主要表现在风机、水泵的应用上。为了保证生产的可靠性,各种生产机械在设计配用动力驱动时,都留有一定的富余量。当电机不能在满负荷下运行时,除达到动力驱动要求外,多余的力矩增加了有功功率的消耗,造成电能的浪费。风机、泵类等设备传统的调速方法是通过调节入口或出口的挡板、阀门开度来调节给风量和给水量,其输入功率大,且大量的能源消耗在挡板、阀门的截流过程中。当使用变频调速时,如果流量要求减小,通过降低风机或泵的转速即可满足要求。

电机使用变频器就是为了调速并降低启动电流。为了产生可变的电压和频率,变频器首先要把电源的交流电(AC)变换为直流电(DC),这个过程叫整流。把直流电变换为交流电的装置,其科学术语为"inverter"(逆变器)。一般逆变器是把直流电源逆变为一定频率和一定电压的逆变电源。对于逆变为频率可调、电压可调的逆变器我们称为变频器。变频器输出的波形是模拟正弦波,主要用于三相异步电机调速,又称变频调速器。对于主要用在仪器仪表的检测设备中的、波形要求较高的可变频率逆变器,要对波形进行整理,可以输出标准的正弦波,称变频电源。一般变频电源是变频器价格的15~20倍。由于变频器设备中产生变化的电压或频率的主要装置称"inverter",故该产品本身就被命名为"inverter",即变频器。

(2)功率因数补偿节能。

无功功率不但增加线损和设备的发热,更主要的是功率因数的降低导致电网有功功率的降低,大量的无功电能消耗在线路当中,设备使用效率低下,浪费严重。使用变频调速装置后,由于变频器内部滤波电容的作用,减少了无功损耗,增加了电网的有功功率。

(3)软启动节能。

①电机硬启动对电网造成严重的冲击,而且还会对电网容量要求过高,启动时产生的大电流和振动对挡板和阀门的损害极大,对设备、管路的使用寿命极为不利。而使用变频节能装置后,利用变频器的软启动功能将使启动电流从零开始,最大值也不超过额定电流,减轻了对电网的冲击和对供电容量的要求,延长了设备和阀门的使用寿命,节省了设备的维护费用。

②从理论上讲,变频器可以用在所有带有电机的机械设备中,电机在启动时,电流会比额定电流高5~6倍,不但会影响电机的使用寿命,而且消耗较多的电量。系统在设计时,在电机选型上会留有一定的余量,电机的速度是固定不变的,但在实际使用过程中,有时要以较低或者较高的速度运行,因此进行变频改造是非常有必要的。

3)变频器频率给定方式

变频器常见的频率给定方式主要有:操作器键盘给定、接点信号给定、模拟信号给定、脉冲信号给定和通信方式给定等。这些频率给定方式各有优缺点,应按照实际所需进行选择设置。

4)变频器的选用

应根据生产机械的类型、调速范围、静态速度精度、启动转矩等要求选择变频器的类型。所谓合适是既要好用,又要经济,以满足工艺和生产的基本条件和要求。

(1)需要控制的电机及变频器自身。

①电机的极数。一般电机极数以不多于 4 极为宜,否则变频器容量就要适当加大。

②转矩特性、临界转矩、加速转矩。在同等电机功率情况下,相对于高过载转矩模式,变频器规格可以降额选取。

③电磁兼容性。为减少主电源干扰,使用时可在中间电路或变频器输入电路中增加电抗器,或安装前置隔离变压器。一般当电机与变频器距离超过 50 m 时,应在它们中间串入电抗器、滤波器或采用屏蔽防护电缆。

(2)变频器功率的选用。

系统效率等于变频器效率与电机效率的乘积,只有两者都处在较高的效率下工作时,系统效率才较高。从效率角度出发,在选用变频器功率时,要注意以下几点。

①变频器功率值与电机功率值相当时最合适,以利于变频器在高的效率值下运转。

②在变频器的功率分级与电机功率分级不相同时,则变频器的功率要尽可能接近电机的功率,但应略大于电机的功率。

③当电机频繁启动、制动或处于重载启动且较频繁工作时,可选取大一级的变频器,以利于变频器长期、安全运行。

④经测试,电机实际功率确实有富余,可以考虑选用功率小于电机功率的变频器,但要注意瞬时峰值电流是否会造成过电流保护动作。

⑤当变频器与电机功率不相同时,则必须相应调整节能程序的设置,以达到较高的节能效果。

(3)变频器箱体结构的选用。

变频器的箱体结构要与环境条件相适应,即必须考虑温度、湿度、粉尘、酸碱度、腐蚀性气体等因素。常见的有下列几种结构类型可供用户选用:

①敞开型 IP00 型,本身无机箱,适合装在电控箱内或电气室内的屏、盘、架上,尤其是多台变频器集中使用时,选用这种型式较好,但环境条件要求较高;

②封闭型 IP20 型,适合一般用途,如有少量粉尘的场合;

③密封型 IP45 型,适用于工业现场条件较差的环境;

④密闭型 IP65 型,适用于环境条件差,有水、粉尘及一定腐蚀性气体的场合。

(4)变频器容量的确定。

合理的容量选择本身就是一种节能降耗措施。根据现有资料和经验,确定变频器容量比较简便的方法有三种。

①电机实际功率确定法。首先测定电机的实际功率,以此来选择变频器的容量。

②公式法。当一台变频器用于多台电机时,至少要考虑一台电机启动电流的影响,以避免变频器过流跳闸。

③电机额定电流法。变频器容量选定过程,实际上是一个变频器与电机的最佳匹配过

程，最常见也较安全的是使变频器的容量大于或等于电机的额定功率。但实际匹配中要考虑电机的实际功率与额定功率相差多少，通常都是设备所选能力偏大，而实际需要的能力小，因此按电机的实际功率选择变频器是合理的，避免选用的变频器过大，使投资增大。对于轻负载类，变频器电流一般应按 $1.1N$（N 为电机额定电流）来选择，或按厂家在产品上标明的与变频器的输出功率额定值相配套的最大电机功率来选择。

（5）主电源。

①电源电压及波动。应特别注意与变频器低电压保护整定值相适应，因为在实际使用中，电网电压偏低的可能性较大。

②主电源频率波动和谐波干扰。这方面的干扰会增加变频器系统的热损耗，导致噪声增加，输出降低。

③变频器和电机在工作时，自身的功率消耗。在进行系统主电源供电设计时，两者的功率消耗因素都应考虑进去。

6. 伺服系统

1）伺服系统简介

伺服系统（servomechanism，见图 2-46）又称随动系统，是用来精确地跟随或复现某个过程的反馈控制系统。伺服系统使物体的位置、方位、状态等输出被控量能够跟随输入目标（或给定值）的任意变化。它的主要任务是按控制命令的要求对功率进行放大、变换与调控等处理，使驱动装置输出的力矩、速度和位置控制非常灵活方便。在很多情况下，伺服系统专指被控制量（系统的输出量）是机械位移或位移速度、加速度的反馈控制系统，其作用是使输出的机械位移（或转角）准确地跟踪输入的位移（或转角），其结构组成和其他形式的反馈控制系统没有原则上的区别。伺服系统最初用于国防军工，如火炮的控制，船舰、飞机的自动驾驶，导弹发射等，后来逐渐推广到国民经济的许多部门，如自动机床、无线跟踪控制等。

图 2-46　伺服系统

2）主要作用

（1）以小功率指令信号去控制大功率负载；

（2）在没有机械连接的情况下，由输入轴控制位于远处的输出轴，实现远距同步传动；

（3）使输出机械位移精确地跟踪电信号，如记录和指示仪表等。

3）主要分类

从系统组成元件的性质来看，有电气伺服系统、液压伺服系统、电气-液压伺服系统及电气-电气伺服系统等；

从系统输出量的物理性质来看，有速度或加速度伺服系统和位置伺服系统等；

从系统中所包含的元件特性和信号作用特点来看，有模拟式伺服系统和数字式伺服系统；

从系统的结构特点来看，有单回伺服系统、多回伺服系统和开环伺服系统、闭环伺服系统；

伺服系统按其驱动元件划分，有步进式伺服系统、直流电机(简称直流电机)伺服系统、交流电机(简称交流电机)伺服系统。

4)性能要求

对伺服系统的基本要求有稳定性、精度和快速响应性。

稳定性好：作用在系统上的扰动消失后，系统能够恢复到原来的稳定状态下运行，或者在输入指令信号作用下，系统能够达到新的稳定运行状态，即在给定输入或外界干扰作用下，能在短暂的调节过程后达到新的稳定状态或者恢复到原有稳定状态。

精度高：伺服系统的精度是指输出量能跟随输入量的精确程度，作为精密加工的数控机床，要求的定位精度或轮廓加工精度通常都比较高，允许的偏差一般为 $0.01\sim0.001$ mm。

快速响应性好：有两方面的含义，一是指动态响应过程中，输出量随输入指令信号变化的迅速程度，二是指动态响应过程结束的迅速程度。快速响应性是伺服系统动态品质的标志之一，要求跟踪指令信号的响应要快，一方面要求过渡过程时间短，一般在 200 ms 以内，甚至小于几十毫秒；另一方面，为满足超调要求，要求过渡过程的前沿陡，即上升率要大。

节能高：由于伺服系统的快速响应，注塑机能够根据自身的需要对供给进行快速的调整，能够有效提高注塑机的电能利用率，从而达到高效节能。

5)主要特点

(1)精确的检测装置：以组成速度和位置闭环控制。

(2)有多种反馈比较原理与方法：根据检测装置实现信息反馈的原理不同，伺服系统反馈比较的方法也不相同，常用的有脉冲比较、相位比较和幅值比较 3 种。

(3)高性能的伺服电机(简称伺服电机)：用于高效和复杂型面加工的数控机床，伺服系统将经常处于频繁的启动和制动过程中，要求电机的输出力矩与转动惯量的比值大，以产生足够大的加速或制动力矩，要求伺服电机在低速时有足够大的输出力矩且运转平稳，以便在与机械运动部分连接中尽量减少中间环节。

(4)宽调速范围的速度调节系统，即速度伺服系统：从系统的控制结构看，数控机床的位置闭环系统可看作位置调节为外环、速度调节为内环的双闭环自动控制系统，其内部的实际工作过程是把位置控制输入转换成相应的速度给定信号后，再通过调速系统驱动伺服电机，实现实际位移。数控机床的主运动要求调速性能比较高，因此要求伺服系统为高性能的宽调速系统。

6)主要参数

衡量伺服系统性能的主要指标有频带宽度和精度。频带宽度简称带宽，由系统频率响应特性来规定，反映伺服系统的跟踪的快速性。带宽越大，快速性越好。伺服系统的带宽主要受控制对象和执行机构的惯性的限制。惯性越大，带宽越窄。一般伺服系统的带宽小于 15 Hz，大型设备伺服系统的带宽则在 1 Hz 以下。自 20 世纪 70 年代以来，由于发展了力矩电机及高灵敏度测速机,伺服系统实现了直接驱动,消除或减小了齿隙和弹性变形等非线性因素,使带宽达到 50 Hz,并成功应用在远程导弹、人造卫星、精密指挥仪等场所。

伺服系统的精度主要决定于所用的测量元件的精度。因此,在伺服系统中必须采用高精度的测量元件,如精密电位器、自整角机、旋转变压器、光电编码器、光栅、磁栅和球栅等。此外,也可采取附加措施来提高系统的精度,例如将测量元件(如自整角机)的测量轴通过减速器与转轴相连,使转轴的转角得到放大,来提高相对测量精度。采用这种方案的伺服系统称为精测粗测系统或双通道系统。通过减速器与转轴啮合的测角线路称精读数通道,直接取自转轴的测角线路称粗读数通道。

7)典型机型

20 世纪 80 年代以来,随着集成电路、电力电子技术和交流可变速驱动技术的发展,永磁交流伺服驱动技术有了突出的发展,各国著名电气厂商相继推出各自的交流伺服电机和伺服驱动器系列产品并不断完善和更新。交流伺服系统(见图 2-47)已成为当代高性能伺服系统的主要发展方向,使原来的直流伺服系统面临被淘汰的危机。20 世纪 90 年代以后,世界各国已经商品化了的交流伺服系统是采用全数字控制的正弦波电机伺服驱动。交流伺服驱动装置在传动领域的发展日新月异。

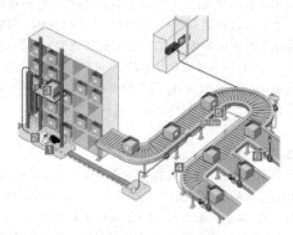

图 2-47　交流伺服系统

永磁交流伺服电机同直流伺服电机比较有以下主要优势:

(1)无电刷和换向器,因此工作可靠,对维护和保养要求低;

(2)定子绕组散热比较方便;

(3)惯量小,易于提高系统的快速性;

(4)适应于高速大力矩工作状态;

(5)同功率下有较小的体积和重量。

主要劣势如下:

(1)永磁交流伺服系统采用了编码器检测磁极位置,算法复杂;

(2)交流伺服系统维修比较麻烦,因为电路结构复杂;

(3)交流伺服驱动器可靠性不如直流伺服驱动器,因为板件过于精密。

到 20 世纪 80 年代中后期,各公司都已有完整的系列产品,整个伺服装置市场都转向了交流系统。早期的模拟系统在诸如零漂、抗干扰、可靠性、精度和柔性等方面存在不足,尚不能完全满足运动控制的要求。随着微处理器、新型数字信号处理器(DSP)的应用,出现了数字控制系统,控制部分可完全由软件进行。

高性能的电伺服系统大多采用永磁同步型交流伺服电机,控制驱动器多采用快速、准确定位的全数字位置伺服系统。

【任务实施】

上述任务的完成结果用一份图和一张表呈现,即电气图和选型清单。根据本任务中的水泵的功率核算电气参数,根据水泵电机的工作频率得出水泵工作制,根据泵站的控制要求确定按钮开关的触点种类和数量,根据水泵由变频器驱动确定断路器的脱扣曲线类型。结合以上关键参数就可完成针对性元件选型;通过查看变频器应用技术手册可以了解变频器的主电路和控制电路结构,作为绘制电路图的参考模板。

【归纳总结】

在三相负载驱动系统中,变频器驱动系统在运行性能方面有诸多优势。除了本身的运动特性优异之外,变频器的控制方式也十分灵活,可以采用基本的开关量控制变频器的启停及调速,也可以采用变频器自带的操作面板进行变频驱动系统的启停、调速、切换方向,同样随着工业现场总线技术的发展,使用现场总线的方式进行变频器的相关控制也越来越多,这种控制方式能够更加灵活细致地调整变频驱动系统的相关状态。

【拓展提高】

三相驱动系统不仅包含变频驱动系统,而且包含三相交流电直接驱动系统。现某汽车装配线有 2 台升降机需要设计驱动系统,这 2 台升降机驱动电机分别为 0.37 kW 带抱闸三相异步电机、0.75 kW 带抱闸三相异步电机,升降机配备上下限位开关,要求设计三相电直接驱动系统,实现通过按钮控制升降机升降到位。完成相关电气元件选型及图纸绘制。

◀ 任务 2-5　低压电气元件选型 ▶

【任务介绍】

在东风汽车某配套零部件厂,现在基于一种新型零件准备投入一个工业机器人弧焊工作站进行生产。表 2-9 给出了该工作站主要的交流供电对象的相关参数,请结合给出的相关参数及系统需要完成的工艺控制任务,进行电气元件选型,并制作成表格。

表 2-9　主要交流供电对象的相关参数

工 艺 对 象	电 气 负 载	相 关 参 数
焊接电源	OTC 焊机	AC 三相 380 V、3.2 kW
焊接机器人	IRB1410 机器人	AC 三相 380 V、4 kW

工 艺 对 象	电 气 负 载	相 关 参 数
清枪机构	OTC 配套清枪机构	AC 单相 220 V、0.2 kW
系统直流电源	明纬开关电源	AC 单相 220 V、0.5 kW
系统 PLC	西门子 S7-1500 电源	AC 单相 220 V、0.11 kW
焊接卷帘门	ABB 驱动电机	AC 单相 220 V、0.37 kW
电柜散热设备	散热空调	AC 单相 220 V、0.8 kW
预留交流电源	插座	AC 单相 220 V、1 kW
焊接站内照明	日光灯	AC 单相 220 V、0.04 kW
产品转运输送线	电机	AC 三相 380 V、0.18 kW
弧焊夹具变位机	伺服电机	速度 3000 r/min、扭矩 20 N·m

工艺指标如下。

(1)弧焊夹具有 2 套,分别安装在变位机的两侧,夹具均由 5 个气缸组成,驱动气缸的是三位五通电磁阀,夹具上的防错检测传感器一共 11 个。

(2)每个弧焊夹具上需配置 4 个带灯按钮实现对夹具动作的控制。

(3)系统配置 7 寸触摸屏和西门子 S7-1500PLC 组成控制系统,完成系统的转台监测和工艺流程控制。

(4)系统配置安全光幕和安全门开关保护操作人员安全。

(5)系统配置远程操作按钮盒,该按钮盒由双按钮组成,实现对机器人作业的预约。

(6)系统配置三色柱灯实现对系统状态的指示。

【任务分析】

以上任务是一个综合的工业机器人系统集成项目的选型任务。针对一个项目的综合电气元件选型,首先要将整个项目的元件依据在项目中的作用进行分类,所有的电气元件可以分为电源部分、驱动部分、控制部分、人机交互部分、传感部分。将所有元件分类好之后,询问甲方对元件的品牌有无特殊要求,若无具体要求,通过负载的相关参数核算驱动部分、电源部分的元件参数,利用选型表进行选型;结合工艺要求对传感部分、交互部分、控制部分进行 I/O 点测算、信号类型确定、通信方式选择、元件数量计算,最后结合相关品牌选型手册进行选型。

【相关知识】

1. 低压电气元件概况

控制电器按其工作电压的高低,可划分为高压控制电器和低压控制电器两大类。按各国标准,高低压界线划分比较模糊,通常以交流 1000 V、直流 1500 V 为界。国内工业机器人集成系统常用工作电压为 380 V,属于低压系统,使用的电气元件也为低压电器。

常用的进口(或在国内生产)的低压电器有施耐德(Schneider,法国)电器、ABB(总部瑞士)电器、西门子(SIEMENS,德国)电器等。合资或国产知名低压电器有正泰电器、德力西电器、常熟开关、上海人民电器、天水二一三电器、人民电器等。

低压电器的种类繁多,分类方法有很多种。现通过以下实例讲解交流低压电器的基本使用方法。

图 2-48 所示为三相交流电机的基本接线图。电源接入为三相五线制。三相 L1/L2/L3 进入断路器后分两路。一路进入接触器(输入接线点 1、3、5),由接触器(输出接线点 2、4、6)连接热继电器(输入接线点 1、3、5),最后接入电机。另一路通过熔断器并经两个开关及接触器辅助触点(KM:14NO/13NO)后进入接触器的线圈接线点(A2)。热继电器的常闭触点(FR:95NC/96NC)串接在接触器线圈的回路上并与零线相接。

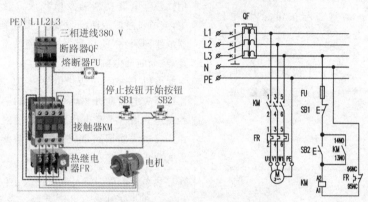

图 2-48　三相交流电机的基本接线图

电路中用到了断路器、接触器、热继电器、熔断器、停止按钮(常闭)、开始按钮(常开)等低压器件。各器件的作用如表 2-10 所示。

表 2-10　常见低压器件作用说明

名　　称	主　要　作　用	说　　明
断路器(俗称"空气开关")	1.有手动开关的作用,可切断总电源。 2.能自动进行失压、欠压、过载和短路保护,并自动脱扣切断电源。 3.用来分配电能。可以在不频繁有负载状态下,接合和分断电源。但寿命有限	1.电源隔离要求:IEC 标准规定,电源隔离电器在断开位置时,其触头之间或其他隔离手段之间,应保证一定的隔离距离;隔离距离必须是看得见的,或明显地并可靠地用"开"或"断"标志指示。对高压设备,必须使用隔离开关或负荷开关隔离(切断)电源。 2.目前部分断路器没有隔离电源功能,手动拉开断路器后,并不能感知内部触点在有故障条件下是否真正断开或断开距离是否符合安全用电的需求,存在安全隐患。 3.随着技术标准的不断更新,在低压电路中,也有些新型低压断路器产品具有隔离功能。在低压电路中(工业机器人系统中)使用这类产品时,可以省略隔离开关或负荷开关,除非特别要求。 4.断路器具有很强的断路能力,可以断开短路电路。 5.可以使用断路器来接合和分断电源,但寿命有限,为 5000～15 000 次(以厂家各工况数据为准)

名　称	主要作用	说　明
接触器	1.用于电机的频繁启动、停止操作。寿命120万次或以上(以厂家各工况数据为准)。 2.通过与按钮、热继电器配合,可以对电机的通断进行控制。 3.防止上级供电故障后恢复导致电机自启动现象发生	1.接触器只是一个控制器件。开始按钮按下,其电磁线圈通电,则内部铁芯带动主触点接合,接通主电机电源。同时辅助触点(常开,不同型号可选常闭的)闭合,因其与开始按钮并联,当开始按钮松开后,线圈回路并没有断开,从而起到线路保持的作用。 2.不具备电路保护作用。必须与热继电器配合作用。热继电器动断触点串联入接触器的线圈回路中,当电机过流或断相,热继电器动断触点断开接触器的线圈回路,使接触器主回路及常开辅助触点断开,从而断开电机电源。 3.电机工作时,上级供电故障(如电网停电),接触器线圈失电而断开主电机电源线路,同时常开辅助触点也分离。重新上电时,只能通过人工按开始按钮来接通线圈回路,电机才能得电运行。通过这种方式防止电机自启动,避免事故发生
热继电器	1.电机的过载保护。 2.断相故障保护。 3.常闭触点为其上级接触器线圈提供断开信号,同时其常开触点可以为其他报警装置提供报警信号	1.热继电器根据流经电流的大小以及电机是否断相来自动开断其本身的常开触点及常闭触点,从而向其上级接触器提供开关信号,并由上级接触器分断电机线路。其本身没有断开电机电路的机构和能力。 2.上级断路器也有过载保护功能,但其过载保护的动作特性和电机的过载特性不很吻合,不能发挥电机的过载能力,或者在断路器过载动作之前电机已经烧毁。断路器主要是作为短路(过流速断)保护。 3.热继电器完全能配合电机的过载特性,可以防止电机的过载、堵转、断相故障,是电机的主保护
熔断器	对接触器线圈回路进行短路保护	1.电路中,也常见用单极微型断路器取代熔断器使用。 2.断路器有一个弱点:当短路电流超过它的保护极限时,由于分离动作太慢而被烧毁。因此可根据线路的最大短路电流和正常工作电流的不同情况进行决策:当线路的最大短路电流小于断路器的极限分断电流而正常工作电流在断路器的热保护调节范围内时,断路器可以代替熔断器。 3.两者的熔断响应速度不一样。断路器是毫秒级别的,熔断器是微秒级别的
停止按钮(常闭)	用于断开接触器的线圈回路,使接触器断开电机电源及辅助常开触点	—

名　　称	主要作用	说　　明
开始按钮（常开）	用于接通接触器的线圈回路，使接触器接合电机电源及辅助常开触点	辅助常开触点与开始按钮并联，接触器的线圈回路接通后辅助常开触点接通，当开始按钮被松开后，线圈回路依然保持是通的。这称为接触器的自保持功能
主要作用总结	1.断路器作为过载及短路保护能进行电源切断。 2.接触器用于对电机频繁操作及防止电机自启动。 3.热继电器对电机进行过负荷、断相故障保护。 4.熔断器对接触器进行短路保护。 5.开始按钮、停止按钮对电机启动及停止进行人工操作	

2. 隔离开关与负荷开关

隔离开关与负荷开关的作用都是切断主电源，便于检修用。它们在电路中形成明显断开点（触点隔离保证一定距离并必须是看得见的，或明显地并可靠地用"开"或"断"标志指示），以保证下级线路维修时的安全。

1）隔离开关

隔离开关是一种没有灭弧装置的开关设备，主要用来断开无负荷电流的电路并隔离电源。在分闸状态时有明显的断开点，以保证其他电气设备的安全检修。在合闸状态时能可靠地通过正常负荷电流及短路故障电流。因它没有专门的灭弧装置，不能切断负荷电流及短路电流。因此，隔离开关只能在负荷电路已被断路器断开的情况下进行操作，严禁带负荷操作，以免造成严重的设备和人身事故。只有电压互感器、避雷器、励磁电流不超过 2 A 的空载变压器，电流不超过 5 A 的空载线路，才能用隔离开关进行直接操作。隔离开关切断电源后，可看到触点分开，且有辅助的机构，以防止误操作上闸。隔离开关通常不具备电路保护功能，但可配置熔断器，在短路的时候，熔断器熔断而切断电源。

2）负荷开关

负荷开关是介于断路器和隔离开关之间的一种开关电器，具有简单的灭弧装置，但开断容量有限，能切断额定负荷电流和一定的过载电流，但不能切断短路电流（断路器可以切断短路电流）。切断短路电流是严禁的。与隔离开关比较，负荷开关从表面不能直接看到断点，不能立即判断出闭合与断路的状态。

3）隔离开关及负荷开关的选择原则

低压断路器标准中列入了隔离型，在低压设备中，可使用隔离型低压断路器。例如第五代终端配电产品中的施耐德新系列 Acti9 产品中的 iC65N 断路器具有以下功能：

➤短路保护；

➤过载保护；

➤隔离功能；

➤故障断开明确指示；

➤正面视窗以红色指示断路器故障脱扣。

如果总电源开关同时用作急停器件，则必须符合下述急停器件要求。

(1)电源总开关应具有切断最大电机堵转电流及所有电机和负载正常运行总电流的分断能力。

(2)电源总开关只能有一个接通和断开的位置,并清晰地标明"0"和"1",并且手动操作的总电源开关,可在断开的位置上锁住。

(3)如电源总开关不具备急停功能,其操作手柄应为黑色或灰色,而不应使用红色。如电源总开关具备急停功能,则应使用红色手柄,并采用黄色的底色。

隔离开关及负荷开关依使用的电源环境、安装方式及通过的电流,并辅以厂家的选型手册、使用目的来选定。

例如低压系统中,施耐德的负荷开关有以下三种可以选择。

第一种为 Interpact INS 负荷开关(见图 2-49),其安装方式为底座式安装。

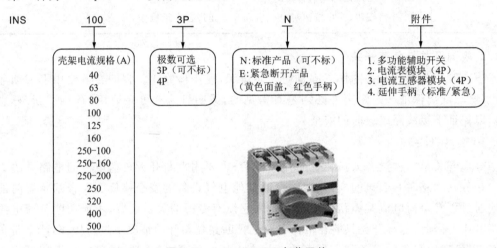

图 2-49　Interpact INS 负荷开关

第二种为 iINT125 隔离开关(见图 2-50)。iINT125 隔离开关包含以下功能。

➤控制功能(在带负荷的情况下分断和接通回路)。

➤隔离功能。

➤电气附件:Acti 9 系列标准电气附件 iOF(A9A26924),指示隔离开关的分合状态。

➤机械附件:Acti 9 系列标准机械附件(A9A27005、A9A27006、A9A27008、A9A27003、A9A26970)。

iINT125 隔离开关安装形式是柜内安装,它是安装在标准的 DIN35 mm 导轨上的产品。

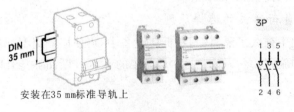

安装在35 mm标准导轨上

图 2-50　iINT125 隔离开关

第三种为 Vario 负荷开关(见图 2-51)。

12～175 A 的 Vario 旋转手柄负荷开关,适用于带载分断和接通需要频繁操作的电阻电路或电阻和电感混合电路。此外,还可用于 AC-3 和 DC-3 类电机的直接切换。适用于柜门、面板或导轨式安装。Vario 负荷开关适于分断完全可见的隔离应用(因为只有在所有触头处于实际断开位置且处于合适的隔离距离时,负荷开关的手柄才能显示"断开"位置),并且可用挂锁将开关锁定在断开位置上。

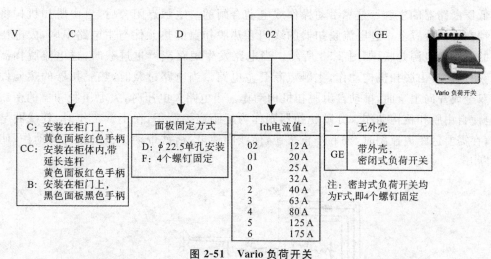

Vario 负荷开关

| C:安装在柜门上,
黄色面板红色手柄
CC:安装在柜体内,带
延长连杆
黄色面板红色手柄
B:安装在柜门上,
黑色面板黑色手柄 | 面板固定方式

D:φ22.5单孔安装
F:4个螺钉固定 | Ith电流值:
02 12 A
01 20 A
0 25 A
1 32 A
2 40 A
3 63 A
4 80 A
5 125 A
6 175 A | — 无外壳

GE 带外壳,
密闭式负荷开关

注:密封式负荷开关均
为F式,即4个螺钉固定 |

图 2-51 Vario 负荷开关

注意:Ith 电流值指的是约定发热电流,并不是额定工作电流,约定发热电流是指在规定条件下试验时,开关电器在 8 小时工作制下,各部件的温度升高不超过规定极限值所能承载的最大电流。

隔离开关及负荷开关的电气符号(三相)如图 2-52 所示。

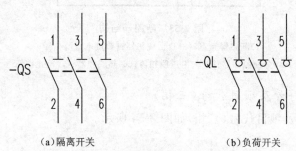

(a)隔离开关   (b)负荷开关

图 2-52 隔离开关及负荷开关的电气符号(三相)

3. 断路器

1)断路器结构及工作原理

低压断路器又称自动开关。俗称的"空气开关",也是指低压断路器。断路器的作用是切断和接通负荷电路以及切断故障电路,防止事故扩大,保证安全运行。它是一种既有手动开关作用,又能自动进行失压、欠压、过载和短路保护的电器。它可用来分配电能,不频繁地启动异步电机,对电源线路及电机等实行保护,当它们发生严重的过载或者短路及欠压等故障时能自动切断电路,而且在分断故障电流后一般不需要变更零部件,已获得了广泛的应用。

断路器一般由触头系统、灭弧系统、操作机构、脱扣器、外壳等构成。

当短路时,大电流(一般为 10~12 倍额定电流)产生的电磁力克服弹簧反力,脱扣器拉动操作机构动作,开关瞬时跳闸。当过载时,电流变大,发热量加剧,双金属片变形到一定程度推动操作机构动作(电流越大,动作时间越短)。

现在有电子型的,使用互感器采集各相电流大小,与设定值比较,当电流异常时微处理器发出信号,使电子脱扣器带动操作机构动作。

低压断路器的主触点是靠手动操作或电动合闸的。主触点闭合后,自由脱扣机构将主触点锁在合闸位置上。过电流脱扣器的线圈和热脱扣器的热元件与主电路串联,欠电压脱扣器的线圈和电源并联,如图 2-53 所示。当电路发生短路或严重过载时,过电流脱扣器的衔铁吸合,使自由脱扣机构动作,主触点断开主电路。当电路过载时,热脱扣器的热元件发热使双金属片向上弯曲,推动自由脱扣机构动作。当电路欠电压时,欠电压脱扣器的衔铁释放,也使自由脱扣机构动作。分励脱扣器则作为远距离控制用,在正常工作时,其线圈是断电的;在需要远距离控制时,按下停止按钮,使线圈通电,衔铁带动自由脱扣机构动作,使主触点断开。

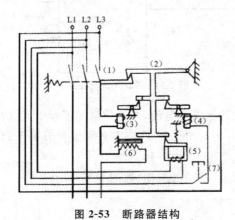

图 2-53　断路器结构

(1)断路器触点;(2)自由脱扣器;(3)过电流脱扣器;

(4)分励脱扣器;(5)欠电压脱扣器;(6)热脱扣器;(7)停止按钮

2)断路器图形符号及项目代号(三相)

断路器图形符号及项目代号(三相)如图 2-54 所示。

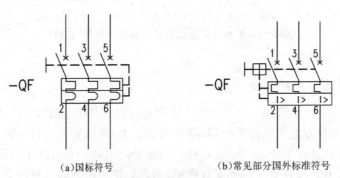

(a)国标符号　　　　　　　(b)常见部分国外标准符号

图 2-54　断路器图形符号及项目代号(三相)

断路器图形符号中方形表示热脱扣器(即长延时脱扣器,用于过载保护),半圆形表示电磁力脱扣器(即瞬时脱扣器,用于短路保护)。1~6 指的是断路器上标明的接线端子号。

3)断路器上的标识说明

各厂家的断路器表面上均贴有或印刷有产品的标识。标识用来说明该产品的相关信息。虽然各厂家的标识不一样,但总体上会有工作电压、额定频率、断路器脱扣曲线及额定电流等基本信息。图 2-55 所示为施耐德某产品的标识说明。

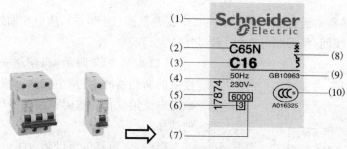

图 2-55　断路器上的标识说明

(1)产品品牌;(2)断路器类型;(3)脱扣曲线及额定电流;(4)额定频率及额定电压;(5)产品号;
(6)限流等级;(7)分断能力;(8)电气图;(9)符合的标准;(10)认证标志及证书编号

4)断路器的脱扣曲线

断路器的脱扣曲线(动作特性曲线)分为 A、B、C、D、K 等几种,对于工业机器人系统设备,常用的有 B、C、D 三种曲线。图 2-56 所示为施耐德 iC65 系列断路器的脱扣曲线。(其他厂家的微型断路器脱扣曲线与之类似,具体可查阅相关技术资料。)

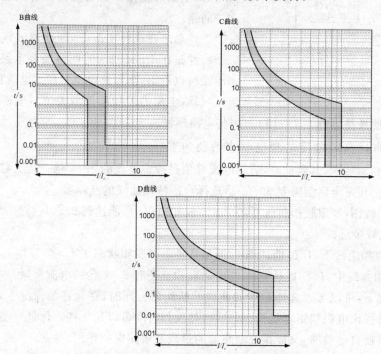

图 2-56　施耐德 iC65 系列断路器的脱扣曲线

5)脱扣曲线说明

(1)横坐标 I/I_n 为通过电流 I 与额定电流 I_n 的比值。纵坐标为过载电流或短路电流通过断路器的时间,单位为秒。曲线为断路器断开点的组合(断路器初始 30 ℃条件下测得)。

(2)前半部分是热脱扣曲线,对应的就是对过载的脱扣。过载时,将双金属元件加热至脱扣是一个热积累过程,不同过载倍数电流加热的速度不一样,表现在脱扣的时间也不一样。后半部分是磁脱扣,对应为短路。只要短路电流达到阈值,电磁力立即拉开主触点,动作速度快。

(3)由于断路器对通过电流 I 的响应有个误差范围(约20%),所以在曲线图上脱扣点是夹在上下两条曲线间,呈带状分布(阴影部分)。

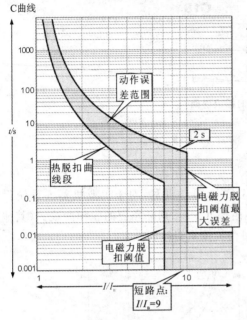

图 2-57 断路器的脱扣曲线分析

(4)如图 2-57 所示,当使用一个 C 脱扣曲线性质的断路器时,线路中突然短路,短路电流达到额定电流的 9 倍。这时该断路器可能有以下之一的动作。

第一,该短路电流已超过了电磁力脱扣阈值,电磁力脱扣器立即断开断路器回路。

第二,虽然超过了电磁力脱扣阈值,由于阈值误差,电磁力还是脱不了扣。热脱扣器继续被加热,在 0.2~2 s 内热脱扣器断开断路器回路。

第三,电磁力处于临界状态,脱不了扣。但是短路电流短时波动,在热脱扣器还没有断开回路时,电磁力脱扣器也可能会在这期间断开断路器回路。

总之在这种工况下,断路器表现出来的工作特性是在 1 ms~2 s 时间内断开电路。同时从曲线可以看出,当短路电流与额定电流比超过 10 的时候(电磁力脱扣阈值最大值),电磁力脱扣器一定会工作,并使断路器能在 1~10 ms 内将电路断开。

6)脱扣曲线在断路器选型过程中的使用

例:某一驱动装置,其启动时,启动电流峰值是额定电流的 5~6 倍。最大峰值持续过程不超过 0.3 s。其完全启动需要 30 s。请选择合适特性曲线的断路器。

依脱扣曲线图,B 型脱扣曲线下,0.3 s 不脱扣,I/I_n 只能达到 2.6,且与临界电磁脱扣状态 $I/I_n=3.1$ 较接近。

在 C 型脱扣曲线下,I/I_n 能达到 6,但与临界电磁脱扣状态 $I/I_n=7$ 较接近。

在 D 脱扣曲线中,I/I_n 能达到 7,与电磁脱扣点还有 3~4 倍的电流余量。

这种情况下,可以考虑选择 D 脱扣曲线的断路器。同时,在允许的情况下,断路器的额定电流可以选择比电机额定电流稍大,这样,热脱扣时间可以长一些。保证电器在启动过程中不会让断路器自动跳闸,又能保证断路器的过载及短路保护作用。

7)各种曲线的断路器应用范畴

A、B 型脱扣曲线断路器:为电子保护,保护短路电流较小的负载(如电源、照明、长电缆等),瞬时脱扣电流为 $(3~5)I_n$。

B、C 型脱扣曲线断路器:为配电保护,保护常规负载、具有较高接通电流的照明线路及配电线缆,瞬时脱扣电流为 $(5~10)I_n$ 或 $(7~10)I_n$(依据不同产品)。

C、D 型脱扣曲线断路器:为动力保护,保护启动电流较大的冲击性负荷(如电机、变压器等)，瞬时脱扣电流为 $(10\sim14)I_n$。

8) 断路器的分断能力

断路器的分断能力主要是指在最大短路(三相完全金属接地短路)情况下断开的能力。此时短路电流很大，要求在一定的时间内完全熄弧。这时断路器的分断能力就是其极限分断能力。

断路器的分断能力指标有以下两种。

一种是额定极限短路分断能力 I_{cu}(断路器的极限分断能力。断路器在该值下分断几次后，会有所损坏，能力会有所下降)。

另一种是额定运行短路分断能力 I_{cs}(断路器在该值下分断几次后还能正常工作)。目前市场上断路器的 I_{cs} 大多数在 $(50\%\sim75\%)I_{cu}$ 之间。

9) 分断能力选择计算实例

一台执重能力为 200 kg 的工业机器人，按分断能力，如何单独给工业机器人的控制柜配置一个断路器？

工业机器人由工业机器人控制柜驱动。一般情况下，200 kg 工业机器人配套的工业机器人控制柜的最大耗电量为 4 kW，功率因数按 0.8 计算。在工厂现场，配电柜出线到工业机器人控制柜内的线缆单向长度通常大于 10 m。

$$I_{线}=P/(\sqrt{3}U_{线}\cos\varphi)=4000/(1.732\times380\times0.8)\ A=7.6\ A$$

根据电流，配电线缆选择 4 mm² 的铜芯线缆。

工业机器人控制柜内短路时，最恶劣的情况是其中两相短路，则短路回路电阻为：

$$R=\rho L/S$$

ρ 为铜电阻率，0.0172 $\Omega\cdot$mm²/m；L 为线缆长度；S 为线缆截面面积，则：

$$R=0.0172\times(2\times10)/4\ \Omega=0.086\ \Omega$$

则短路电流为：

$$I_{短路}=U_{线}/R=380/0.086\ A=4418.6\ A$$

根据计算，可选择分断能力大于 5 kA 的断路器。

10) 漏电保护

有的断路器可选择漏电保护功能。在电路设计时，应考虑漏电保护的功能。如果终端处不设，在上一级的断路器中应安设(见图 2-58)。仅在上一级安设漏电保护时，应同时考虑这一级跳闸时，对下级供电的影响。因为这一级跳闸，会将引起下一级大面积断电现象。

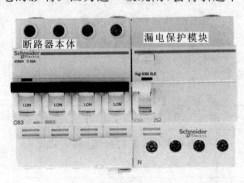

图 2-58　断路器漏电保护

对人体而言,安全漏电电流小于 30 mA;对电路和电气设备而言,安全漏电电流小于300 mA。泄漏电流超过 300 mA,泄漏持续时间过长时,就可能使绝缘损坏,发生相地短路,进而引发火灾。

一般终端开关的漏电脱扣电流整定值为 30 mA,上一级支路开关的漏电脱扣电流整定值为 300 mA。漏电保护器可以可靠地断开接地故障,防止人身触电和相地短路故障的发生。

漏电保护器分为电磁式(ELM)和电子式(ELE)。电磁式通过磁力脱扣。电子式漏电保护器的工作原理是:执行电路接收零序电流互感器二次侧的感应电压信号,当漏电电流达到整定值时,驱动转换触点输出漏电保护信号,使脱扣器动作,切断电源。电磁式的精度低于电子式,但是抗电磁干扰能力强于电子式的。

11)断路器的分类

断路器分为塑壳断路器(MCCB)、框架式断路器(ACB)及微型断路器(MCB)。框架式断路器的额定电流为 630~6300 A,对工业机器人系统集成来说,不做太多讨论,故不对其进行描述。

塑壳断路器与微型断路器的区别如表 2-11 所示。

表 2-11　塑壳断路器与微型断路器的区别

断路器类型	塑壳断路器 MCCB	微(小)型断路器 MCB
外形		
额定工作电压/V	690	230/400
额定电流范围/A	10~800	1~63
可选极数	2,3,4	1,2,3,4
额定短路分断能力/kA(230/400 V状态下)	36~150	6~12
是否适用于隔离	是	部分有隔离功能
瞬时脱扣特性	过流和短路保护装置是各自独立的,使用中过流保护的动作值还可以做出灵活调整。调整后的电流值称为整定电流	可选 B、C 或 D 脱扣曲线产品
漏电附件	有	可选配漏电保护装置
电气附件及机械辅助(拨动手柄、直接或延伸旋转手柄)	有,选配	部分型号可选配
电气寿命/次	7000~30 000	5000~12 000
端子安装形式	板前接线、板后接线、插入式三种	隧道式
最大接线能力/mm²	300	25~35

续表

断路器类型	塑壳断路器 MCCB	微（小）型断路器 MCB
安装方式	可有固定式、插入式、抽出式安装，最大倾斜为±25.5°	标准 35 mm DIN 导轨安装，360° 安装在35 mm标准导轨上
其他功能	带中性线保护、接地故障保护、区域选择性联锁等	

12）选型参考

以施耐德产品为例，其他不同品牌的类似，具体可参阅其他品牌的技术资料。从选型表的对比中，可以看出不同类型断路器的能力区别。

施耐德 iC65 小型断路器选型表如图 2-59 所示。

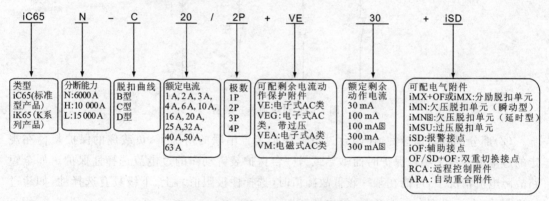

图 2-59　施耐德 iC65 小型断路器选型表

施耐德 NSX 配电用塑壳断路器选型表如图 2-60 所示。

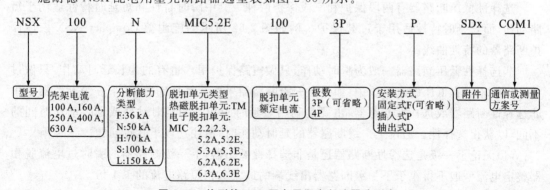

图 2-60　施耐德 NSX 配电用塑壳断路器选型表

13）断路器间级联的保护选择性

保护选择性是指自动保护装置之间的协调配合，使电网任意点的故障可以直接由故障处上一级的断路器消除，而其他各级断路器不动作，从而将故障所造成的断电限制在最小范围内，使其他无故障供电回路仍能保持正常供电。通俗来讲，选择性是指在出现故障时，保证在供电系统中只断开发生故障的回路,并不中断全部供电回路。选择性＝受电设备工作的连续性。

低压断路器的选择性在低压配电系统的设计中占有十分重要的位置。它可以给用户带来便利,并能保证供电回路工作的连续性。为了保证低压配电系统的可靠性,低压断路器的选择性成为终端低压配电系统设计的一项重要内容。

(1)完全选择性:在两台过电流保护装置串联的情况下,负载侧的保护装置实行保护时而不导致另一台保护装置动作的过电流选择性保护。如图 2-61 所示,故障点的所有故障电流值,从过载到非电阻性短路电流,均由断路器 D2 断开,D1 保持闭合。

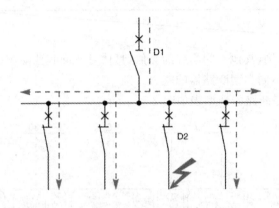

图 2-61　过电流保护装置

(2)部分(局部)选择性:在两台过电流保护装置串联的情况下,负载侧的保护装置在规定的过电流等级下实行保护时而不导致另一台保护装置动作的过电流选择性保护。如全短路故障电流情况下,可能在某一较低故障值时(选择性极限值),上、下级具有选择性,如超过这极限值,上下级都有可能断开,失去选择性。

(3)无选择性:故障发生时,D1 和 D2 断路器都断开。

选择性低压断路器有两段保护和三段保护两种。其中瞬时特性和短延时特性适用于短路动作,而长延时特性适用于过载保护。例如图 2-62 所示的施耐德 Compact NSX 三段保护断路器的特性曲线。

非选择性低压断路器一般为瞬时动作,只做短路保护用。也有的为长延时动作,只做过负荷保护用。在低压配电系统中,如果上一级断路器采用选择性断路器,下一级断路器采用非选择性断路器或选择性断路器,主要是利用短延时脱扣器的延时动作或延时动作时间的不同,以获得选择性。通过上一级断路器的延时动作时,请注意以下几点问题。

(1)无论下一级是选择性断路器还是非选择性断路器,上一级断路器的瞬时过电流脱扣器整定电流一般不得小于下一级断路器出线端的最大三相短路电流的 1.1 倍。

(2)一般来说,要保证上下两级低压断路器之间选择性动作,上一级断路器宜选带短延时的过流脱扣器,而且其动作电流要大于下一级过流脱扣器动作电流一级以上,上一级的动作电流至少不小于下一级动作电流的 1.2 倍。

(3)如果下一级也是选择性断路器,为保证选择性,上一级断路器的短延时动作时间至少比下一级断路器的短延时动作时间长 0.1 s。

所谓选择性受约束(或部分约束)即指从过载电流直至短路电流,上述选择必不存在(或

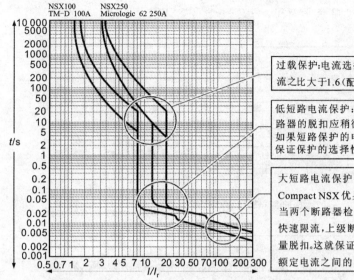

过载保护:电流选择性。如果脱扣器长延时整定电流之比大于1.6(配电保护)的话,保护满足选择性。

低短路电流保护:时间选择性。在此情况下,上级断路器的脱扣应稍微延时,以使下级断路器先脱扣。如果短路保护的电流整定值之比大于1.5的话,能保证保护的选择性。

大短路电流保护:能量选择性。此原理结合了Compact NSX优异限流能力和能量脱扣技术。当两个断路器检测到大短路电流时,下级断路器快速限流,上级断路器产生的能量不足以引起能量脱扣。这就保证了完全的选择性。当断路器的额定电流之间的比值大于2时,能确保选择性。

图 2-62   三段保护断路器的特性曲线

部分不存在)。

如果小型断路器安装位置上出现的最大短路电流值是个未知数,或者超过了规定的额定通断能力,为了防止小型断路器遭受过度的负载与应力,就必须前接其他保护装置作为后备保护。(一般都为此而应用熔断器。如果小型断路器是用在无熔断器的配电设备中,则应安装上符合 EN 60947-2 和 DIN VDE 0660 第 101 部分标准的塑壳断路器作为后备保护。)

14)断路器间的级联

级联技术的数据只能由试验测出,上下级断路器的配合选择也只能由断路器制造厂家认定给出。两台配电断路器之间的选择性可以从厂家技术资料中提供的选择性配合表来查询。图 2-63 所示为施耐德的微型断路器 iC65 系列的上级(三相或两相)对下级两相及上级三相对下级三相的部分选择性配合表内容。

表中,当两台断路器之间具有完全选择性时,标有"T"符号;当选择性是局部时,表格列出能确保选择性的最大故障电流值。对于大于此值的故障电流,两台断路器可能同时脱扣。空白处为没有选择性。

例如上级为三相 iC65N-40,下级为三相 iC65N-10 时,查表选择性最大故障电流值为320 A。也就是说,当下级出现故障且短路电流小于 320 A 时,具有选择性,只有小型断路器iC65N-10 跳闸,而 iC65N-40 断路器不跳闸;当下级出现故障且短路电流大于 320 A 时,小型断路器跳闸,iC65N-40 断路器也跳闸。

15)不带选择性保护的后果

在低压电气设备的使用过程中,保证供电的连续性是一个十分重要的问题,因此从设计阶段必须考虑开关等电器的选择性保护。

如果开关等电器不带选择性保护,则会造成下列问题的发生。

(1)造成过多设备的停机。

(2)造成一些不必要的重要的生产过程中断,使产量降低或使成品量减少,使产品生产线上的生产设备毁坏。

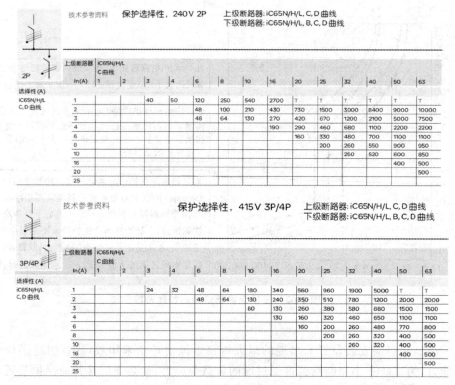

图 2-63 断路器间的级联

（3）在电源由于故障中断后，由于停机面大，需要逐个重新启动设备。

（4）造成一些重要的安全设备停机，如润滑泵、通风设备等。（例如空调、风扇停止工作，系统工作过热而导致系统瘫痪。）

16）断路器的限流等级

限流等级说明：限流技术的核心是当短路发生时，依靠限流型保护装置的快速分断从而使实际故障电流大大低于预期短路电流。小型断路器的保护功能是防止电导体和电气设备受热应力和动应力的破坏。断路器的能量依赖于其通过的电流和时间，断路器分断时间越快，通过断路器的能量越小，同时断路器的动作时间越快也就意味着分断的电流越小，能量会进一步降低。因此，断路器反应的速度越快，其分断的电流就越小，通过断路器的能量就越低，限流能力也就越好。

一级限流：I^2t 允许为一个正弦整半波能量。

二级限流：I^2t 允许为一个正弦整半波能量的 $1/3$。

三级限流：I^2t 允许为一个正弦整半波能量的 $1/10$。

工业自动化中，常用的小型断路器具有优良的限流能力，限流等级一般为三级。

对于级联的断路器，只要安装在上级的保护性设备达到了所要求的分断能力，则下级保护性设备所具有的分断能力允许小于该点的预期短路电流。在这种情况下，两个保护性设备应协调动作，即通过上级保护性设备的电动力能量应在下级保护性设备的耐受范围内，而这些保护性设备应能保护电缆不被破坏（以上也就解释了为什么上级断路器不是越大越好，这也是对下级的一种保护）。级联技术是断路器限流特性的应用形式，此时允许下级断路器的额定分断能力比预期短路电流低,因此下级断路器可以选用较低额定电流等级。断路器的限流特性将改善电网的保护性能,提高系统供电的连续性。

　　由于通过线路的电流由限流型断路器进行限制,因此该限流型断路器的下级断路器的实际分断能力大大相对"增加"了。对于两个相邻的上下级保护设备,它们的实际分断能力是不受其额定分断能力限制的,即上下级断路器串联时,上级断路器的额定分断能力不小于该点预期短路电流,允许下级断路器的额定分断能力小于该点预期短路电流,相当于下级断路器的实际分断能力提高了,这并不受它额定分断能力的限制。图 2-64 所示为施耐德部分断路器级联后,允许下级断路器增加的分断能力。

技术参考资料

级联，电网电压 380/415 V
上级断路器: iDPN, iC65, C120, NG125
下级断路器: iDPN, iC65, C120, NG125

上级断路器 iDPNN	iC65N 10	iC65H 15	iC65L ≤25A 25	32/40A 20	50/63A 15	C120H 10	C120L 15	NG125H 36	NG125L 50
下级断路器	**增强的分断能力(kA rms)**								
iDPNa	10	15	20	15	10	10	10	15	20
iDPNN		15	25	20	15		15	20	25
iC65N ≤25 A		15	25	20	15		15	25	25
iC65N 32 A~40 A		15		20	15			25	25
iC65N 50 A~63 A		15			15			25	25
iC65H ≤25 A			25					36	36
iC65H 32 A~40 A								36	36
iC65H 50 A~63 A								36	36
iC65L ≤25 A								36	40
iC65L 32 A~40 A								36	36
iC65L 50 A~63 A								36	36
C120N							15	25	36
C120H							15	25	36
NG125N								36	36
NG125H									50

图 2-64　断路器的限流等级

4. 接触器

1)接触器的工作原理

　　接触器分为交流接触器和直流接触器,它应用于电力、配电与用电场合。接触器广义上是指工业电中,利用线圈流过电流产生磁场,使触头闭合,以达到控制负载的电器。

　　接触器的工作原理如图 2-65 所示。当接触器线圈(A1、A2 两接线端)通电后,线圈电流会产生磁场,产生的磁场使静铁芯产生电磁吸力吸引动铁芯,并带动交流接触器触点动作,常闭触点断开(21NC 与 22NC),常开触点闭合(1 与 2、3 与 4、5 与 6、13NO 与 14NO),两者是联动的。当线圈断电时,电磁吸力消失,衔铁在释放弹簧的作用下释放,使触点复原,常开触点断开,常闭触点闭合。辅助触点用来给外部提供信号,或常使用一组常开辅助触点与线圈的控制按钮并联,达到线圈通电后自保持的功能。接触器的实物图如图 2-66 所示。

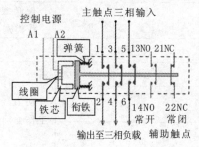

图 2-65　接触器的工作原理

图 2-66　接触器的实物图

20 A 以上的接触器加有灭弧罩,利用电路断开时产生的电磁力,快速拉断电弧,保护接点。

接触器可高频率操作,作为电源开启与切断控制时,最高操作频率可达每小时 1200 次。接触器的使用寿命很高,机械寿命通常为数百万次至一千万次,电寿命一般则为数十万次至数百万次。

2)工作 AC 类别

AC 类别是指电气开关或控制设备下端所接的负载类别,一般是按照启动电流、感性电流进行划分。选择交流接触器时,应注意按其工作 AC 类别进行选择。AC 等级不同,相当于对灭弧分断能力要求不同,对开关的要求也不同。如 AC-1 的 25 A 开关用在 AC-3 负载时,只能降容使用到 9 A 了。工业机器人系统集成过程中,常用的工作类别(交流及直流)的具体含义如表 2-12 所示。

表 2-12　工作类别表

工 作 类 别	典 型 应 用	功率因数 $\cos\varphi$	接通能力 (I/I_e)	分断能力 (I/I_e)	说 明
交流					
AC-1	无感或低感负载、电阻炉	0.8	1.5	1.5	动力线路器件工作类别,如电源总开关、断路器、接触器等
AC-2	绕线式感应电机的启动、分断	0.65	4	4	
AC-3	笼型异步电机的启动、运转中分断(允许操作频率不超过每分钟 5 次和每 10 分钟 10 次)	0.35~0.45	10	8	
AC-4	笼型异步电机的频繁启动、反接制动或反向运转、点动	0.35~0.45	12	10	
AC-15	大于 72 W 的电磁负载的控制	0.3	10	1	控制线路器件工作类别
直流					
DC-1	无感或低感负载、电阻炉	—	1.5	1.5	动力线路器件工作类别
DC-3	并励直流电机的启动、反接制动、反转和点动、能耗制动	—	4	4	
DC-5	串励直流电机的启动、反接制动、反转和点动、能耗制动	—	4	4	

续表

工作类别	典型应用	功率因数 $\cos\varphi$	接通能力 (I/I_e)	分断能力 (I/I_e)	说明
直流					
DC-13	电磁铁的控制	—	1	1	控制线路器件工作类别

* I/I_e 为通过电流与稳态电流倍率

其他未列入表内的典型负载说明如下。

(1)照明装置:当接通照明装置中的白炽灯负载时,有较大的冲击电流产生,约为额定电流的 15 倍,若考虑到允许电压升高 10%,电流也将相应增加,其使用类别被划分在 AC-5b 中。其他不同的照明灯,其接通时的冲击电流值和启动时间不同,负载功率因数也不等于 1,它们被划分在 AC-5a。

(2)低压变压器负载:当接通低压变压器时,会出现一个持续时间甚短的峰值电流,为变压器额定电流的 15~20 倍。它与变压器的绕组布置及铁芯特性有关。例如,用于电焊机上的变压器,是在变压器的次级侧通过电焊条将电路短路来接通电源的,电焊机使用时频繁地产生突发性的强电流,从而使变压器初级侧的开关装置承受很大的应力。在此情况下,必须知道变压器输出额定工作电流、电焊条短接时的短路电流以及焊接频率等参数和操作条件,其使用类别被划分在 AC-6a 中。

3)交流接触器符号(非集中画法)

交流接触器符号如图 2-67 所示。

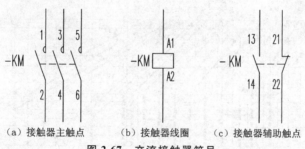

(a)接触器主触点   (b)接触器线圈   (c)接触器辅助触点

图 2-67 交流接触器符号

接触器的辅助触点可能有多组常开或常闭触点。其用两位数来编每个接线端口号。十位数表示触点顺序,个位数表示触点的性质。如图 2-68 所示,共有 4 组辅助触点,21 与 22 编号前面的 2 指第二组,后面的 1 或 2 指常闭触点的不同端头;43 与 44 编号前面的 4 指第四组,后面的 3 和 4 指常开触点的不同端头。

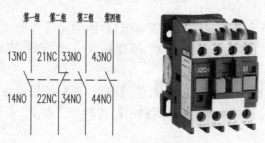

图 2-68 接触器的辅助触点

4)接触器扩展派生组合功能产品

如正泰的接触器可进行以下组合。

(1)可逆接触器(可逆接触器是一种用于控制较大功率电机正、反转的机械可逆交流接触器,由两台标准型接触器和一个机械互锁单元构成,如图2-69所示。)

图2-69　可逆接触器

(2)星-三角启动器,如图2-70所示。

图2-70　星-三角启动器

5)接触器电寿命曲线

接触器在不同的工作电流下工作,其寿命也不一样。正泰NC8系列接触器在AC-3工作类别、额定电压400 V工作条件下的寿命曲线如图2-71所示。

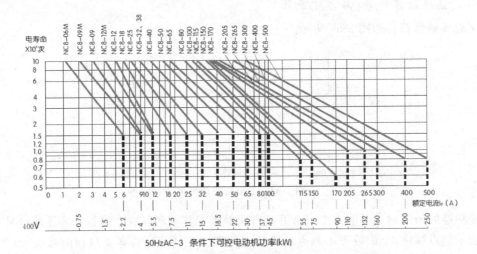

图2-71　接触器电寿命曲线

6)交流接触器的选用方法

接触器的选用应按满足被控制设备的要求进行,除额定工作电压应与被控设备的额定电压相同外,被控设备的负载功率、使用类别、操作频率、工作寿命、安装方式及尺寸、经济性等是选择的依据。

在选择接触器时,可根据负载功率大小、使用类别、预期使用寿命等情况来查各厂家的产品样本,并进行选择。图2-72所示为施耐德接触器的部分产品。

接触器型号	∼或⚏3极(1)	LC1-D09	LC1-D12	LC1-D18	LC1-D25	LC1-D32	LC1-D38
额定工作电流	Ie max AC-3 (Ue ≤ 440 V)	9A	12A	18A	25A	32A	38A
	Ie AC-1 (θ ≤ 60 ℃)	20/25A	20/25A	25/32A	25/40A	50A	50A
额定工作电压		690 V					
极数		3或4	3或4	3或4	3或4	3	3
额定工作功率 AC-3 类	220/240 V	2.2 kW	3 kW	4 kW	5.5 kW	7.5 kW	9 kW
	380/400 V	4 kW	5.5 kW	7.5 kW	11 kW	15 kW	18.5 kW
	415/440 V	4 kW	5.5 kW	9 kW	11 kW	15 kW	18.5 kW
	500 V	5.5 kW	7.5 kW	10 kW	15 kW	18.5 kW	18.5 kW
	660/690 V	5.5 kW	7.5 kW	10 kW	15 kW	18.5 kW	18.5 kW

图 2-72 施耐德接触器的部分产品

5. 热继电器

1）热继电器的作用、工作原理及使用

热继电器如图 2-73 所示。

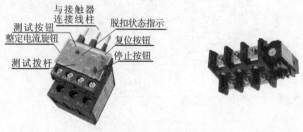

图 2-73 热继电器

（1）作用：主要用来对异步电机进行过载保护。有些型号的热继电器还具有断相保护功能。

（2）工作原理：热继电器的工作原理是由流入热元件的电流产生热量，使有不同膨胀系数的双金属片发生形变，当形变达到一定距离时，就推动连杆动作，使控制回路断开，接触器线圈失电，从而使主电路断开，实现电机的过载保护。热继电器作为电机的过载保护元件，以其体积小、结构简单、成本低等优点在生产中得到了广泛应用。鉴于双金属片受热弯曲过程中，热量的传递需要较长的时间，因此，热继电器不能用作短路保护，而只能用作过载保护。

（3）使用：热继电器本身不能直接断开电机电源电路，必须与接触器配合使用（见图2-74）。当过流时，热继电器断开其常闭辅助触点，从而断开接触器的接合线圈，使接触器切断电机电源，起到保护的作用。

图 2-74 热继电器使用

热继电器过载保护动作后，双金属片经过一段时间的冷却（约两分钟），需要重新工作时，要按下复位按钮进行复位。也有自动复位功能的产品，可通过其面板上的手动/自动旋钮选择复位工作方式。自动复位时间约为 5 min。

2）热继电器的脱扣等级说明

热继电器的 4 种脱扣级别是：10A、10、20、30。脱扣等级规定了从冷态开始，对称的三相负载在 7.2 倍整定电流 I_r 时的最大脱扣时间，不同的脱扣等级具有不同的脱扣时间：

CLASS 10A，脱扣时间为 2～10 s；

CLASS 10，脱扣时间为 4～10 s；

CLASS 20，脱扣时间为 6～20 s；

CLASS 30，脱扣时间为 9～30 s。

其中 10A 级与 10 级最为常用，20 级和 30 级用于电机困难启动条件下。图 2-75 所示为不同等级热继电器的脱扣曲线。

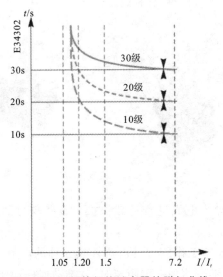

图 2-75 不同等级热继电器的脱扣曲线

3）电路符号

热继电器的电路符号如图 2-76 所示。

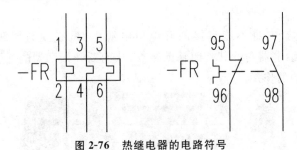

图 2-76 热继电器的电路符号

4）选择方法

（1）原则上应使热继电器的脱扣曲线尽可能接近甚至重合于电机的过载特性，或者在电机的过载特性之下。同时,在电机短时过载和启动的瞬间,热继电器应不受影响(不动作)。

(2)整定电流范围:当热继电器用于保护长期工作制或间断长期工作制的电机时,一般按电机的额定电流来选用。例如,热继电器的整定值可等于 $0.95\sim1.05$ 倍的电机额定电流,或者取热继电器整定电流的中值等于电机的额定电流,然后进行调整。

(3)热继电器的脱扣级别选择:当热继电器用于保护反复短时工作制的电机时,热继电器仅有一定范围的适应性。如果短时间内操作次数很多,就要选用带速饱和电流互感器的热继电器。

(4)对于正反转和通断频繁的特殊工作制电机,不宜采用热继电器作为过载保护装置,而应使用埋入电机绕组的温度继电器或热敏电阻来保护。

5)正泰 NRE8 系列热继电器选型表

正泰 NRE8 系列热继电器如图 2-77 所示。

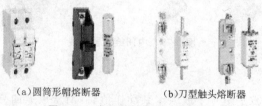

型号	额定电流(A)	整定电流调节范围(A)	推荐匹配接触器型号		推荐匹配熔断器型号
	1.2	0.6~1.2			RT36-4(NT00-4)
	2.4	1.2~2.4	NC1-09		RT36-6(NT00-6)
	4	2~4			RT36-10(NT00-10)
	8	4~8		NC100-09~18	RT36-16(NT00-16)
	10	5~10	NC1-12	NC7-09~18	RT36-20(NT00-20)
	12	7~12			RT36-25(NT00-25)
NRE8-25	20	10~20	NC1-18		RT36-40(NT00-40)
	25	20~25	NC1-25	NC100-25~38	RT36-50(NT00-50)
	32	22~32	NC1-32	NC7-25~38	RT36-80(NT00-80)

图 2-77 正泰 NRE8 系列热继电器

6. 熔断器

1)熔断器介绍

熔断器是自身作为熔体,当电流过高或超过负载电流时,熔断器熔断自身,防止损坏电路。半导体功率器件对温度变化极为敏感,过流会使这些元件损坏,通常使用快速熔断器。常见的熔断器或熔断体如图 2-78 所示。

(a)圆筒形帽熔断器　　　　(b)刀型触头熔断器

图 2-78 常见的熔断器或熔断体

2)熔断体的选择性

当电路中,存在上下级熔断器时,在发生故障时,希望故障点上级的熔断体熔断,而不导致大面积停电现象使故障的影响面扩大,这就是熔断体的选择性。熔断体额定电流只要符合国标和 IEC 标准规定的过电流选择比为 1.6∶1 的要求,即上级熔断体额定电流不小于下级的该值的 1.6 倍,就视为上下级能有选择性地切断故障电路。

3)与断路器分断电流的差别

相同点是都能实现短路保护。熔断器的原理是利用电流流经导体会使导体发热,达到导体的熔点后导体融化,以断开电路而保护用电器和线路不被烧坏。当电路中的用电负荷长时间接近于所用熔断器的负荷时,熔断器会逐渐加热,直至熔断。它是热量的一个累积,所以也可以实现过载保护。一旦熔断体烧毁就要更换熔断体。

断路器的保护方式是跳闸,排除故障后通过合闸即可恢复供电;熔断器的保护方式是熔断,排除故障后需要更换熔断体恢复供电。

断路器的跳闸速度是毫秒(ms)级,相对较慢,某些对截断速度要求高的场合不适用;熔断器的熔断速度是微秒(μs)级,远远快于断路器,适用于有快速截断要求的场合。

4)断路器与熔断器的配合原则

如果在安装点的预期短路电流大于断路器的额定分断能力,可采用熔断器作后备保护,因为熔断器的额定短路分断能力较强,且线路短路时熔断器的分断时间比断路器短,可确保断路器的安全。

熔断器应装在断路器的电源侧,以保证使用安全。

7. 中间继电器

1)中间继电器的作用

中间继电器用于继电保护与自动控制系统中,以增加触点的数量及容量。它用于在控制回路中传递中间信号。例如 PLC 控制触点,其最大驱动电流为 0.5 A,当被控制回路电流为 5 A 时,必须使用中间继电器进行中继转换(常说的小电流控制大电流)。

2)中间继电器的组成

工业机器人系统集成用的一般都是小型电磁中间继电器,安装于控制柜内标准DIN 35 mm导轨上(也可安装在板面上)。插拔式中间继电器由中间继电器本体加继电器组成(见图 2-79)。当设备出现故障时,可以通过插拔的方式进行快速更换或检修。

图 2-79　中间继电器组成

3)工作原理

当继电器线圈施加激励量等于或大于其动作值时,衔铁被吸向导磁体,同时衔铁压动触点弹片,使触点接通、断开或切换被控制的电路。当继电器的线圈被断电或激励量降低到小于其返回值时,衔铁和接触片返回到原来位置。所以它用的全部都是辅助触头,数量比较多。

4)符号

老国标是 KA,新国标对中间继电器的定义是 K,其符号如图 2-80 所示。

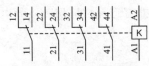

图 2-80　中间继电器符号

注意：在图纸上，各组开关及线圈符号可以分离标示。

继电器本体有多组常开或常闭触点。其触点编号的规则与接触器的编号规则类似，也是用两位数来编每个接线端口号，十位数表示触点顺序，个位数表示触点的性质。如图 2-80 中，共有 4 组开关，21、22 及 24 一组开关编号中，前面的 2 指第二组，后面的 1、2、4 指不同端头，其中 2 为常闭触点，4 为常开触点。

配套底座接线图可以见实物的底座标识或厂家的技术资料，如图 2-81 所示为正泰继电器的一种底座（CZY14A-E）接线示意图。

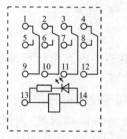

图 2-81　中间继电器底座接线图

5）小型继电器的一般参数

小型继电器的一般参数如表 2-13 所示。

表 2-13　小型继电器的一般参数

参　数	数　值
最大电压	110％额定电压。额定电压：DC 12～220 V，AC 24～240 V
最大通断能力	3～20 A 范围可选不同产品
动作电压	DC：≤75％额定电压。AC：≤80％额定电压
释放电压	DC：≥10％额定电压。AC：≥20％额定电压
动作时间	≤25 ms
释放时间	≤25 ms
电气寿命	10 万次
负载最大工作频率	1200 次/时
功率消耗	直流 0.9～1.1 W，交流 1.2～1.8 W

8. 固态继电器

当电磁中间继电器无法满足通断速度需求的时候，可以选择固态继电器。

固态继电器（solid state relay，SSR，见图 2-82）是由微电子电路、分立电子器件、电力电子功率器件组成的无触点开关，用隔离器件实现了控制端与负载端的隔离。固态继电器的输入端用微小的控制信号直接驱动大电流负载。

专用的固态继电器具有短路保护、过载保护和过热保护功能，与组合逻辑电路固化封装就可以实现用户需要的智能模块，直接用于控制系统中。

固态继电器除具有与电磁继电器一样的功能外，还具有如下特点。

固态继电器的优点如下。

SSR DCDS10A1   SSR PCDS25A1

(a)导轨安装型   (b)板面安装型

图 2-82 固态继电器

(1)灵敏度高,控制功率小,电磁兼容性好:固态继电器的输入电压范围较宽,驱动功率低,可与大多数逻辑集成电路兼容,不需加缓冲器或驱动器。

(2)快速转换:固态继电器因为采用固体器件,所以切换速度可从几毫秒至几微秒。

(3)电磁干扰小:固态继电器没有输入线圈,没有触点燃弧和回跳,因而减少了电磁干扰。大多数交流输出固态继电器是一个零电压开关,在零电压处导通,在零电流处关断,减少了电流波形的突然中断,从而减少了开关瞬态效应。

固态继电器的缺点如下。

(1)导通后的管压降大,可控硅或双向可控硅的正向压降可达 $1\sim2\,V$,大功率晶体管的饱和压降也在 $1\sim2\,V$ 之间,一般功率场效应管的导通电阻也较机械触点的接触电阻大。

(2)半导体器件关断后仍可有数微安至数毫安的漏电流,因此不能实现理想的电隔离。

(3)由于管压降大,导通后的功耗和发热量也大,大功率固态继电器的体积远远大于同容量的电磁继电器,成本也较高。

(4)电子元器件的温度特性和电子线路的抗干扰能力较差,耐辐射能力也较差,如不采取有效措施,则工作可靠性低。

(5)固态继电器对过载有较大的敏感性,必须用快速熔断器或 RC 阻尼电路对其进行过载保护。固态继电器的负载能力与环境温度明显有关,温度升高,负载能力将迅速下降。

(6)主要不足是存在通态压降(需相应散热措施),有断态漏电流,交直流不能通用,触点组数少。另外,过电流、过电压及电压上升率、电流上升率等指标差。

所以在选用固态继电器时,应充分考虑其特点,以防出现其他意外的现象。

9. 按钮及指示灯

1)分类及组成

主令电器是用作闭合或断开控制回路,以发出指令或作程序控制的开关电器。它包括按钮、凸轮开关、行程开关、指示灯、指示塔等。另外有踏脚开关、接近开关、倒顺开关、紧急开关、钮子开关等。

按钮开关是一种结构简单、应用十分广泛的主令电器。在电气自动控制回路中,用于手动发出控制信号以控制接触器、继电器、电磁起动器等。按钮开关的结构种类很多,可分为普通揿钮式、蘑菇头式、自锁式、自复位式、旋柄式、带指示灯式、带灯符号式及钥匙式等,有单钮、双钮、三钮及不同组合形式,一般是采用积木式结构,由按钮帽、复位弹簧、桥式触头和外壳等组成,通常做成复合式,有一对常闭触头和常开触头,有的产品可通过多个元件的串联增加触头对数。还有一种自持式按钮,按下后即可自动保持闭合位置,断电后才能打开。

工业机器人集成系统中,常用按钮及指示灯如图 2-83 所示。

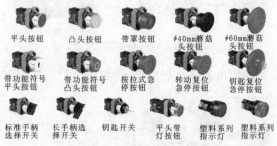

平头按钮　凸头按钮　带罩按钮　φ40mm蘑菇头按钮　φ60mm蘑菇头按钮

带功能符号平头按钮　带功能符号凸头按钮　按拉式急停按钮　转动复位急停按钮　钥匙复位急停按钮

标准手柄选择开关　长手柄选择开关　钥匙开关　平头带灯按钮　塑料系列指示灯　塑料系列指示灯

图 2-83　常用按钮及指示灯

目前,市场上的按钮均采用模块化的设计,由按钮头模块与基座模块组成,按钮头可以旋装入(或卡入)基座中,如图 2-84 所示。

图 2-84　按钮头模块与基座模块组成

基座有带灯的基座及仅是触点的基座(见图 2-85)。灯的类型(白炽灯泡、氖灯或 LED 灯)及其额定电压均可进行选择。

(a)带灯按钮基座　　　　　　　(b)触点基座

图 2-85　带灯的基座及仅是触点的基座

2)按钮开关的结构

如图 2-86 所示,按钮开关包含一组常开触头和一组常闭触头。在实际应用中,当基座的触头组不能满足触点数量需求时(例如紧急停止开关拍下时,要同时断开多条线路,需要的触头较多),可以追加触点模块来满足要求,如图 2-87 所示。

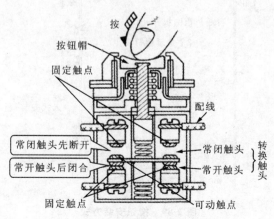

图 2-86　按钮开关的结构

图 2-87　按钮组合

模块化的设计使按钮的使用和组合更加灵活(见图 2-88)。

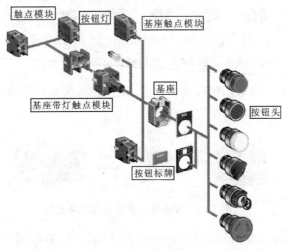

图 2-88　模块化的灵活组合

3)安装方式

如图 2-89 所示,常见的有两种安装方式:一种是卡入后,背部使用螺钉固定,当螺钉刺入金属面板后,通过柜体的接地,可以对金属型按钮进行接地,防止按钮带电;另一种是使用螺圈将按钮头固定在面板上后,卡入触点基座,常见的是塑料式按钮开关使用这种方式。普通按钮开关过面板时,面板的开孔大小尺寸为 $\phi 22$ mm。当使用小型按钮时,小型按钮的安装孔一般为 $\phi 16$ mm。

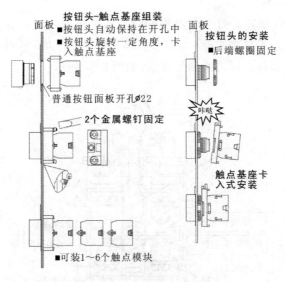

图 2-89　按钮安装方式

4）指示灯和按钮颜色

（1）可用颜色：指示灯用红、黄、绿、蓝、白；按钮用红、黄、绿、蓝、黑、白、灰。

（2）选色原则：依按钮被操作（按压）后所引起的功能，或指示灯被接通（发光）后反映的信息来选色。

（3）指示灯颜色的含义（见表 2-14）如下：

表 2-14 指示灯颜色的含义

颜 色	含 义	说 明	举 例
红	危险或告急	有危险或须立即采取行动	紧急停止、电源、报警
黄	注意	情况有变化，或即将发生变化	暂停、未到位、提醒
绿	安全	正常或允许运行	运行中、准备好
蓝	强制性的	强制性动作	复位功能
其他	无特定用意	—	—

①用于指示功能的指示灯颜色可根据含义内容选择红色、黄色、绿色或蓝色。

②用于确认功能的指示灯颜色可选择蓝色、白色，在某些情况下也可以选择绿色。

③对于需要进行强调的状态指示，例如需要引起注意的、要求立即动作的指令和数据情况存在差异的、操作进程发生变化等，可使用闪烁指示。慢闪烁频率为 24～48 次/分，正常闪烁频率为 48～168 次/分。对于重要的信息应使用较高频率的闪烁灯。

④指示灯、显示器的安装位置应保证操作者在正常操作时明显可见，用于报警的指示灯应使用闪烁或旋转式，并伴有音响。

（4）按钮的颜色含义（见表 2-15）如下。

表 2-15 按钮的颜色含义

颜 色	含 义	说 明	举 例
红	危险或告急	有危险或须立即采取操作	急停
黄	异常	情况有变化，或即将发生变化	暂停、重新启动
绿	安全	正常或允许运行	启动/接通
蓝	强制性	要求强制性动作操作	复位功能
白			
灰	无特定用意	除急停外的一般功能	启动/接通（优先使用白色）、停止/断开（优先使用黑色）、点动控制
黑			

①急停按钮必须使用红色。

②停止/断开按钮应选择黑色、灰色或白色，优先选用黑色，也允许选用红色，但不能使用绿色。

③启动/接通按钮应选择黑色、灰色或白色，优先采用白色，允许选用绿色，但不能使用红色。

④当使用白色和黑色来区分启动/接通和停止/断开控制时，白色用于启动/接通按钮，黑色用于停止/断开按钮。

⑤对于采用交替操作当作启动/接通和停止/断开控制时(同一按钮操作),黑色、灰色或白色优先选用,不允许使用黄色或绿色。

⑥点动控制按钮应优先选择黑色、灰色或白色,不允许使用红色、黄色,可以使用绿色(GB/T 4025—2010)。

⑦复位按钮应选择蓝色、黑色、灰色或白色,优先采用蓝色;如果按钮还具有停止/断开功能,应选用黑色、灰色或白色,应优先采用黑色,不允许使用绿色。

⑧绿色按钮专门用来表示安全或正常状态,黄色按钮专门用来表示警告或异常状态(暂停、重新启动等)。

⑨带指示灯的按钮颜色需要符合指示灯及按钮颜色的规定,在颜色难以选定时,应使用白色,带指示灯的按钮不得用作紧急按钮。

(5)急停器件:电气设备的任意一个控制装置出现危险时,应尽快停止运行,以免对人或设备造成伤害。IEC 60204—2005 标准对急停器件的基本要求如下。

①电气设备可通过紧急分断开关进行分断。用于紧急分断的开关可是手动的,也可通过控制回路远距离控制分断。通过控制回路分断时,应使紧急分断可通过唯一的主令开关分断全部相关电路。

②在所有操作控制站及可能需要进行急停操作的位置,都必须设置急停器件。急停器件应安装在容易看到、达到的位置。

③用于紧急分断的操作元件必须能够保持在"紧急分断"的位置,且只能通过手或工具(如通过旋转复位、拉拔复位、使用钥匙等)直接作用于操作元件,才能进行解除。如果设备安装有多个急停器件,在所有急停器件复位前,电路不能恢复运行。

④紧急分断操作元件的常开、常闭触点必须满足强制执行条件,常开和常闭触点不允许有重叠接触的现象。

⑤操作的急停器件必须用鲜明的红色标记,操作器件的下部应用反差明显的黄色标记,以醒目地突出红色的手动操作件。

⑥急停按钮的操作件应为蘑菇头或掌揿式;急停按钮的断开位置应有定位机构,只能通过顺时针旋转、拉拔或钥匙才能使之复位。

5)按钮及指示灯符号

按钮及指示灯符号如图 2-90 所示。

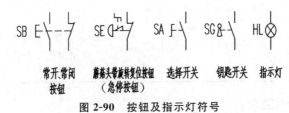

图 2-90　按钮及指示灯符号

【任务实施】

在工业机器人系统集成电气设计中,电气元件选型结果一般是以表格的形式呈现的,上述任务的最终结果以选型清单表的方式呈现。一般选型清单表中的主要元件按照低压部分、控制部分、驱动部分、连接件部分、预执行部分进行分类,每个元件的属性应该包含以下几类：元件名称、元件型号、元件参数、元件品牌、元件数量、数量单位、订货号、货期等。根据甲方的要求和项目工艺的要求选择好元件的品牌规格和数量填入元件选型表（样例见表2-16)中。

表 2-16　电气元件选型表（样例）

类　别	名　称	型　　号	订货号	规　格	品牌	数量	单　价/元	总　价/元	货　期
低压部分	断路器	2PC6	A9K58206	两级 6 A	施耐德	2	109	218	现货
	…								
控制部分	PLC	CPU 1511-1PN	6AG15184AP004AB0	1 个 PN 口	西门子	1	1930	1930	现货
	…								
驱动部分	变频器	V20	6SL32105BE137UV0	0.37 kW	西门子	1	1773	1773	现货
	…								
预执行部分	接触器	LC1D09	LC1D09M7C	9 A、AC 220 V	施耐德	3	118	354	现货
	…								
连接件部分	端子	ST 2.5/1P	3040012	2.5 mm^2	菲利克斯	200	4.7	940	现货
	…								

【归纳总结】

在工业机器人系统集成项目中多采用经验法进行电气选型,针对不同的元件和工况一般结合以往类似的项目经验进行选型。但是作为工业机器人系统集成电气设计的新手,还是需要以理论作为选型基础,通过对实际工况电路的分析建立等效的理论电路,然后进行电气参数计算,再通过电气参数对电气元件进行选型;当有长时间的项目经历,积累了足够的项目经验后,结合掌握的电气理论和对关键的电气参数的理解,才能够依据经验进行电气选型,以降低项目实施的风险。

【拓展提高】

以上任务是针对一个具体的综合项目进行电气元件选型。针对 1 台 ABB IRB1410 机器人的配电系统进行电气选型,要求选择合适的保护断路器、连接机器人的电源电缆。

工业机器人系统集成电气设计流程

◀ 任务 3-1　绘制工业机器人系统集成电气设计流程图 ▶

【任务介绍】

　　工业机器人系统集成电气设计是一个系统的任务,梳理工业机器人系统集成电气设计的流程是顺利、高效、完整实现设计任务的保证。利用绘图软件绘制工业机器人系统集成电气设计流程图,在设计流程图中按照项目实施的顺序串联相关设计步骤,在每个设计步骤中备注主要完成的设计任务和形成的技术文件。

【任务分析】

　　工业机器人系统集成电气设计的思路是首先分析客户的需求,明确客户的详细工艺目标参数,进而设计项目方案初步构架;验证项目构想的合理性,并与客户沟通确认后进行初步的设计,勾画项目的总体组成单元。完成项目方案机构组成设计后,进行详细设计,将项目每个组成部分的详细内容结合电气理论和相关硬件设备的技术手册进行设计。以上所有的设计环节的结果均有相应的技术文件与之对应,形成规范专业的设计流程文件。

【相关知识】

1. 工程设计范例

　　下面以工业机器人在起动机转子线上进行自动装配的实际工程案例来阐述硬件集成设计的基本过程。

2. 工业机器人起动机转子自动装配工程项目设计过程

1)工程项目需求

(1)设备功能:本设备用于起动机转子线上自动装配,要求可靠性高,便于维护和保养。

(2)装配过程如图 3-1 所示。

(3)目前为人工装配(见图 3-2),现要求改为工业机器人自动装配。起动机行星轮底盘输送线及起动机转子料仓(可放多个转子的带托盘小车,给工业机器人供料)已有,需要配置工业机器人工作站。

(4)设计要求。

➤工业机器人工作站设置为一台工业机器人、双工位作业形式。

➤生产节拍:10 s。

➤转子装配过程需对齿,装配完毕后转子转动正常,不得有卡齿现象。

➤转子重量:700 g。

(5)工作过程描述。

➤上料:人工将料仓小车推入工位一,退到安全围栏外后按上料完成按钮。

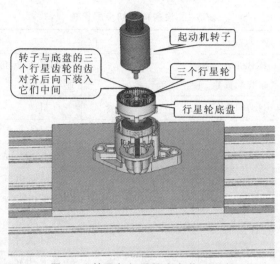

图 3-1 转子与行星轮底盘装配示意

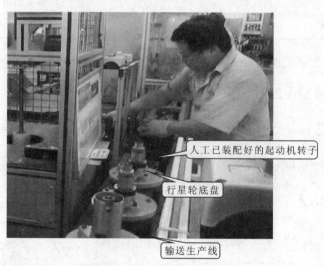

图 3-2 生产线上人工装配

➤机器人开始抓第一个转子进行安装,同时人工将另一个料仓小车推入工位二,并按工位二上料完成按钮。

➤装配完成后工业机器人给出信号,输送线工装放行已装配的工件总成,并送入下一个待安装行星轮底盘。

➤机器人再抓第二个转子进行装配,如此持续把一个料仓的所有转子安装完成。

➤工业机器人取空料仓以后,自动转到工位二的料仓去取料,并提醒料仓工位一处进行料仓更换。

➤人工换料仓以后,按上料完成按钮,进入待安装状态。

➤工业机器人循环工作。

2)设计过程

(1)第一步:进行系统分析及总体规划。将设备设计要求转化成设备构成初步配置表、系统要求及构成说明文本等可交流的任务性文件。

①设备构成初步配置表,如表 3-1 所示。

表 3-1 设备构成初步配置表

货物分项名称	型号、规格	数 量	单 位	备 注
工业机器人	IRB2600(标准配置)	1	台	ABB 工业机器人,配工业机器人控制柜及示教器
柔性手部工具	钢结构件	1	套	自制件
工业机器人底座	钢结构件	1	套	自制件
手部工具用气爪	—	1	套	日本 SMC 品牌
电气控制柜(PLC 柜)	配电气元件	1	套	主回路电气元件采用西门子,控制回路采用法国施耐德器件
PLC	CJ1M-CPU13	1	套	日本欧姆龙品牌,以太网通信,配 7 英寸(1 英寸＝2.54 厘米)触摸屏
气动系统	—	1	套	日本 SMC 品牌
安全围栏	铝框架网状结构	1	套	配国产安全光栅
安装附件、辅助材料等	—	1	项	—

②系统组成结构示意图,如图 3-3 所示。

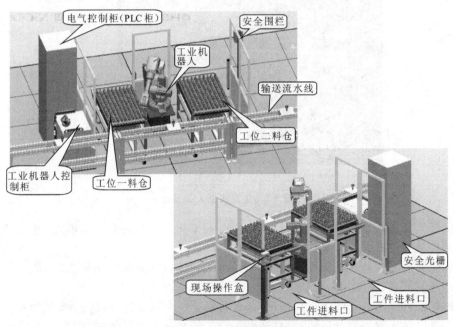

图 3-3 系统组成结构示意图

(2)第二步:进行初步设计。绘制平面总布置图(见图 3-4)及电控系统结构图(见图 3-5)。

(3)第三步:根据布置图尺寸,进行工业机器人可达性及生产节拍校核。

➤工作范围内的可达性校核,如图 3-6 所示。

➤生产节拍校核,如图 3-7 所示。

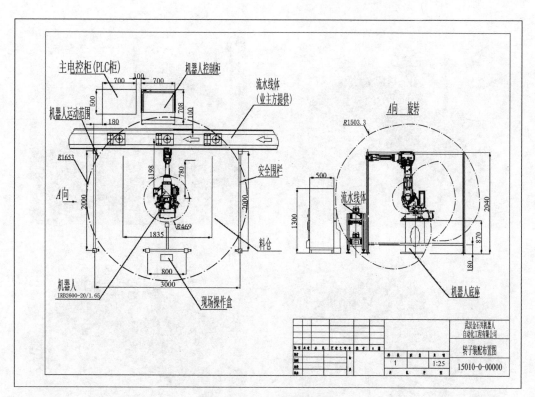

图 3-4　平面总布置图图样

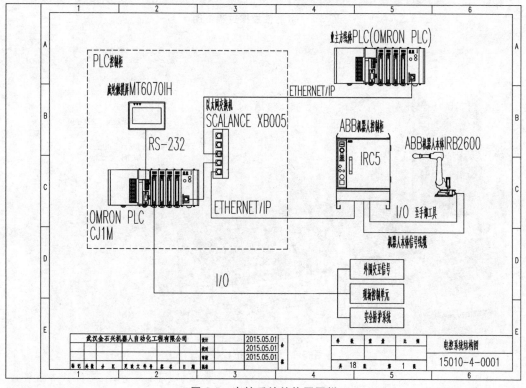

图 3-5　电控系统结构图图样

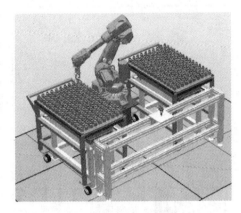

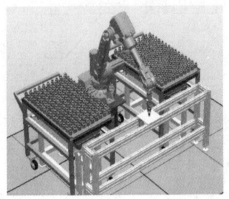
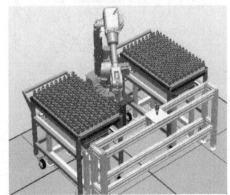

图 3-6　可达性校核过程截图

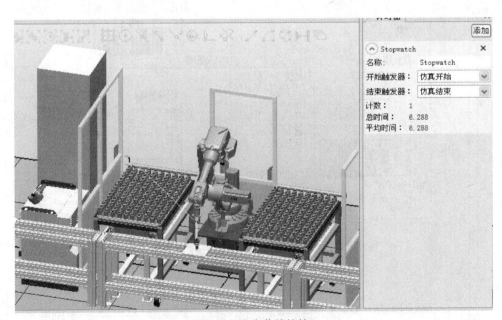

图 3-7　生产节拍校核

　　(4)第四步:详细设计绘制图纸、制作文件资料及制作零件明细表(或在企业计算机管理平台上录入 BOM 表)。图纸技术资料完成入档后进入采购和生产环节。

➤机械结构详细设计,如图 3-8 所示。

➤电气部分详细设计及软件编程,如图 3-9 所示。

➤制作零部件明细表(或填 BOM 表单),如图 3-10 所示。

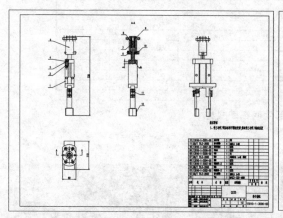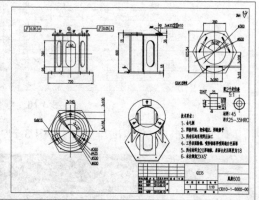

图 3-8　机械图纸图样

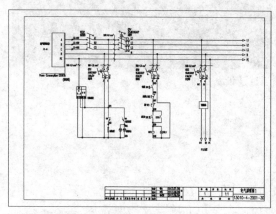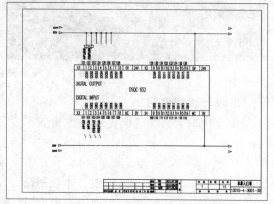

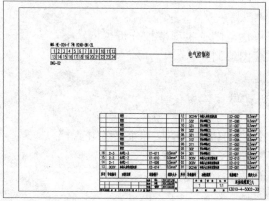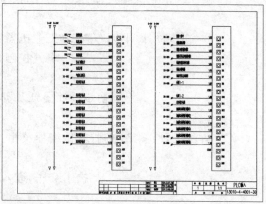

图 3-9　电气图纸图样

零部件明细表

序号	品名	品牌	规格/型号	单位	数量	图号	说明	用途	备注	变更说明	采购情况
	项目号: XM2015-010		项目名称: xx项目			制表人		毛式宇	日期: 2015 年05月10日		
1	电控柜	威图	1300*700*500	台	1			电控柜用			
2	触摸屏	威纶	MT6070IH	块	1			电控柜用	配与欧姆龙PLC（CJ1M）连接电线		
3	电源	欧姆龙	CJ1W-PA205C	根	1			电控柜用			
4	CPU	欧姆龙	CJ1M-CPU13	块	1			电控柜用			
5	Ethernet/IP单元	欧姆龙	CJ1W-EIP21	块	1			电控柜用			
6	输入模块	欧姆龙	CJ1W-ID231	块	2			电控柜用			
7	输出模块	欧姆龙	CJ1W-OD231	块	2			电控柜用			
8	端子块连接电缆	欧姆龙	XW2Z-150K	块	4			电控柜用			
9	端子块转换单元	欧姆龙	XW2B-40G4	块	4			电控柜用			
10	编程电缆转换	欧姆龙	CS1W-CN226	个	1			调试用			
11	编程电缆	欧姆龙	CS1W-CIF31	米	1			调试用			
12	安全光幕	邦纳	LS2TP30-1050Q88	套	1			安全围栏用			
13	光幕连接电缆	邦纳	QDE-825D	根	1			安全围栏用			
14	安全门锁	华诚	HC-188E	套	1			安全围栏用			
15	直流电源	明纬	DR-120-24	块	2			电控柜用			

图 3-10　零部件明细表式样

（5）第五步：生产调试与交付（见图 3-11）。

图 3-11　现场安装调试及设备交付

3. 设计过程说明

工业机器人系统集成设计流程如下。

合同交底

↓

集成总体规划设计及主要设备选型配置
（工业机器人、周边主要设备、主要控制安全单元确定及选型等）

↓

初步设计：平面布置图（工业机器人可达范围及生产节拍分析校核）、
电气控制系统图绘制

↓

初步设计图纸及资料，评审会签并入档

↓

详细设计：图纸绘制、软件编程及相关技术文件编制、图文评审会签并入档

↓

技术交底，进入采购及生产环节

↓

设备调试：设计完善及图纸、文字资料变更并入档

↓

设备交付

【任务实施】

流程图直观地描述一个工作过程的具体步骤。流程图对准确了解事情是如何进行的，以及决定应如何改进过程极有帮助。这一方法可以用于整个项目电气设计，以便直观地跟踪和以图解描述项目电气设计的实施流程和方式。图 3-12 所示样例展示的是一个机械产品的设计流程图，完成上述任务可以借鉴样例中流程图的格式，结合工业机器人系统集成电气设计中的步骤和设计内容绘制工业机器人系统集成电气设计流程图。

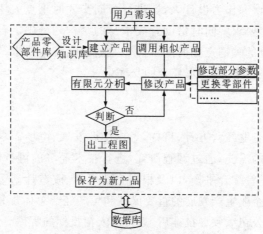

图 3-12 某机械产品设计流程图

【归纳总结】

流程图使用一些标准符号代表某些类型的动作，如决策用菱形框表示，具体活动用方框表示。但比这些符号规定更重要的，是必须清楚地描述工作过程的顺序。流程图也可用于设计改进工作过程，具体做法是先画出事情应该怎么做，再将其与实际情况进行比较，最终得出最合理的做事流程。通过绘制工业机器人系统集成电气设计流程图，建立进行工业机器人系统集成的方法流程思维，为以后进行相关工作建立宏观的全局统筹的设计思路。

【拓展提高】

使用图形表示完成某项事项的思路是一种极好的方法，因为千言万语不如一张图，形象直观的流程图是指导作业的有效方式。结合你所学习的 ABB 工业机器人配置 DSQC 652 I/O 板数字量输入信号的方法，绘制一张 ABB 工业机器人配置 DSQC 652 I/O 板数字量输入信号的作业流程图，将该过程形象直观地展现出来。

◀ 任务 3-2　合同交底实践 ▶

【任务介绍】

合同是进行项目设计和验收的重要依据，在进行工业机器人系统集成时熟悉合同的全部内容,并对合同条款有一个统一的理解和认识,才能够明确项目中的责任划分、技术及施工要点、成本控制目标等关键因素,以避免不了解或对合同理解不一致带来工作上的失误。请以工业机器人系统集成项目组成员的角度对样例合同进行合同交底,并形成合同交底记录。

【任务分析】

合同交底时一定要反复推敲合同条款,并结合以前的经验做出正确交底,避免因为对合同理解有误导致决策失误。作为设计人员,进行合同交底时重点关注与项目技术细节相关的参数、性能指标和工艺要求。同时借助合同本身的结构划分确定合同交底记录的基本内容结构,将合同每个部分的关键点如时间节点、功能描述、技术要求、项目环境条件、项目供货范围、工艺要求等逐条记录分析,形成合同交底记录。

【相关知识】

设备规划是指根据企业经营方针、目标,考虑生产发展、市场需求及科研、新产品开发、节能、安全、环保等方面的需要,通过调查研究,进行技术经济的可行性分析,并结合现有设备的能力、资金来源等进行综合平衡,以及根据企业更新、改造计划等而制定的企业中长期设备投资的计划。它是企业生产发展的重要保证和生产经营总体规划的重要组成部分。设备规划通过厂级领导或公司级领导批准后,方可进入招投标的程序。通过招投标,中标设备供应商与工厂(或公司)进行具有法律约束力的设备供销合同签订。通常,在进入供销合同签订之前,会先签订技术协议文本。技术协议是由双方技术部门具有一定专业知识或技能的技术人员依据投标技术文件进行制定,主要对产品或服务的技术内容进行规范,并由双方相关人员进行确定认可,是设备验收依据之一。技术协议是供销合同不可分割的组成部分,伴随着供销合同而产生效力,同样具有法律效力。

在设备系统集成设计时,必须严格遵守技术协议的条例规定。实际项目中,有的项目工程师习惯按自己的经验考虑问题并进行设计。结果,设备验收时,出现技术状态与技术协议不符,无法通过相关部门验收,给双方带来了巨大的经济损失。所以,进行设计时,必须严格遵照合同及合同中的技术协议条款。如在具体设备规划及设计时发现异常,必须与双方进行协商。如出现严重背离技术协议条款,则应签订补充技术协议,并由双方有关部门签字生效。设备验收时,按合同及合同中的技术协议、补充技术协议进行。

项目中,有的设备不通过招标的方式进行设备的招商或生产制造。这样的设备,原则上也应制定技术协议或类似技术规范文本。设备的集成设计也相应以该技术协议为依据进行。如设备为企业内部自行设计及制作,则依据设备规划时形成的决议文件执行。

合同交底:由合同管理人员在对合同的主要内容进行分析、解释和说明的基础上,通过组织项目管理人员和各个项目小组学习合同条文和合同总体分析结果,使大家熟悉合同中的主要内容、规定、管理程序,了解合同双方的合同责任和工作范围、各种行为的法律后果等,使大家都树立全局观念,使各项工作协调一致,避免执行中的违约行为。合同交底是在企业进行设备系统集成设计之前的一个重要的过程。为便于描述,本书中合同所指范围比较广。只要是涉及设备供需双方(也可以是企业内部的使用部门对设计、生产部门)达成一致并形成供需关系的,则认为这是一种达成供需合同行为。

1. 合同交底的必要性

(1)合同交底是项目相关技术和管理人员了解合同、统一理解合同的需要。合同是当事人正确履行义务、保护自身合法利益的依据。因此,项目全体成员必须首先熟悉合同的全部内容,并对合同条款有一个统一的理解和认识,以避免不了解或对合同理解不一致带来工作上的失误。

(2)合同交底是规范项目全体成员工作的需要。界定合同双方当事人(设备使用方与设备提供方)的权利义务界限,规范各项项目活动,提醒项目全体成员注意执行各项项目活动的依据和法律后果,以在项目实施中进行有效的控制和处理,是合同交底的基本内容之一,也是规范项目工作所必需的。

(3)合同交底有利于发现合同问题,并利于合同风险的事前控制。合同交底就是合同管理人员向项目全体成员介绍合同意图、合同关系、合同基本内容、业务工作的合同约定和要求等内容。它包括合同分析、合同交底、交底的对象提出问题、再分析、再交底的过程。因此,它有利于项目成员领会意图,集思广益,思考并发现合同中的问题,如合同中可能隐藏着的各类风险、合同中的矛盾条款、用词含糊及界限不清条款等。合同交底可以避免因在工作过程中才发现问题带来的措手不及和失控,同时也有利于调动全体项目成员完善合同风险防范措施,提高他们的合同风险防范意识。

(4)合同交底有利于提高项目全体成员的合同意识,使合同管理的程序、制度及保证体系落到实处。合同交底是合同管理的一个重要环节,需要各级管理和技术人员在合同交底前认真阅读合同,进行合同分析,发现合同问题,提出合理建议。避免走形式,以使合同管理有一个良好的开端。

2. 合同交底的程序

合同交底是公司以一定层次按一定程序进行的。通常按如下程序进行。

(1)项目中标或设备规划通过并要求实施后,成立项目组及确定负责人。项目组组织合同签订人员和精通合同管理的专家向项目成员全面陈述合同背景、合同工作范围、合同目标、合同执行要点及特殊情况处理,并解答项目组成员提出的问题,最后形成书面合同交底记录。

(2)项目组成员向各职能部门负责人及其所属执行人员进行合同交底,陈述合同基本情况、本部门的合同责任及执行要点、合同风险防范措施等,并回答所属人员提出的问题,最后形成书面交底记录。

(3)由项目合同管理人员(项目经理)对合同执行计划、合同管理程序、合同管理措施及风险防范措施进行进一步修改完善,最后形成合同管理文件,下发各执行人员,指导其活动。

3. 合同交底的内容

合同交底是以合同分析为基础、以合同内容为核心的交底工作,因此涉及合同的全部内容,特别是关系到合同能否顺利实施的核心条款。合同交底的目的是将合同目标和责任具体落实到各级人员的项目活动中,并指导管理及技术人员以合同作为行为准则。合同交底一般包括以下主要内容:

(1)项目概况及合同工作范围;

(2)合同关系及合同涉及各方之间的权利、义务与责任;

(3)合同工期控制总目标及阶段控制目标,目标控制的网络表示及关键线路说明;

(4)合同质量控制目标及合同规定执行的规范、标准和验收程序；

(5)合同对本项目的材料、设备采购、验收的规定；

(6)投资及成本控制目标,特别是合同价款的支付及调整的条件、方式和程序；

(7)合同双方争议问题的处理方式、程序和要求；

(8)合同双方的违约责任；

(9)索赔的机会和处理策略；

(10)合同风险的内容及防范措施；

(11)合同进展文档管理的要求。

【任务实施】

合同交底记录一般以合同交底记录表的形式呈现,在合同交底记录表中包含合同的基本商务信息(包括项目名称、编号、金额、工期、结算方式、质保金等情况)以及项目的实施条款的解读(包括质量、现场管理、安全和违约处理等事项)。具体可参考表 3-2 所示的合同交底记录表样例。

表 3-2　××公司合同交底记录表(样例)

合同编号:智创(2013)合字 143 号　　　　　　　　　　　　No:

项目名称	××公司焊装线改造项目	合同金额	60 万元
建设单位/发包方	智创科技	联系人	张三
参加部门		交底部门	工程部
		记录人	李四

合同基本情况介绍。

1.工程内容:1、2 焊装线改造。

2.合同工期:总日历天数　14　天(2013 年 08 月 31 日至 2013 年 09 月 14 日)。

3.质量标准:□优良　　　□合格。

4.结算方式:□包干　　　□按实结算　　　□其他。

5.付款方式:(1)预付款　　元;(2)进度款　　元;(3)质保金　工程施工结束并验收合格结算审计后,甲方应在七个工作日内向乙方支付工程结算款的 95%,其余 5% 作为质保金。(质保期为竣工验收合格之日起一年,待质保期满并无质量问题,甲方七日内付清尾款。)

交底事项。

1.质量方面:按照相关标准进行验收,满足甲方现场使用要求,质保期为一年。

2.安全、现场管理方面:施工过程中乙方施工人员必须遵守甲方相关规章制度,服从甲方现场人员指挥并持证上岗,不得野蛮施工,出现异常情况应立即停止施工并撤离现场,施工过程中由于操作不当所引发的安全事故全部责任由乙方自行承担。

3.违约责任。

(1)若乙方延期完工,每延期一天对乙方罚款两千元;时间超过一周,甲方有权单方面终止合同(不可抗力因素除外),乙方退还甲方所有预付款项,且乙方应向甲方承担违约金两万元。

(2)若乙方工程质量根据本合同第七条经验收不合格,则甲方有权解除合同,乙方退还甲方所有预付款项,且乙方应向甲方承担违约金两万元。

4.其他:本合同自双方签字盖章后生效,未尽事宜双方友好协商解决,未能协商一致,任何一方均可向甲方所在地人民法院起诉。

【归纳总结】

合同交底就是将合同的内容贯彻下去,让相关的人清楚相关的合同条款,并遵照执行,防止因对合同不熟、不理解、掌握不透彻而出现违反合同的行为,为自己带来损失。进行合同交底需要本着严谨、认真、仔细的态度对合同的条款逐条逐句地进行分析,确保完全正确理解其含义,将对合同条款分析理解得到的信息进行整理,得到合同交底记录表,供后期项目实施过程中查阅和相关项目参与人员学习。

【拓展提高】

通过对合同和合同交底的学习和实践可以发现不同的项目合同中包含相类似的条款要求,请总结合同中出现的通用条款项目有哪些,并制作成合同常见条款项目表,从而总结合同及合同交底内容上的规律,形成自己完成项目时的合同意识。

◆ 任务 3-3　初步设计实践 ▶

【任务介绍】

以下是某面粉厂计划实施的一个工业机器人码垛项目的工艺说明,请依据以下工艺说明进行该项目的初步设计;初步设计技术文件要求以项目设备平面布局图和电气系统结构图呈现。

(1)工件基础资料:

工件种类:一种。

搬运对象:面粉袋。

最重工件重量:40 kg 的面粉袋,尺寸 60×100。

节拍要求:每小时 1000～1200 包。

(2)工作环境:

电源:三相 380 V,50 Hz±1 Hz。

工作温度:−10～45 ℃。

相对工作湿度:90% 以下。

(3)机器人工作站简介:

本系统主要有 1 台搬运机器人、1 套传输系统、1 套机器人底座、1 套面粉袋叉形夹持器。控制台采用触摸屏控制,方便快捷,系统通过 PLC 将搬运机器人与传输系统互相联动,机器人与 PLC 采用通信方式进行数据交互,实现系统高效、安全运行,且能实现时产量 1000～1200 包。

【任务分析】

根据任务中的描述可知该码垛项目的关键技术参数包括搬运对象类型、尺寸及重量,以及生产运行节拍、项目环境和电源情况、基本的设备组成、运行工艺要求。结合以上信息完成该项目的主要设备及元件的选型，根据工艺运行要求及甲方对项目技术细节的期望设计系统的机械设备部件的基本尺寸和相对布局位置；完成电气系统中数据传递及通信框架的设计。以上两项设计任务最终以系统的平面布局图和电气系统结构图呈现。

【相关知识】

进入项目产品的设计阶段，工业机器人制造系统工程设计包括总体规划、初步设计、详细设计、产品制造反馈变更设计等。

1. 总体规划

在一般工程设计中，总体规划指按计划任务书的内容进行概略计算，附以必要的文字说明和图纸设计。总体规划是完成工程体系的总体方案和总体技术途径的设计过程。总体规划即对全局问题进行设计，也就是设计系统总的处理方案，又称概要设计。总体规划是工程项目开发过程中的一个重要阶段。

2. 总体规划基本问题

怎样把比较笼统的初始研制要求逐步地变为多个研制参加者的具体工作；怎样把这些工作最终综合成一个技术上先进、经济上合算、研制周期短、能协调运转的实际系统，并使这个系统成为它所从属的更大系统的有效组成部分；怎样确保项目在规划、设计、制造和运行各个阶段总体性能最优都是总体规划的基本问题。进行总体规划可以避免因规划、研制和运用缺陷造成人力、物力和财力的浪费。

总体规划文本体现为设计任务书。其内容根据不同的企业有不同的细节要求。在有的小微企业中，小型项目立项后，为提高工作效率及节省人工成本，直接根据合同文档布置设计任务，去除设计任务书的制定过程，但是简要的设计任务要求文本也不可少。设计任务书通常会有如下内容：

(1)设计指导思想、设计组织和劳动定员；

(2)产品方案及主要设备选型、配置要求；

(3)工艺流程；

(4)公用、辅助设施；

(5)主要材料用量；

(6)新技术采用情况；

(7)各项技术经济指标、总概算；

(8)项目顺序和期限。

3. 工业机器人系统集成规划的方法与准则

1)控制机构及控制系统的确定

通常设备规划、投标方案文件或技术协议对系统进行了全面的描述，做了全面的技术规定。进行集成总体规划及设备选型配置时，必须严格按文件文本执行。设计人员通过对控制对象的现场了解，或对机械、气动、液压工作原理的研究，明确了控制对象的控制要求后，为了便于设计，需要对要求的动作进行进一步分析与分解处理。如对气动、液压控制的机械，最好能够将其控制要求转化为动作循环图、电磁元件动作表；对于单纯电气控制的动作，应将其转化为动作时序图或控制要求表等。根据循环图、时序图、控制要求表的动作需要，就可以规划必要的指令元件(如按钮、行程检测开关、执行元件、功能部件等)。这些简洁、清晰的图形资料,可以为系统部件的选型、用户程序的设计提供依据。选型配置为设计的第一步。系统总体应根据控制要求与功能,明确对象的控制要求,明确控制系统构成,确定系统所需要的功能部件与外围设备,形成初步配置表。系统总体规划具体内容包括:工业机器人选型,PLC 的选择,确定 I/O 模块规格;选择特殊功能模块;选择人机界面、伺服驱动器、变频器、调速装置等。在工业机器人生产厂家及型号确定后,PLC 的型号选择及与工业机器人的通信方式取决于控制要求。选型的过程中,在满足设备控制要求的前提下,必须考虑生产成本。

2)控制系统的类型

控制要求明确以后,应根据对象的要求确定系统的总体控制方案。根据不同的应用场合,一般来说可选择如下三种基本的控制类型。

(1)单机控制。

单机控制是指一个控制对象采用工业机器人所配的工业机器人控制柜进行控制或配置一台 PLC 进行协助监控的情况(见图 3-13)。它适用于系统规模相对较小、各控制部分相对集中的场合。很多简单生产线上独立的工业机器人工作站都属于这种应用类型。工业机器人控制柜所配置的控制系统,能够满足对这样的工作站进行单独监视及控制。

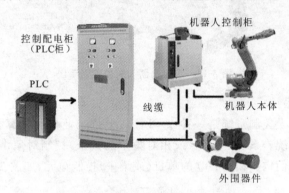

图 3-13　工业机器人单机控制系统

在工程应用中,在 I/O(输入或输出)控制点数比较多或比较分散的条件下,增加 PLC 显然是一种比较经济的做法。在这种情况下是否增加 PLC,可从以下几方面的情况来衡量:

第一,I/O 点是否过多。这是实际点数与工业机器人 I/O 板标配点数的比较。

第二,不同品牌工业机器人在标配之外增加 I/O 板所产生的额外费用也不一样,所以在保证功能的条件下,选择性价比高的配置。

第三,工业机器人品牌不一样,对外设 I/O 点控制的能力也不一样,当工业机器人对过多的外部 I/O 不能实时监视时,必须增加 PLC。

第四,工业机器人工作站如果需要配置工业触摸屏,以方便进行人机互动时,通常会配置 PLC 及触摸屏。通过 PLC 与触摸屏及工业机器人之间的通信,可以把相关的人机界面显示在触摸屏上并能进行人机对话。

当使用 PLC 协助控制时,PLC 与工业机器人的工作可以按如下协调方式进行:PLC 负责外围的设备控制或通信联网,工业机器人负责对与工业机器人自身运动指令相关性比较强的工具设备加以控制(如工业机器人的端执器)。工业机器人与 PLC 之间可采用 I/O 连接或通过通信方式进行连接。

（2）集中控制系统。

集中控制是利用一个工业机器人控制模块对多个工业机器人本体进行控制。多台工业机器人也共用一个示教器。如想多加一台工业机器人，需要做的全部工作就是另增一个驱动模块而已。其他外部控制系统接入时，只通过一个共用的接入点，就可以与整个工作站的工业机器人进行通信。这意味着网络设计和连接 PLC、以太网及安全电路的成本已降到最低限度。这是一种经济的工作站安装方式，如图 3-14 所示。

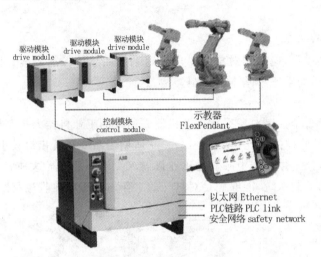

图 3-14 工业机器人集中控制系统

（3）分布式控制系统。

分布式工业机器人控制系统是一种以 PLC 或上位工业控制计算机（简称上位机）为主体构成的网络控制系统。系统的一个（或相对集中的数个）控制对象由一台独立的 PLC（及上位机）进行控制，它们构成相对独立的单机（或集中）控制单元，如图 3-15 所示。

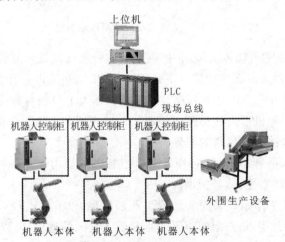

图 3-15 工业机器人分布式控制系统

各单元之间通过总线连接。需要使用现场总线或网络等通信技术进行 PLC 与 I/O 单元、PLC 与 PLC、PLC 与上位机间的数据通信与信息交换，系统上位机还需要对各 PLC 单元进行统一调度与管理。因此，它事实上是利用远程 I/O 控制技术对单机控制系统、集中控制系统的集成与综合,对 PLC 的网络通信功能要求很高。分布式控制系统适用于柔性加工系统(FMS)、车间自动化系统、大型生产线、装配流水线等。

分布式控制系统的硬件构成庞大,它需要在多个独立控制单元的基础上,增加网络通信、现场监控、调度管理、上位机等外部设备。分布式控制系统的软件设计与其他类型控制系统的区别主要在系统集成上,各单元间的网络通信、网络管理软件设计工作量较大,对 PLC 或上位机存储容量、通信功能要求较高,系统软件的集成调试工作量大,安装、调试的时间长,系统可靠性要求高,往往需要多人协作、分单元共同完成。

不管控制系统是何种类型,其根本目的是满足对象的控制要求,为此,面向最终控制对象的控制要求必须在详细设计前得到明确。

3)功能、通信及控制模块的确定

特殊功能模块的选择应根据系统控制的要求进行。首先,需要确定的是为保证实现控制对象基本要求所需要的基本功能模块。其次,根据系统的类型,再考虑系统综合与集成所需要的通信与接口模块。

(1)功能模块的确定。

功能模块选择前需要根据机械及工艺要求,确定执行装置的类型。如:对于需要任意位置定位且速度可以改变的运动,应确定伺服驱动器与伺服电机的型号、规格;对于仅需要无级变速的电机控制,根据调速的要求,可以选择交流调速装置(如变频器等)、直流调速装置等。

在此基础上,设计人员应根据执行装置的类型与动作要求,决定系统的控制方式与工业机器人或 PLC 特殊功能模块(如位置控制模块、脉冲输出模块、模拟量输出模块等)的要求、数量。

在对象的控制要求得到满足后,应根据控制需要与操作、显示的要求,决定系统采用的数据输入、状态显示、操作的手段等人机信息交换方法与措施。确定系统是否采用文本单元、触摸屏、显示仪表等外围设备。当外围设备需要配套特殊功能模块(如通信接口、连接电缆、D/A 转换模块等)时,应在选择外围设备的同时进行考虑。在功能模块要求确定后,可以将模块以及要求统一汇总成表格的形式,以便选择模块。

(2)通信模块的确定。

通信模块的选择决定于系统的类型。对于分布式控制系统、远程 I/O 控制系统通信模块是必需的;而对于集中控制系统或单机控制系统,通信模块的选择可以根据用户要求、系统扩充的需要与生产制造成本进行综合考虑。

通信有关内容可以参见本书其他章节。

(3)PLC 类型的选择。

选择 PLC 主要是确定 PLC 生产厂家与型号。对于分布式控制系统还需要考虑网络化通信的要求。PLC 生产厂家的确定主要应考虑用户的要求、设计者和使用者的习惯、熟悉程度、配套产品的一致性,以及编程器等附加设备的通用性、技术服务等方面的因素。产品的价格等因素也是选择 PLC 时所必须考虑的问题。

从技术的角度考虑,以下指标是选择 PLC 型号时应注意的问题。

①CPU 性能。

PLC 的 CPU 性能主要涉及处理器的位数、运算速度、用户存储器的容量、编程能力(指令的功能及内部继电器、定时器、计数器的数量等)、软件开发能力、通信能力等方面。在使用特殊功能模块、特殊外部设备或是需要网络链接的场合,应考虑到CPU的功能与以上要求相适应。

此外,在满足控制要求的前提下,CPU的价格也是需要设计人员考虑的问题之一,选择的PLC既要满足系统的功能要求,也应该充分利用其功能,避免不必要的浪费。

②I/O点数。

PLC的输入/输出点数是PLC的基本参数之一。I/O点数的确定,应以I/O点汇总表为依据。在正常情况下,PLC的I/O点可以适当留有余量,但同时也必须考虑生产制造成本。对于以下情况,应适当考虑增加一定的I/O余量:

➤控制对象的部分要求不明确,要求可能改变的场合;

➤I/O点统计不完整,设计阶段或者现场调试时可能增加I/O点的场合;

➤PLC扩展较困难,但控制系统存在变动可能性的场合;

➤使用环境条件相对较差,PLC工作负荷较重的场合;

➤维修服务不方便,配件供应周期较长的场合。

I/O点(包括程序存储器容量)的余量选择无规定的要求,更没有固定计算公式,一切都必须根据实际情况进行,避免教条主义,只有这样才能做到科学与合理。

③功能模块的配套。

选择PLC时应考虑到功能模块配套的可能性。选用功能模块涉及硬件与软件两个方面。在硬件上,首先应保证功能模块可以方便地与PLC进行连接,PLC应有连接、安装位置与相关接口、连接电缆等附件。在软件上,PLC应具有对应的控制功能,可以方便地对功能模块进行编程。

④通信能力。

对于分布式控制系统、远程I/O控制系统,PLC的通信功能是必须考虑的问题。而对于集中控制系统或单机控制系统,既要考虑到用户现有外部调试设备等的正常使用,还应考虑到用户管理水平的提高与技术发展的可能性。增强通信功能,既是信息技术发展的基本要求,也是当前PLC的技术发展方向之一。因此,在选择PLC通信能力方面,应有一定的超前意识,保留系统的发展空间。

⑤确定模块型号。

在PLC基本型号、规格确定后,可以根据控制要求,逐步确定PLC各组成部分的基本规格与参数,选择组成模块的型号。确定模块型号时,应考虑如下因素。

➤方便性。一般来说,PLC可以满足控制要求的模块规格往往有多种,选择时应以简化线路设计、方便使用、尽可能减少外部控制器件为原则。如:对于输入模块,应优先选择能与外部检测元件直接连接的输入形式,避免使用接口转换电路;对于输出模块,应优先选择能直接驱动负载的输出模块,尽量少使用中间继电器等器件。这样,不仅可以简化线路设计、方便使用,而且还可以在一定程度上降低生产制造成本,提高系统的可靠性。

➤通用性。选用模块时,需要考虑到PLC各组成模块的统一与通用。它不仅有利于采购,减少备品、备件,为安装、实施提供方便,同时还可以增加系统组成部件的互换性,为设计、调试、维修提供帮助。当产品系列提供或需要构成生产线时,还应考虑到不同设备间各组成模块的一致性,以方便组织生产、调试、维修。

➤兼容性。选择 PLC 系统各组成模块时,应考虑采购、安装、服务的便利以及设计、调试、维修等方面的因素。组成 PLC 系统的各主要部件生产厂家不宜过多,通过批量订货,不仅可以降低生产制造成本,更重要的是同一生产厂家提供的部件,相互兼容性好,技术要求统一,可以为系统设计及技术服务、维修等提供方便。

(4)工业机器人的选型。

①工业机器人的工作轨迹范围。

在选择工业机器人时需保证工业机器人空间的工作轨迹范围(也就是选择工业机器人臂长规格)能够完全覆盖所需施工的工件的相关表面或内腔。在有三维数模时,可以在各工业机器人的仿真软件内模拟选择。如果没有,可以在平面图中进行粗略的绘制选择。如图 3-16 所示为发动机缸体前后端涂胶工业机器人的布置图,在俯视及侧视立面视图上,确保工业机器人的运动轨迹覆盖所需的工作范围。

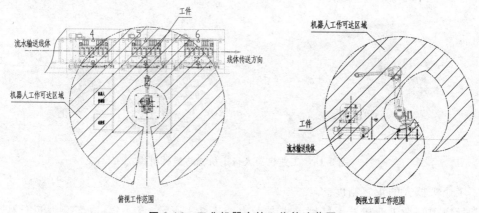

图 3-16 工业机器人的工作轨迹范围

需要注意的是,采用平面图选择工业机器人时,并不能完全表示工业机器人在这范围内都可以获取良好的姿态。在不能确定工业机器人臂长规格选型是否可靠的情况下(如工业机器人在空间上轨迹变化比较大,腕部反勾状态工作会大幅度减小工业机器人的工作可达范围),可以使用简化模型进行仿真确认。如图 3-17 所示为发动机缸体前后端涂胶工业机器人的选型确认。发动机厂家为技术保密,不提供三维模型,仅提供涂胶面的尺寸及发动机的外形尺寸,建简易模型供发动机缸体前后端涂胶工业机器人的选型确认及后续的离线编程使用。

图 3-17 工业机器人简化模型仿真

当工件比较细长,工业机器人的臂长不能够满足长度方向工作需求时,可以考虑增加行走机构(伺服导轨)来扩展工业机器人的可达空间。相关的厂家均配套有伺服导轨。伺服导轨为与工业机器人有机结合的外部轴,可以通过工业机器人的示教器来进行示教编程,也可以通过离线编程软件来编程。在这种情况下,行走机构可以与工业机器人本体联动。也就是说,工业机器人控制柜能够控制行走机构与工业机器人本体运动协调。工业机器人手部工具的坐标点是导轨位置与工业机器人本体位置的联合点。为降低成本,有的集成商通过工业机器人厂家选配原装伺服马达机头及工业机器人控制器内的驱动板,自行设计及制造机器人本体,也可以达到联动的目的。为达到同样的目的,工件变位机(简称变位机)也是常用的机构之一,特别是在弧焊的应用上。工件安装在变位机上,通过变位机的旋转,改变工件的姿态,可以使工业机器人在满足可达性的同时获取一个良好的工作姿态。工业机器人行走机构与旋转机构如图 3-18 所示。

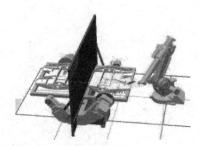

图 3-18　工业机器人行走机构与旋转机构

②工业机器人的重复精度。

常见应用领域工业机器人精度需求参考表如表 3-3 所示。(注意:以下数据只是作为选型参考,具体情况具体分析。)

表 3-3　常见应用领域工业机器人精度需求参考表

应用领域		工业机器人重复定位精度需求	应用示例
3C 电子行业电子装配		0.01~0.08 mm	电子元器件装配
一般行业装配		0.05~0.2 mm	空调压缩机总成与底座安装
弧焊、点焊		小于 0.2 mm	车身零部件点焊及弧焊
激光焊接		0.01~0.08 mm	厨具不锈钢焊接
工业机器人切割	激光切割	0.01~0.08 mm	不锈钢薄板图形切割、薄板零部件成形
	等离子切割	0.05~0.2 mm	中厚板切割成形
	水切割	0.2~0.5 mm	汽车发泡仪表台装饰件切割
	火焰切割	小于 0.5 mm	中厚板毛坯下料及开坡口
一般行业涂胶		0.2 mm	发动机涂胶、装饰件涂胶粘贴
码垛、搬运		小于 0.5 mm	产品包装箱码垛、工业机器人上下料
工业机器人打磨		0.05~0.2 mm	不锈钢水龙头打磨
工业机器人机加工		0.05~0.2 mm	工业机器人雕刻
工业机器人喷涂		0.2 mm	工业零部件表面喷漆、汽车表面喷漆

③工业机器人的运动速度及加速度。

工业机器人的最大运动速度或最大加速度越大,则意味着工业机器人在空行程所需的时间越短,则在一定节拍内工业机器人的绝对施工时间越长,可提高工业机器人的使用率。所以工业机器人的最大运动速度及加速度也是一项重要的技术指标。例如在点焊中,每小时能够点焊的焊点数是衡量工业机器人工作能力的一个重要指标。但是,在强调工业机器人工作效率的时候也要注意周边配套设备的生产能力,应使它们协调工作。

④工业机器人手臂可承受的最大载荷。

对于不同的场合,工业机器人所执的工具或工件不同,则要求工业机器人手臂的最大承载载荷也不同。有的工业机器人参数说明书上标明承重能力及上臂负载。承重能力是指工业机器人手腕部在可达范围内各方向允许的负载。上臂负载是指允许附加在工业机器人轴臂上的负重。

工业机器人承重能力如图 3-19 和图 3-20 所示(以 ABB IRB 4600-60/2.05 工业机器人为示例)。

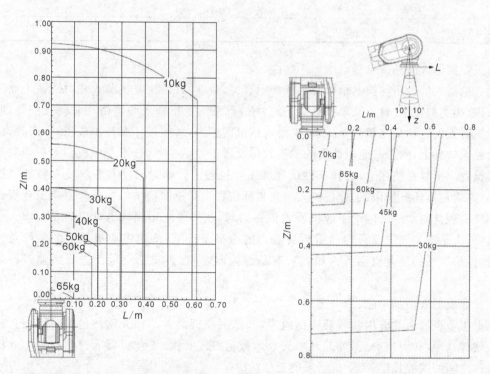

图 3-19　工业机器人各向承重能力图　　图 3-20　工业机器人第六轴垂直向下时的承重能力图

需要注意的是:

a. 工业机器人的承重能力是以工业机器人轴端中心点为基准的。工业机器人手部工具及所执工件的总重量重心位置偏离越大,工业机器人的承重能力也相应下降。

b. 当工业机器人轴端在工作过程中始终与垂直向下的方向在 10°范围之内时,可以允许工业机器人有一定超载。各机型超载能力以技术图表为准。

工业机器人上臂负载能力如图 3-21 和表 3-4 所示(以 ABB IRB 4600-60/2.05 工业机器人为示例)。

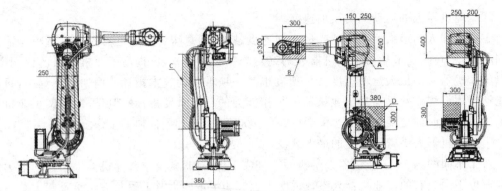

图 3-21 工业机器人上臂负载能力图

表 3-4 工业机器人上臂负载能力

工业机器人型号	最大负重能力/kg				
	A	B	C	A+C	D
IRB 4600-60/2.05	15	5	15	15	35

⑤工业机器人的品牌选择。

工业机器人的价格与技术指标及生产产地有关，目前，日系工业机器人相对欧系工业机器人来说，相类似规格（臂长及承重能力）条件下，日系工业机器人的价格相对便宜一些，但是工业机器人的运动精度稍微差一些（少量机型可能相当，具体按厂家技术规格）。同时，在工业机器人软件上，欧系工业机器人的编程软件设置更灵活一些，日系工业机器人更倾向于傻瓜式设置。所以在使用上，选择高性价比的工业机器人。如对精度有要求及有特殊操控需求的（如后台多任务操作、工业机器人空间坐标位置实时返回输出等），选择欧系工业机器人更能够实现控制功能。国产工业机器人也在兴起，在某些应用领域也可以满足要求。在价格允许、满足工艺要求及合理预留后备能力的前提条件下，确定工业机器人的品牌及型号，选择性价比高的工业机器人。如客户有品牌倾向，则按客户指定范围进行工业机器人选型。

⑥工业机器人附加功能、选项选择。

根据工业机器人的应用领域及项目内容，选择工业机器人的相关软件包（如弧焊包、视觉包）、硬件选项（如力控单元、外部轴单元）、示教器线缆长度、工业机器人控制柜到工业机器人本体之间的线缆长度、工业机器人的通信接口等。

4. 初步设计

在工业机器人系统集成设计中，初步设计的最基本图纸是总平面布置图和电气控制系统图。在设备进行详细设计之前，初步设计图纸必须由供需双方进行会签。图纸会签通过，表明双方确认设计执行方向正确，以规避设计任务理解错误而带来经济损失。在提交初步设计图纸的过程中，有的业主方要求同时提供初步地基基础图，用于评价地面或高空施工对厂房的影响以及评估施工成本（厂房及地基改造由业主方进行有利于业主方进行厂房规划及控制设备投入成本，所以有的项目由设备供应商提供施工图纸，业主方自行承担设备基建工程）。

1）平面布置图的绘制

工业机器人系统平面布置图一般指用平面的方式展现空间的布置和安排，是用以表示设备、工作台、物料、工装、半成品、水、电、气等的相对平面位置的一种简明图解形式。

绘制平面图一般采用平面手工绘图或二维绘图软件（常用的有 AutoCAD、CAXA）。

平面图中要表现三要素：比例尺、方向及图例注记。

方向的确定：在有指向标的平面图上，指向标箭头指的方向即是北方。一般情况下，面向平面图，图的上方为北，下方为南，左方为西，右方为东。

比例：图上距离比实地距离缩小的程度叫作比例，在标题比例栏中进行标明。

图例及注记：表示平面图上各种事物的图形、符号和说明文字。

绘制平面布置图常用的方法是平面模型布置法。根据所布置的对象范围，平面布置图可分为工厂总平面布置图、厂房平面布置图、车间平面布置图以及设备平面布置图等。

精益生产中关于平面布置设计与改善的六大原则如下：

（1）统一原则。在进行布局设计与改善时，必须将各工序的人、机、料、法四要素有机结合起来并保持充分的平衡。因为四要素一旦没有统一协调好，作业容易割裂，会延长停滞时间，增加物料搬运的次数。

（2）最短距离原则。在进行布局设计与改善时，必须要遵循移动距离、移动时间最小化原则。因为移动距离越短，物料搬运所花费的费用和时间就越少。

（3）人流、物流畅通原则。在进行布局设计与改善时，必须使工序没有堵塞，物流畅通无阻，尽量避免倒流和交叉现象，否则会导致一系列意想不到的后果，如品质问题、管理难度问题、生产效率问题、安全问题等。

（4）充分利用立体空间原则。随着地价的不断攀升，企业厂房投资成本也水涨船高，因此，充分利用立体空间就变得尤其重要，它直接影响到产品直接成本的高低。

（5）安全满意原则。在进行布局设计与改善时，必须确保作业人员的作业既安全又轻松，因为只有这样才能减轻作业疲劳度。

请切记：材料的移动、旋转动作等可能会产生安全事故，抬升、卸下货物动作等也可能会产生安全事故。

（6）灵活机动原则。在进行布局设计与改善时，应尽可能做到适应变化、随机应变，如面对工序的增减、产能的增减能灵活应对。

图 3-22 所示为发动机涂胶工业机器人工作站的平面布置图（两台工业机器人布置）。

进行平面布置时需要特别注意的是：

（1）电气柜的布置应按照相关的标准进行。

①电气柜和所有控制装置的安装位置应易于接近和维修，并应防御外界影响和不限制机械的操作。电气柜和所有控制装置的安装不应妨碍机械及辅助设备的操作和维修。

②通常情况下，电气柜门采用垂直铰链，门宽小于 900 mm，开启角度不小于 95°。布置时要充分考虑门打开后的情况。

③安装在单向通行走道边的电气柜，电气柜与障碍物的距离、电气柜之间的距离至少在 700 mm 以上；安装在双向通行走道边的电气柜，电气柜与障碍物的距离、电气柜之间的距离至少在 900 mm 以上。

④ 对于关门方向与安全通道撤离方向一致的电气柜，其安装位置距离安全通道至少应

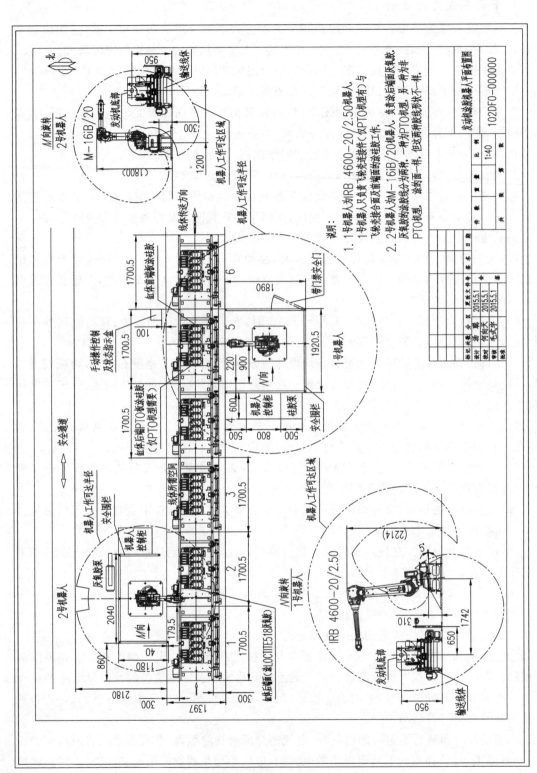

图 3-22 发动机涂胶工业机器人布置图

为 700 mm；如电气柜门上安装有操作器件或电气柜内安装有打开的抽屉、键盘等部件，就应保证电气柜的操作器件或打开的抽屉、键盘距离安全通道不小于 600 mm。对于关门方向与安全通道撤离方向相反的电气柜，其安装位置需要保证门打开时，门的边缘距离安全通道不小于 500 mm。

⑤当靠墙布置时，一般情况下，无检修及散热面的低压开关柜侧面可以靠墙落地安装。柜后设置门且柜内电气设备的设置是需要在柜后进行维修作业的低压开关柜，柜背面与墙之间的距离不小于 800 mm。

⑥布置工业机器人控制柜时，基本准则是：

a. 工业机器人控制柜应安装在工业机器人动作范围之外（安全围栏之外）。

b. 工业机器人控制柜应安装在能看清工业机器人动作的位置。

c. 工业机器人控制柜应安装在便于打开门检查的位置。

由于不同品牌工业机器人控制柜出线及维修位置不同，所以靠墙或有障碍物时，依据不同品牌的工业机器人对控制柜进行布置，以利于安全与维修。图 3-23 所示为日本安川工业机器人电气柜的布置要求。

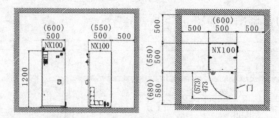

图 3-23　日本安川工业机器人电气柜布置示意图

（2）工业机器人的布置要考虑与周边设备的安全距离。

①选择一个区域安装工业机器人，并确认此区域足够大，以确保装有工具的工业机器人转动时不会碰着墙、安全围栏或控制柜，如图 3-24 所示。

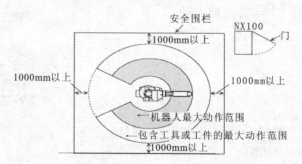

图 3-24　工业机器人与周边设备的安全距离

②特殊情况下的布置：当现场条件不允许工业机器人与周边围栏或其他设备、物品保持安全布置距离时，必须对工业机器人的可工作区域、轴运动限制或机械限位进行设置，以限制工业机器人的工作范围。

（3）工业机器人布置校核。

在平面布置图制定后，有必要对工业机器人的布置进行模拟仿真校核，以保证布置图的正确性。

该阶段的模拟仿真注重两个方面的内容:一个是工业机器人的可达性,另一个是验证生产节拍是否满足要求。

如果在项目认证时已对工业机器人生产节拍进行过认证并确认,则工业机器人的节拍验证过程可以省略。但是,在后续工业机器人端执器或其他工具设备进行详细设计后,进一步的校核工作还是有必要进行的。

2)基础图

(1)基础图是表示建筑物地面以下基础部分的平面布置和详细构造的图样,表明基础各部分的构造和详细尺寸。它是实施放线、土方开挖、砌筑或浇筑砼基础的依据,通常用垂直剖面图表示。基础图包含基础平面布置、基础详图。基础平面布置用来表明基础的结构平面布置,基础详图用来表明基础的截面形状、尺寸、材料和做法,应尽可能与基础平面布置画在同一张图纸上,以便对照施工。

注意:在设备地基比较复杂或涉及厂房安全的情况下,用于施工的基础图必须由有相关建筑资质的单位进行设计或绘制。在此情况下,集成商提供的基础图仅是用来表明功能的图示。

设备集成商提供的基础图纸如图 3-25 所示。

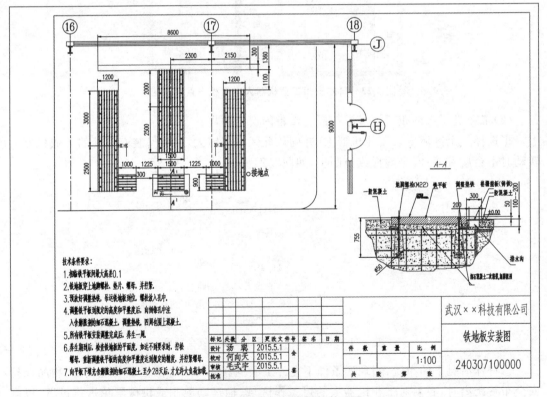

图 3-25 设备集成商提供的基础图

专业机构进行设计转换后的施工图如图 3-26 所示。

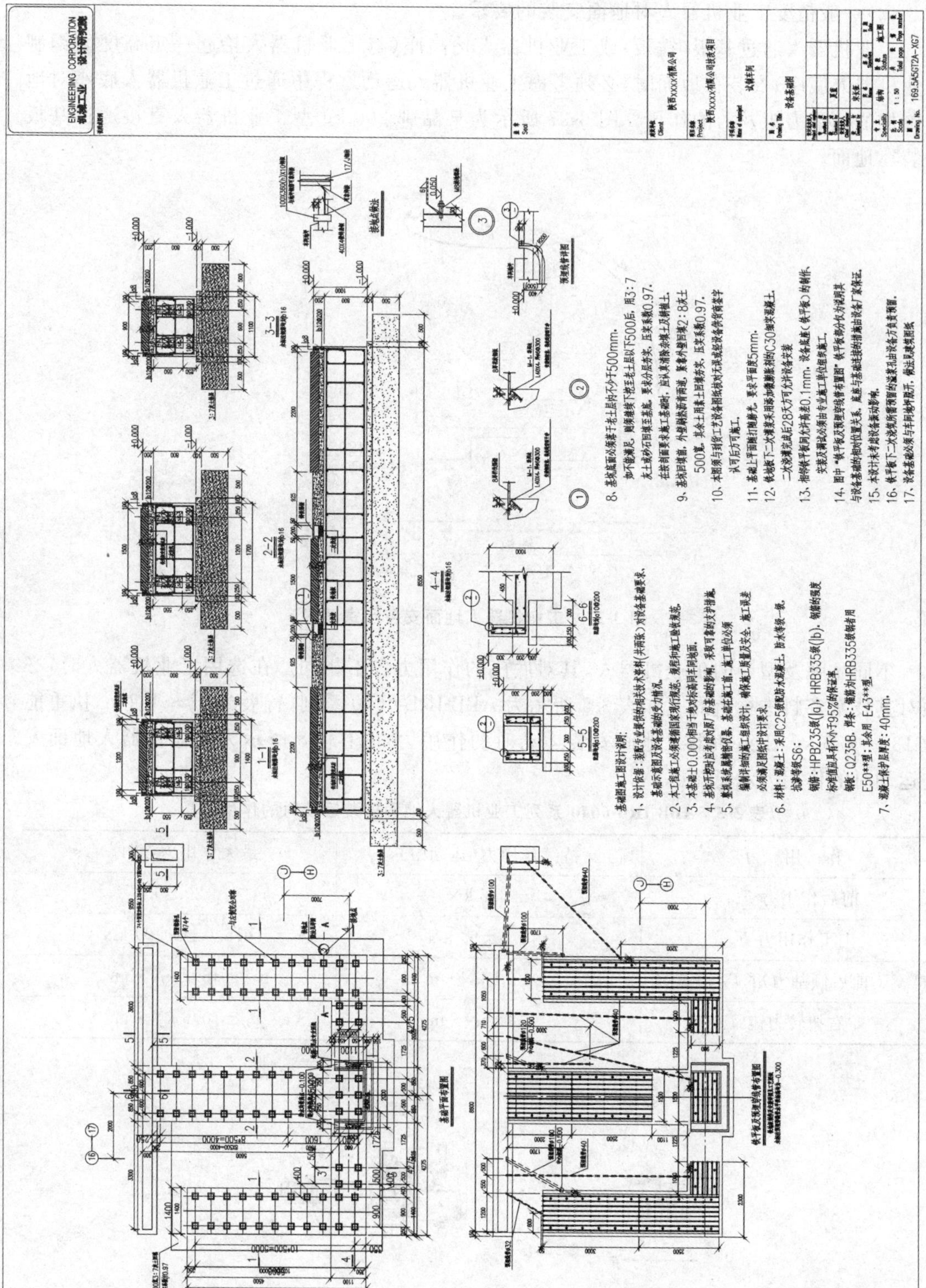

图 3-26 专业机构转换后的施工图

（2）一般精度工业机器人对地面安装的要求。

工业机器人通过基板（铁板）或工业机器人抬高座（将工业机器人抬起一定高度的钢制工业机器人底座）安装在地面时，必须考虑工业机器人运动过程中通过工业机器人底座对地面施加的倾翻力矩及力的作用。图 3-27 所示为某品牌 200 kg 型工业机器人直接通过基板安装在地面。

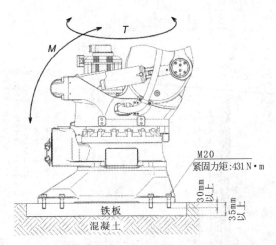

图 3-27　工业机器人地面安装示意图

不同品牌及型号的工业机器人，其对底座的作用力各不相同。在选用工业机器人时，必须对其技术资料进行查对。如表 3-5 所示为 ABB IRB 6640 系列（臂展 2.55～3.2 m，执重能力 130～235 kg）工业机器人地面安装运动时的作用力。图 3-28 所示为工业机器人地面安装运动时的作用力示意图。

表 3-5　ABB IRB 6640 系列工业机器人地面安装运动时的作用力

作　用　力	持续作用力（运动中）	最大作用力（急停）
前后作用力 F_{xy}	±8.5 kN	±20.4 kN
上下作用力 F_z	(15.0±9) kN	(15.0±20.0) kN
前后倾翻力矩 T_{xy}	±20.1 kN·m	±45.2 kN·m
左右扭转力矩 T_z	±5.1 kN·m	±10.6 kN·m

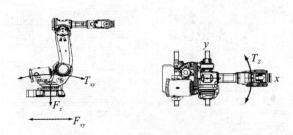

图 3-28　工业机器人地面安装运动时的作用力示意图

对安装工业机器人地面范围的铺砌地面结构按重型场地进行要求。铺砌地面结构从上到下分为四层，依次要求为：

①面上混凝土层厚度不小于 25 cm,混凝土强度等级为 C30。

②厚水泥稳定砂砾基层(6%水泥):20 cm。

③级配砂砾垫层:不小于 50 cm。

④素土夯实(密实度>94%)。

工业机器人基板(或抬高座)设计时,承载能力以最大 3 t/m² 进行考虑。在底座与地面固定的安装脚部位,充分考虑地脚螺栓及混凝土层的抗拉拔能力。抗拉拔能力不能满足时,可以加长地脚螺栓、加大工业机器人底座尺寸或采用钢筋混凝土的形式。对于重型工业机器人,地基必须进行加固和抗震处理并由专业人员进行设计。

当工业机器人为中大型机(执重能力大于 40 kg 的机型)时,工业机器人底座宜使用高强化学锚栓(取代传统膨胀地脚螺栓)在地面上进行固定。

化学锚栓是一种新型的紧固材料,是通过特制的化学黏合剂,将螺杆胶结固定于砼基材钻孔中,以实现对固定件进行锚固的复合件,由化学药管(乙烯基树脂、石英颗粒、固化剂组成)与金属杆体组成(见图 3-29)。相对传统膨胀地脚螺栓(见图 3-30),具有耐酸碱、耐低温、耐老化;耐热性能良好,常温下无蠕变;耐水渍,在潮湿环境中长期负荷稳定;抗焊性、阻燃性能良好;抗震性能良好等优点。

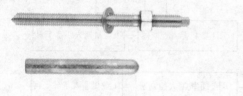  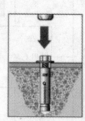 

图 3-29　化学锚栓　　　　　　　图 3-30　传统膨胀地脚螺栓

工业机器人常用化学锚栓的规格参数如表 3-6 所示。

表 3-6　工业机器人常用化学锚栓的规格参数

规格	钻孔直径 /mm	钻孔深度 /mm	锚固长度 /mm	设计拉力 /kN	破坏拉力 /kN	设计剪力 /kN	破坏剪力 /kN
M12	φ14	115	25	14.5	43.8	18.3	26.3
M16	φ18	135	35	28.9	70.9	34.6	49.0
M20	φ24	165	65	52.4	127.4	53.5	76.4
M24	φ28	225	65	69.6	183.6	76.4	111.3

化学锚栓安装过程示意图如图 3-31 所示。

3)电气控制系统结构图

系统结构图(或称为系统框图)是用符号或带注释的框,概略表示系统或分系统的基本组成、相互关系及其主要特征的一种简图。系统结构图在描述设备间的相互关系时,可以出现在设计任务书中。图 3-32 所示为某一设计任务书中对一个打磨清洗工作站的系统连接描述。

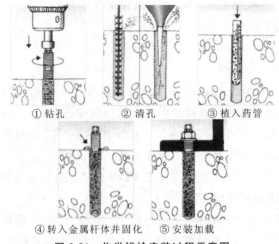

① 钻孔　　　　② 清孔　　　　③ 植入药管

④ 转入金属杆体并固化　　⑤ 安装加载

图 3-31　化学锚栓安装过程示意图

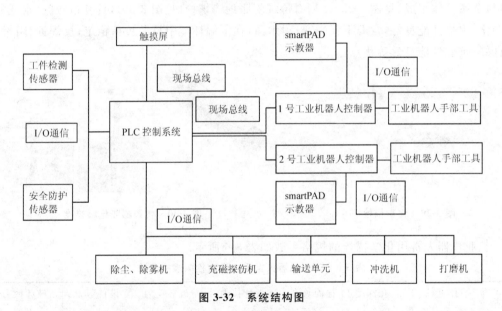

图 3-32　系统结构图

在初步设计时，它最主要的作用是用来表明电气系统之间连接的通信方式。图 3-33 所示为另一工作站在初步设计阶段绘制成图纸的系统结构图。

【任务实施】

绘制项目系统布局图首先需要确定项目相关设备的安装尺寸，所以要根据项目描述的技术要求设计出产品输送线、电气控制柜以及工业机器人及其底座的外形尺寸，然后结合工业机器人的作业半径、现场人流物流通道的方向在项目现场场地基础图的基础上绘制出各个设备之间的相对位置关系。电气系统结构图的绘制主线是系统中各个部分之间的电气信号传输的通道。通过项目需求分析对工业机器人、PLC、人机界面、驱动系统等部分进行初步选型，利用这些设备之间的信号传递方式在系统结构图中连接各个单元构成电气系统结构图。

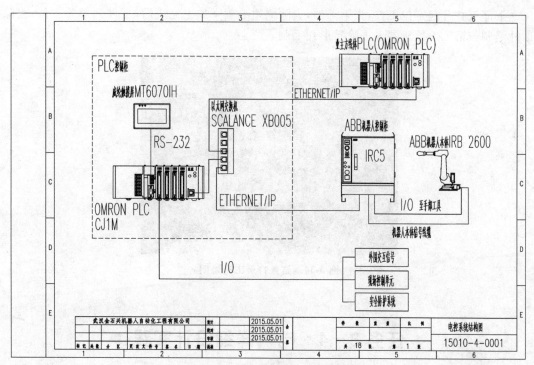

图 3-33　绘制成图纸的系统结构图

【归纳总结】

在绘制项目设备的平面布局图时,在保证项目中各个设备的安装尺寸真实有效的基础上,还必须遵循精益生产的六大原则并具备方向要素、比例要素、图例注记要素;同时项目的平面布局图要在仿真软件中按照1:1布局进行仿真,验证工业机器人的可达性和节拍,然后进行修改完善,形成最终的图纸。在绘制电气系统结构图时,图纸上的相关元件宜采用真实元件的轮廓图形展现。采用元件间的通信线或者信号传递关系连线连接各个图形元素,最终形成电气系统结构图。

【拓展提高】

通过上述任务中绘制平面布局图和电气系统结构图了解了进行项目初步设计的方法和要点。以下是某公司集成的缸盖打磨项目的工艺说明,请根据工艺说明进行初步设计,绘制出项目平面布局图和电气系统结构图。

工艺说明:

(1)采用人工上下料,人工需打通 4 个大孔(见图 3-34),去除异形大孔的大毛刺。

(2)布置一个步进传输线。

(3)布置 3 个加工工位。第一工位用专机去除周边毛刺,第二工位去除顶针毛刺,第三工位机器人去除异形孔毛刺。

(4)外部和工位之间都由围栏或挡板挡住。

工艺流程:

人工将 4 个孔打通,去除异形大孔的大毛刺,放到夹具上,传输线将工件传输到第一工位→下部气缸升起定位工件，夹紧工件，去除周边毛刺→加工完成后，工件到第二工位，去除顶针毛刺→第三工位机器人去除异形孔毛刺。

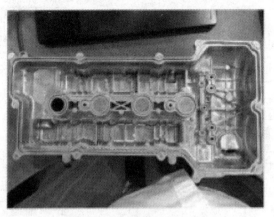

图 3-34　缸盖打磨工艺说明

◀ 任务 3-4　电气详细设计实践 ▶

【任务介绍】

某汽车发动机生产商将进行一种新型发动机缸套的生产，现在准备投产一个工业机器人缸套焊接工作站项目。项目的详细信息如下，请结合厂家给出的项目信息对项目进行电气详细设计，完成系统电气元件选型及程序流程图。

项目名称：缸套机器人焊接工作站。

（1）工件示意图：如图 3-35 所示。

图 3-35　缸套结构示意图

（2）工件信息及焊接条件：

缸套材质：合金铸铁。法兰材质：锻钢。

焊接方法：MAG/MIG 焊。

焊接姿势:水平焊接。

焊丝:ϕ1.2 mm,实心焊丝。

焊丝伸出长度:10~25 mm。

工艺要求:工件焊前应预热,焊后要缓冷,防止产生裂纹。

(3)适用工件及工作环境:

工件名称:缸套。

电源:3 相,$(1\pm15\%)$380 V,$(1\pm1\%)$50 Hz。

温度:使用温度 0~45 ℃,存储温度－10~60 ℃。

相对湿度:不高于 90%,不结露。

(4)节拍计算:如表 3-7 所示。

表 3-7　节拍计算

序　号	事　项	数　量	单位时间/分	合计/分
1	上料时间	1	1	1
2	环缝焊接	4	2	8
3	法兰焊接	1	1	1
4	焊枪移动	6	0.1	0.6
5	下料时间	1	1	1
总计				11.6

焊接单件约需 12 分钟,可按每小时 4 件预估。

(5)设备概述:

该机器人工作站主要用于缸套的自动化焊接。本项目工作站采用单工位三班作业,每班平均作业时间为 8 小时。

该机器人工作站主要由单轴变位机、工装夹具、弧焊机器人、机器人安装底座、焊接电源等组成。

缸套机器人焊接工作站总体结构如图 3-36~图 3-38 所示。

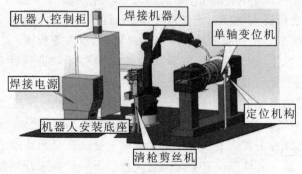

图 3-36　缸套机器人焊接工作站总体结构示意图

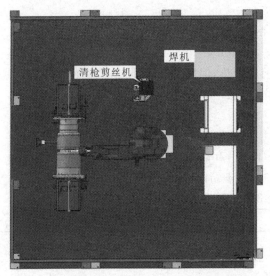

图 3-37　缸套机器人焊接工作站总体结构俯视图

图 3-38　缸套机器人焊接工作站总体结构主视图

【任务分析】

要进行该项目的详细设计，首先需要对该项目控制系统的结构有清晰的认识。该控制系统网络主要有三层结构：上位机数据处理系统、主控系统、动作执行系统。上位机数据处理系统负责产品型号的录入、与主控系统的通信、生产数据的实时采集、产品质量数据的记录等，主要的硬件包括触摸屏、开关、指示灯、按钮等；主控系统主要包含 PLC，负责控制整个系统的运行，主要包含机器人焊接工作站 6 个单元、机器人启动命令传达、与上位机的数据传递等；动作执行系统主要由伺服驱动、传感器、焊机、机器人等构成，负责工件的定位夹紧、焊接等工作。了解了以上关于项目控制系统的硬件结构即可进行针对性选型，完成选型清单。

项目的程序流程图需要依照项目的作业工艺流程进行绘制，焊接工作站常见作业流程如下：检查工作站基本初始运行模式是否满足要求—焊接工件是否安装完毕—机器人是否在原点—机器人状态是否正常—工件型号是否正确—变位机是否在原点—安全装置是否触发—夹具是否夹持正常—启动作业双手按钮盒是否按下—机器人开始作业—机器人是否完成作业—打开夹具。依照此流程绘制程序流程图。

【相关知识】

1. 硬件详细设计

硬件设计是在总体规划完成后的具体技术设计。在这一阶段,设计人员需要依据总体方案设计任务书的指示进行并完成电气原理图、连接图、元件布置图等图样的设计工作。在此基础上,应汇编完整的电气元件目录与配套件清单,提供给采购供应部门购买相关的组成部件。同时,根据工业机器人的安装要求与用户的环境条件,结合所设计的电气原理图与连接图、布置图,完成用于安装以上电气元件的控制柜、操纵台等零部件的设计。设计完成后,将全部图样与外购元器件、标准件等汇编成统一的基本件、外购件、标准件明细表(目录),提供给生产、供应部门组织生产与采购。

1)BOM 表或零部件明细表输出

BOM(bill of material)即物料清单。采用计算机辅助企业生产管理(PDM/MRPⅡ/ERP 信息化系统),首先要使计算机能够读出企业所制造的产品构成和所有要涉及的物料,为了便于计算机识别,必须把用图示表达的产品结构转化成某种数据格式,这种以数据格式来描述产品结构的文件就是物料清单,即是 BOM。它是定义产品结构的技术文件,因此,它又称为产品结构表或产品结构树。在某些工业领域,可能称为"配方"、"要素表"或其他名称。在 MRPⅡ和 ERP 系统中,物料一词有着广泛的含义,它是所有产品、半成品、在制品、原材料、配套件、协作件、易耗品等与生产有关的物料的统称。

在 MRPⅡ和 ERP 系统中,BOM 是一种数据之间的组织关系,这些数据之间的层次关系可以作为很多功能模块设计的基础,这些数据的某些表现形式是我们大家感到熟悉的汇总报表。

BOM 不仅仅是零件和物料的简单集合,同时还可以包含零部件所有有价值的属性信息,包括 CAD 图纸、装配要求、技术规范、用户需求、质量标准、供应商数据、公差规范、定价数据、供应商报价、替换件、结构有效性、引用标志等文档的交叉引用。

BOM 是 PDM/MRPⅡ/ERP 信息化系统中最重要的基础数据,其组织格式设计和合理与否直接影响到系统的处理性能,因此,根据实际的使用环境,灵活地设计合理且有效的BOM 是十分重要的。

此外,BOM 还是 CIMS/MIS/MRPⅡ/ERP 与 CAD、CAPP 等子系统的重要接口,是系统集成的关键之处,因此,用计算机实现 BOM 管理时,应充分考虑它与其他子系统的信息交换问题。

由于每一个企业的从业方向、基础或条件不一样,不是每一个企业都上计算机生产/物料管理系统,零部件明细汇总表在这些企业的生产、采购、成本核算中还是扮演着最基础的角色。在详细设计过程中,零部件明细汇总是重要组成部分,一般要占用一定的绘图工作量。

2)BOM 表与零件明细表的区别

BOM 物料清单同我们熟悉的产品零件明细表是有区别的,主要表面在以下方面:

(1)物料清单上的每一种物料均有其唯一的编码,即物料号,十分明确所构成的物料。一般零件明细表没有这样严格的规定。零件明细表附属于个别产品,不一定考虑到整个企业物料编码的唯一性。

（2）物料清单中的零件、部门的层次关系一定要反映实际的装配过程，有些图纸上的组装件在实际装配过程中并不一定出现，在物料清单上也可能出现。

（3）物料清单中要包括产品所需的原料、毛坯和某些消耗品，还要考虑成品率。而零件明细表既不包括图纸上不出现的物料，也不反映材料的消耗定额。物料清单主要用于计划与控制，因此所有的计划对象原则上都可以包括在物料清单上。

（4）根据管理的需要，在物料清单中对于一个零件的几种不同形状，如铸锻毛坯同加工后的零件、加工后的零件同再油漆形成的不同颜色的零件，都要给予不同的编码，以便区别和管理。零件明细表一般不这样处理。

（5）什么物料应挂在物料清单上是非常灵活的，完全可以由用户自行定义。比如加工某个冲压件除了原材料钢板外，还需要一个专用模具。在建立物料清单时，就可以在冲压件下层，把模具作为一个外购件挂上，它同冲压件的数量关系就是模具的消耗定额。

（6）物料清单中一个母件子属子件的顺序要反映各子件装配的顺序，而零件明细表上零件编号的顺序主要是为了看图方便。

零件明细表示例如表 3-8 所示。

表 3-8　零件明细表示例

项目号：XM2015-010　　　　　　　　　　　　　　　　日期：2015 年 05 月 15 日

序号	名　　称	图 纸 编 号	版本日期	购买单位	数量	材料	设计者	图纸状态	备注
1	放大器护罩	12016-1-9001-00	20150512	总图	1	Q235		有效	
2	传感器连接板	12016-1-9002-00	20150512	委外加工	1	Q235		有效	
3	放大器封板	12016-1-9003-00	20150512	委外加工	2	Q235		有效	
4	配重连接板	12016-1-9004-00	20150512	委外加工	1	45		有效	
5	锁具固定座	12016-1-9005-00	20150512	委外加工	2	Q235		有效	

BOM 某一功能表单示例如表 3-9 所示。

表 3-9　BOM 某一功能表单示例

ITEM	客户编码	RHDDQ 编码	中文名称	规格型号	供应商	供应商编码	用量	工位号	备注
1	M1021313030	M1021313030	贴片电阻	$(1\pm1\%)\times$ 5.11 kΩ	厚生	M1021313030	1	R53	
2	M1122100098	M1122100098	变压器	BG202T1-2	夏荣	M1122100098	1		
3	M1062210003	M1062210003	陶瓷保险管	10 A-250 V	威旺	M1062210003	3	F1	
4	M1064200001	M1064200001	保险座	φ5	威旺	M1062210003	6	F1-1	
5	M1067000032	M1067000032	欧式端子	364 弯针	威旺	M1062210003	1	JP1	

2. 软件设计

控制系统的软件设计主要是编制用户程序、设计特殊功能模块控制软件、确定功能模块的设定参数（如需要）等。它可以与系统电气元件安装柜、操纵台的制作及元器件的采购同步进行。

在工业机器人集成中，软件设计分为上位机程序设计、PLC 程序设计、工业机器人程序设计三大块。不同的企业，企业人员规模及部门分工不尽相同，所以程序设计分工有所不同。但总结起来,常见的职责分工如表3-10所示。

表3-10　常见的职责分工

程序设计类别	分工负责人
上位机程序设计	电气(软件)工程师
PLC程序设计	电气工程师或调试工程师
工业机器人程序设计	电气工程师或调试工程师

软件设计应根据所确定的总体方案与已经完成的系统功能图、电气原理图,按照电气原理图所确定的I/O地址,编写实现控制要求与功能的用户程序。为了方便调试、维修,通常需要在软件设计阶段同时编写出程序说明书和I/O地址表、注释表等辅助文件。

在程序设计完成后,一般应通过编程软件所具备的自诊断功能对程序进行基本的检查,排除程序中的电路与语法错误。在有条件时,应通过必要的模拟与仿真手段对程序进行模拟与仿真试验。

对于初次使用的伺服驱动器、变频器等部件,可以通过检查与运行的方法事先进行离线调整与测试,以缩短现场调试的周期。

【任务实施】

依据工艺分析及任务相关知识完成项目元件选型及程序流程图绘制。程序流程图和项目电气元件选型清单格式可参考前面相关内容。

【归纳总结】

在实际项目中按照工艺指标进行相关设备和元件的选型,重要的参考依据是相关产品的技术手册,将通过电气机械相关测算和仿真得到的技术参数与备选设备元件的技术手册总的技术参数进行对比选择。但是,在不同品牌元件或设备出现在同一个项目中时其兼容性是无法直接进行评估的,可以借助相关产品的技术支持热线、网络答疑平台获取选型方面的技术支持。

程序流程图是编写机器人系统集成项目程序的框架,作为工业机器人系统集成行业的新人,养成在编写程序之前绘制程序流程图的习惯会起到事半功倍的效果。当然将程序流程图转化成相关控制器中的程序还需要对机器人、PLC、人机界面的基本编程技能比较熟悉。所以程序流程图是结构框架,要想将这个框架填满还需要基本的编程技能作为砖瓦。

【拓展提高】

在上述项目背景下,结合你自己绘制的项目程序流程图,以及你所学习的机器人、PLC和人机界面的相关知识,将程序编写出来,并进行仿真测试。

工业机器人系统集成电气设计

项目案例——滤清器滤芯筒机器人搬运系统方案

本方案用于解决现场滤芯筒烘干工位人工取料受有毒气体影响的问题,并通过机器人自动化流水线来实现滤芯筒烘干工位取料。

1. 工艺说明

第一步,装盘,如图 4-1 所示。

图 4-1 滤芯筒装盘示意图

第二步,码垛,如图 4-2 所示。

图 4-2 码垛示意图

设备功能要求:将滤芯筒放到料盘内,将料盘码垛成一摞。

2. 方案配置清单及优势

方案配置清单表如表 4-1 所示。

表 4-1 方案配置清单表

序 号	单 元 名 称	型号或配置	生 产 厂 家	数 量
1	宽皮带机			2
2	摆料单元			2
3	料盘拆垛单元			2
4	料盘码垛单元			2
5	机器人系统	臂展 2761 mm,最大负载 165 kg。 主要配置:标准配置机器人本体、控制柜、示教器、控制电缆、机器人标准中文操作系统		1

续表

序　　号	单元名称	型号或配置	生产厂家	数　　量
6	变压器			1
7	机器人底座			1
8	抓手			1
9	控制系统	配置:控制柜、操作盒、配线盒		1

方案具有如下优势:

(1)节省人力:本方案设备只需要一个人来负责料盘放置和满盘运走工作。

(2)没有耗材。

(3)降低工人的劳动强度。

3.方案介绍

方案示意图如图 4-3 所示。

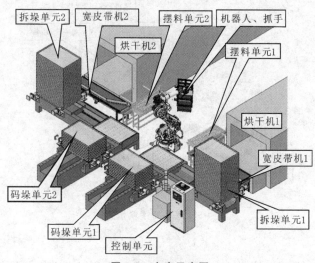

图 4-3　方案示意图

4.节拍计算

按照每一次抓取半盘的方式计算。

60 系列:每小时产量为 80 000/9 个＝8888 个,约为 8888/278 盘/小时＝32 盘/小时,每盘可以分作 2 次抓完,故每次抓取的节拍为 3600/32/2 秒/次＝56 秒/次。

70 系列:每小时产量为 80 000/9 个＝8888 个,约为 8888/215 盘/小时＝42 盘/小时,每盘可以分作 2 次抓完,故每次抓取的节拍为 3600/42/2 秒/次＝42 秒/次。

80 系列:每小时产量为 80 000/9 个＝8888 个,约为 8888/154 盘/小时＝57 盘/小时,每盘可以分作 2 次抓完,故每次抓取的节拍为 3600/57/2 秒/次＝31 秒/次。

各个系列要达到每天 80 000 个的产能,经过计算,80 系列的要求抓取节拍最快,为 31 秒/次。

机器人抓取完全可以达到要求。

5. 主要设备介绍

➤宽皮带机：烘干机内滤芯筒到皮带机上后，由皮带机带动向摆料单元传输，如图 4-4 所示。

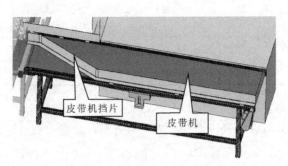

图 4-4　滤芯筒输送示意图

➤摆料单元：如图 4-5 所示。

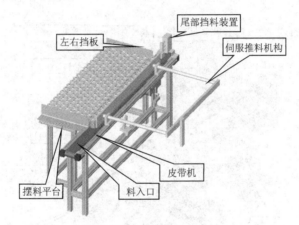

图 4-5　滤芯筒摆料示意图

6. 工作说明

滤芯筒从料入口方进入皮带机，皮带机快速带动滤芯筒进入伺服推料机构和升降挡板组成的卡槽内，排列为一排，伺服推料机构将物料推入摆料平台，待料摆好后（如 60 系列摆了 8 排），机器人到位接料，伺服推料机构将料推入机器人抓手。

料盘拆垛及码垛单元：拆垛单元负责将空料盘一个一个运往码料处，码垛单元负责将满盘堆成一摞，如图 4-6 所示。

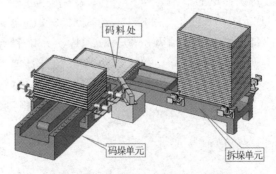

图 4-6　料盘拆垛及码垛单元示意图

拆垛单元原理：一摞料盘放到拆垛单元上，下部支撑气缸组上升，4 套夹紧气缸机构夹紧从下数第二个料盘，最下面的料盘则落到移盘机构上，移盘机构将料盘送到码料处。码垛单元结构与拆垛单元一致，但动作则与拆垛单元相反。

推料架（见图 4-7）：通过伺服驱动，可以保证推料时滤芯筒不会倒。编程中，通过伺服驱动与机器人结合动作，可以防止滤芯筒翻到。

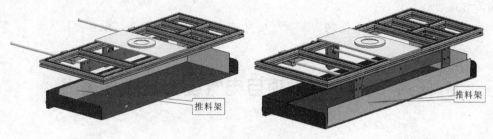

图 4-7 推料架

机器人：本系统选用 ABB 六轴机器人，荷重 165 kg 以上，工作半径 R2761 mm 以上，包括机器人本体、机器人控制柜、示教器及供电电缆。

自动化打磨解决方案引入六轴工业机器人是可持续的生产制造解决方案。

机器人是开源节流的得力助手，能有效降低单位制造成本，提高生产效率；高度柔性的机器人自动化码垛系统能根据市场需求的波动灵活增减产量，还能加快产品转换；机器人自动化系统的重复定位精度与一致性俱优，能长期确保优质稳定的产品质量与工艺控制；机器人能够在严苛环境和高危环境下作业，适合高强度的重复性劳动，从而改善工人工作条件和安全性；并且机器人自动化系统一般占地较小，生产设施更紧凑，无须扩建厂房就能达到扩大产能的目标。

安全防护系统：安全围墙/安全围栏设有安全门，当人员进入时，工业机器人自动停止工作。

7. 环境条件

环境条件如表 4-2 所示。

表 4-2 环境条件

电源	装机容量约 20 kW； 三相五线制 AC380 V、50 Hz
气源	压缩空气质量等级符合 GB/T 13277 标准要求； 气压 6 kgf/cm²
工作环境	环境温度 5～45 ℃； 环境振动不大于 0.5g； 无强电磁信号、无线电等干扰
混凝土地面要求	强度等级 min. C20/25，DIN1045-2； 混凝土厚度不小于 220 mm； 地面平面度误差不大于 2 mm

8. 设计条件

工件精度小于或等于 1 mm。

设计开始时，买方提供需要的图纸及相关信息。没有提供图纸及相关信息而完成设计后，如果发生了与设备干涉的情况，另行报价并追加要求。

卖方设备的颜色（机器人除外）等根据买方的要求进行设计。若买方无特别要求，将根据卖方标准进行设计。

买方提供足够数量的工件到卖方所在地，供卖方进行设计和调试设备使用。

◆ 任务 4-1 制作项目电气设计技术任务书 ◆

【任务介绍】

工业机器人系统集成中的项目技术任务书是工程项目和建设方案的基本技术信息和工艺目标的专业描述文件，是进行工业机器人系统集成电气设计工作的指导性文件，也是编制设计文件的主要依据。设计技术任务书主要对项目相关的技术目标的详细指标进行描述，对配套技术条件进行介绍。结合上述项目方案样例逆向整理该项目的技术任务书。

【任务分析】

工业机器人系统集成中的技术任务书是描述甲方对项目的相关技术要求和甲方项目现场具备的条件的文件，一般技术任务书包含以下几个部分的内容：

（1）设计依据。设计依据一般用来介绍目标产品的相关参数、项目设备的生产频率、项目相关的技术条件（现场环境、电源情况等）、设计技术依据等。

（2）工艺设计。工艺设计包括项目现场的场地情况、项目生产流程、水气电布局情况、项目需完成的设计内容等。

（3）供货设备清单。供货设备清单部分包括各设备的具体技术要求、外购件厂商及型号要求、项目布局图要求、品质要求、项目日程等。

（4）关键部件技术要求。关键部件指的是项目中关键的工艺设备或装置，关键部件技术要求是指对这些关键的工艺设备或装置的详细的技术参数或性能的描述。

（5）安装、调试、验收、运输相关要求。

依据以上关于技术任务书的描述，编写样例项目的技术任务书。

【相关知识】

1. 电气硬件设计

在完成控制系统的总体规划（方案设计）后，可以进行控制系统的技术设计。技术设计是对系统进行的原理、安装、施工、调试、维修等方面的具体设计。技术设计必须认真、仔细，确保全部图样与技术文件的完整、准确、齐全、系统、统一，并贯彻国际、国内有关标准。

工业机器人集成控制系统的技术设计，通常可以分为硬件设计与软件设计两大部分。第一阶段应首先完成系统的硬件设计。

电气控制硬件设计的基本思路是一种逻辑思维,只要符合逻辑控制规律,能保证电气安全及满足生产工艺的要求,就可以说是一种好的设计。但为了满足电气控制设备的制造和使用要求,必须进行合理的电气控制工艺设计。这些设计包括电气控制柜的结构设计、电气控制柜总体配置设计、总接线图设计及各部分的电器装配图与接线图设计,同时还要有部分的元件目录、进出线号及主要材料清单等技术资料。

2. 电气控制总体配置设计

电气控制总体配置设计任务是根据电气工作原理与控制要求,先将控制系统划分为几个组成部分(这些组成部分均称作部件),再根据电气控制的复杂程度,把每一部件划分成若干组件,然后再根据接线关系整理出各部分的进出线号,并调整它们之间的连接方式。总体配置设计是以电气系统的总装配图与总接线图形式来表达的,图中应以示意形式反映出各部分主要组件的位置及各部分接线关系、走线方式及使用的行线槽、管线等。

电气控制总原理图、接线图(根据需要可以分开,也可并在一起)是进行分部设计和协调各部分组成一个完整系统的依据。总体设计要使整个电气控制系统集中、紧凑,同时在空间允许的条件下,尽量使发热元件、噪声振动大的电气元件远离其他元件或隔离起来;对于多工位的大型设备,还应考虑两地操作的方便性;控制系统的总电源开关、紧急停止控制开关应安放在方便而明显的位置。

总体配置设计合理与否关系到电气控制系统的制造、装配质量,更将影响到电气控制系统性能的实现,以及其工作的可靠性,操作、调试、维护等工作的方便性和质量。

3. 设计任务实例

下面以任务 3-1 中的工业机器人在起动机转子线上进行自动装配的实际工程案例来阐述工业机器人工作站控制系统硬件设计的过程。通过实例设计来理解控制系统硬件设计的过程和要点。

工业机器人系统的电气硬件设计一般需要完成电气原理图、电气元件布置图、电气接线图/表等表示电气控制原理、连接和施工要求的基本图;框图、功能图、时序图、程序图/表/清单等辅助图;电气元件表、备用元件表等器件明细表。在设计完成后,应编写使用说明书、安装说明书、维修说明书等技术文件。由于使用说明书、安装说明书、维修说明书等技术文件不在本书讨论范围之内,所以不做阐述,请读者自行参阅相关资料。

【任务实施】

通过对项目技术任务书主要内容的了解,在网络上检索项目技术任务书的格式,充分理解样例项目方案的设计意图。以甲方角度将项目的技术方案中的解决方案逆向转化成项目的需求和设计工艺要求,将整理的相关要求按照任务分析中的分类进行整理,形成工业机器人滤芯筒码垛技术任务书。

【归纳总结】

项目的技术任务书的制作一般由甲方完成,对于技术管理标准规范的企业,企业内部有专门的技术职能部门完成项目需求的技术任务书。作为工业机器人系统集成商,要通过阅读甲方提供的技术任务书就能够掌握该项目的主要技术相关信息。所以针对这一类项目,相关项目系统集成商的技术人员需要认真研究甲方提供的技术任务书,进而掌握后续设计的参考依据。对于中小企业的项目需求,它们提供给集成商的一般是项目合同,作为集成商首先需要通过现场考察和技术交流,结合项目合同制作项目技术任务书,然后与甲方沟通确认技术任务书无误,才可开始后续设计任务。

【拓展提高】

如果你以后在工业机器人应用企业工作,作为工业机器人系统集成项目中的甲方,针对项目三中工业机器人起动机转子自动装配工程项目的工艺需求编写项目设计任务书。

◀ 任务4-2　制作项目功能结构(图)表 ▶

【任务介绍】

一个工业机器人系统集成项目涉及的工艺需求细节繁多,实现这些工艺需求的相关硬件的选择也错综复杂,为了厘清工艺需求与相关软硬件功能部分的关系,建立结构化的项目设计实施思路,我们可以借助功能结构表将整个设计过程从一个复杂的系统分解成多个功能单一的模块。利用这种模块化的设计思想将复杂系统简单化、单一化,从而便于系统的设计和分析。因此,介绍项目样例中的工艺需求,制作该项目的功能结构表,以简化后续设计工作。

【任务分析】

制作滤清器滤芯筒机器人搬运项目功能结构表的依据是该项目的设计任务书和初步设计形成的图纸文件,依据上述设计文件明确项目的总体结构和基本组成。与此同时,结合工业机器人系统集成项目的通用组成规律,我们需要掌握以下几个方面的相关设计知识和细节:工业机器人及其控制柜、工业机器人末端操作器、外围设备及专机、安全围栏、现场操作盒、物料输送线体等部分的相关设计组成和技术细节。结合滤清器滤芯筒机器人搬运项目了解了上述内容,即为制作该项目的功能结构表打下了基础。

【相关知识】

一、功能结构表的作用

功能结构表的作用主要是更加明确地体现内部组织关系,厘清内部逻辑关系,做到一目了然,规范各自的功能部分,使之条理化。

功能结构表的设计过程就是把一个复杂的系统分解为多个功能较单一的模块。这种分解为多个功能较单一的模块的方法称作模块化。模块化是一种重要的设计思想,这种思想把一个复杂的系统分解为一些规模较小、功能较简单的、更易于建立和修改的部分。一方面,各个模块具有相对独立性,可以分别加以设计实现;另一方面,模块之间的相互关系,则通过一定的方式予以说明。各模块在这些关系的约束下共同构成统一的整体,完成系统的各项功能。

二、功能结构表的设计依据

功能结构表的设计依据是设计任务书、初步设计形成的图纸及文件要求。

在进行功能结构表的设计之前,必须明确外围设备的结构及功能。外围设备或器件的机械结构由机械工程师负责设计。详细设计前期,有些机构有可能还没有设计出来,仅仅是一种规划或设想。所以设计过程中,电气工程师必须与机械工程师密切联系,不断修改和完善。详细设计过程也是一个相互沟通和协调的过程,需要设计团队高效有机地合作。

三、工业机器人系统结构功能分析

依据平面布置图,需要明确设备(组件)的构成与功能。这些设备(组件)包含:工业机器人(控制柜)、工业机器人手部工具、料仓、安全围栏、现场操作盒、主电控柜(PLC柜)及流水线体,如图 4-8 所示。

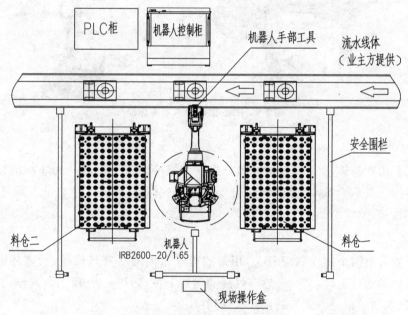

图 4-8　工业机器人系统基本构成

设备配置表如表 4-3 所示。

表 4-3　设备配置表

货物分项名称	型号、规格	数　量	单　位	备　注
工业机器人	IRB2600(标准配置)	1	台	ABB 工业机器人,配工业机器人控制柜及示教器
柔性手部工具	钢结构件	1	套	自制件
工业机器人底座	钢结构件	1	套	自制件
手部工具用气爪	气动控制	1	套	日本 SMC 品牌
电气控制柜(PLC 柜)	配电气元件	1	套	主电路电气元件采用西门子,控制回路采用法国施耐德器件

货物分项名称	型号、规格	数 量	单 位	备 注
PLC	CJ1M-CPU13	1	套	日本欧姆龙品牌,以太网通信,配7寸触摸屏
气动系统		1	套	日本 SMC 品牌
安全围栏	铝框架网状结构	1	套	配国产安全光栅
安装附件、辅助材料等		1	套	

1. 手部工具

手部工具是工业机器人实现抓取工件,并将工件进行装配的工具,如图 4-9 所示。

图 4-9 工业机器人末端操作器

1)结构说明

手部工具由把持体、气爪、手指三部分组成。把持体及手指部分为非标准设计的部件(简称非标件)。气爪为 SMC 品牌的标准产品。把持体上端部与工业机器人腕部相连接,下部与气爪相连接。

2)功能说明

气爪上安装有两个磁性感应开关,用来感应气爪内的活塞环位置(活塞环配有磁环)。一个感应气缸的运行上位,另一个感应气缸的运行下位,如图 4-10 所示。其作用是:在抓放转子的时候,判断手指是否夹持到位或放开到位。

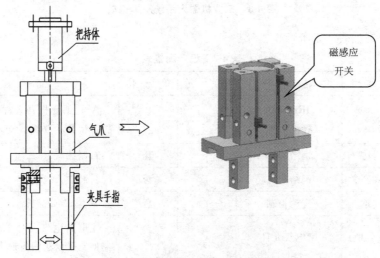

图 4-10 末端操作器气爪功能说明

把持体上安装有一个接近开关,用于判断转子是否安装到位。转子安装不到位给低电平信号,以使机器人做出姿态调整,直至转子入位为止,具体原理如图 4-11 所示。

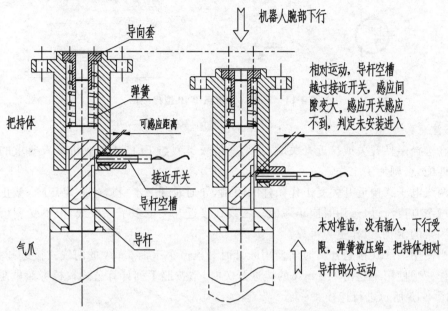

图 4-11 末端操作器把持体结构说明

3)接近开关的信号类型

接近开关有两线式和三线式之区别。三线式接近开关又分为 NPN 型和 PNP 型。

(1)两线式接线图如图 4-12 所示。

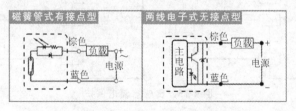

图 4-12 两线式接线图

(2)三线式无接点 NPN 型(电流流入)/常开(简称 N 型传感器)接线图如图 4-13 所示。由两块 N 型半导体中间夹着一块 P 型半导体所组成的三极管,称为 NPN 型三极管。也可以描述成,电流从发射极 E 流出的三极管。

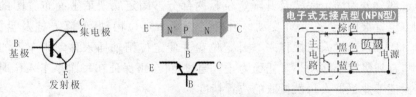

图 4-13 三线式无接点 NPN 型接线图

三线式无接点 PNP 型(电流流出)/常开(简称 P 型传感器)接线图如图 4-14 所示。由两块 P 型半导体中间夹着一块 N 型半导体所组成的三极管,称为 PNP 型三极管。也可以描述成,电流从发射极 E 流入的三极管。

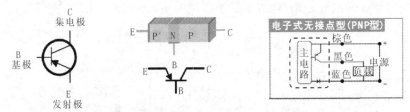

图 4-14　三线式无接点 PNP 型接线图

(3)注意:

①在选择磁性开关或接近开关时,必须使信号类型与 PLC 或工业机器人要求的输入信号类型匹配,否则无法工作。

②两线电子式接近开关受工作条件的限制,导通时开关本身产生一定压降,截止时又有一定的剩余电流流过,选用时应予考虑。三线式接近开关虽多了一根线,但不受剩余电流之类不利因素的困扰,工作更为可靠。

③当使用两线式接近开关时请使用断开时漏电流小于 1.5 mA 的两线式接近开关,否则会误动作。当使用了超出 1.5 mA 的接近开关时,请按照下列计算公式校核旁路电阻 R_b,并且按照图 4-15 所示进行连接。

$$R_b \leqslant \frac{6}{I-1.5}(\text{k}\Omega)$$

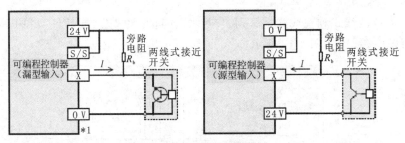

图 4-15　传感器漏电保护

2. 料仓

(1)料仓分为料仓一及料仓二,两个仓结构一样,只是分两个工位安置以保证工业机器人不间断工作(双工位工作模式)。料仓分为可移动部分和固定部分。

(2)可移动部分为可移动小车、料盘及料盘上的工件(转子)。

(3)固定部分分为固定底架及升降定位盘两部分。固定底架依平面布置图的位置被固定在地面上,位置被固定,不允许变动。升降定位盘由定位销轴、升降导柱及盘面等组成。当移动小车推入后,通过人工操作来举升定位盘并使定位销轴插入移动小车上的料盘下部的定位孔中,直到将整个移动小车托稳为止。通过定位,可保证在每次小车入位时位置的一致性,从而保证工业机器人每次抓取的位置精度。

(4)安置了一个接近开关。当升降定位盘到位时,接近开关接通,给 PLC 一个高电平信号,表示当前工位有工件并已准备妥当。

(5)料盘可以放置 150 个工件。1 个工件的安装生产时间为 10 秒,这个料盘可提供

1500 秒(25 分钟)的生产供料时间。即每 25 分钟之内,必须由人工推出可移动小车,并在空料盘进行装料后再推入工作位置。

料仓结构说明如图 4-16 所示。人工装料图如图 4-17 所示。

转子(150个)

料盘

升降定位盘

定位销轴

升降导柱

可移动小车

固定底架

小车进出方向

图 4-16　料仓结构说明　　　　　　　图 4-17　人工装料图

3. 安全围栏

1)安全围栏概述

安全围栏主要的功能是隔离人体与工业机器人之间的活动空间,禁止人员非法进入工业机器人的工作空间(如工业机器人搬运应用、工业机器人装配应用),或者是防止生产过程中的飞溅伤害(如工业机器人点焊、弧焊、机加工应用)等,是防止危险的最简单方法之一。

安全围栏的结构形式多样,例如铁框架+隔网、铝合金框架+隔网、透明围栏等。工作站安装示意图如图 4-18 所示。

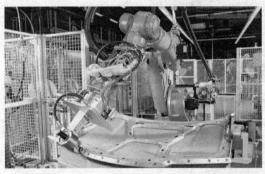

图 4-18　工作站安装示意图

为了能进入该工作区域进行维修、保养或处理故障,配置带联锁功能的安全门。当运动部件不能立刻停止时,用锁定装置的防护来确保工作人员在所有危险性运动停止前无法进入工业机器人单元。

但工业机器人单元也可能会出现一些问题,尤其对于大型工业机器人单元,这种方法还会出现人员被困住的危险。许多工业机器人单元都采用额外的安全防护装置,供工作人员进入工业机器人单元执行特定任务。在这些情况下,安全门可以关闭,但不能锁定。如果发生断电,工作人员将被困在工业机器人单元内。如果断电原因是工厂某处发生火灾,这一小小疏忽可能导致灾难性后果。

重点在于负责确保其他人安全的人员是否考虑到所有风险。通常,OEM(原始设备制造商)设计的特殊用途机械供最终用户在不同情况下使用,或者最终用户工厂的特定使用环境可能导致其他危险。在这些情况下,如果使用设备,工作人员可能面临异常状况的危险。当工业机器人单元出现风险评估时确定的风险,工作人员可以使用能在单元内手动操控的锁定防护装置化解风险,或者使用紧急逃生把手或其他类似装置化解风险。

2)安全门锁

安全门锁即锁定防护装置,如图 4-19 所示。

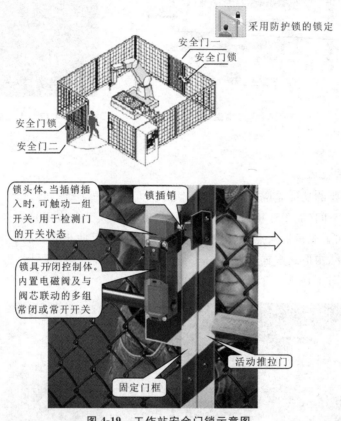

图 4-19   工作站安全门锁示意图

3)安全门锁的工作原理

以德国 SICK 品牌的 i10LOCK 安全门锁为例,其工作原理如图 4-20 和图 4-21 所示。

(1)开锁。

在控制系统允许条件下,按下开门按钮,开关门电磁线圈得电后,阀芯退出控制凸轮卡口。锁插销可以拔出,并带动控制凸轮转动。控制凸轮转动会顶开"门开或关状态检测开关",通过信号的接入,可以让控制系统获取门的开关状态。两组常闭触点 21、22 及 41、42 接入设备安全控制回路中。在阀芯后退的同时,它们也同时被断开并断开安全控制回路。安全控制回路被断开后,设备上的机械单元不允许运动。

(2)上锁。

锁插销插入,带动锁头体的控制凸轮旋转,锁头体内的锁舌锁住控制凸轮从而锁住锁插销。控制凸轮释放"门开或关状态检测开关",使之闭合。同时几组(常开或常闭)开关复位到初始状态并将安全控制回路闭合,允许设备进入工作状态。

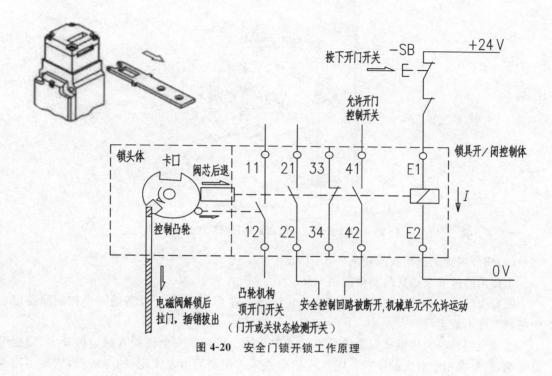

图 4-20 安全门锁开锁工作原理

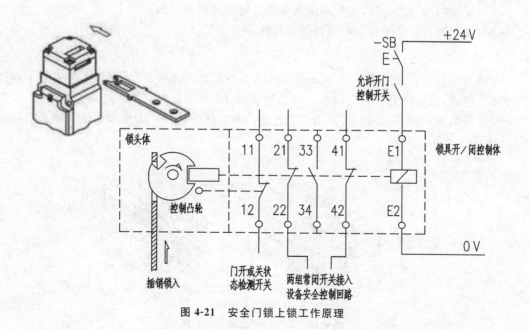

图 4-21 安全门锁上锁工作原理

（3）内侧强制开锁工作原理如图 4-22 所示。

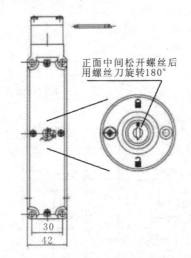

正面中间松开螺丝后
用螺丝刀旋转180°

30
42

图 4-22　安全门锁内侧强制开锁工作原理

（4）安全门锁的使用技术规范：

①使用经过安全认证的安全门锁产品。

②安全门锁打开的条件是机械部件停止运行。打开之后，断开设备的安全控制回路以使机械部件不能运行。

③安全门锁分为机械式安全锁及电气式安全锁。机械式安全锁插入插销即锁定，需要电解锁，一般多用于对人的保护。电气式安全锁插入插销后由电锁定，掉电解锁，一般多用于对过程的保护。

④当安全门被打开过后，控制系统需要手动复位或重新启动。

⑤安全门锁可以从安全围栏内侧强制打开。

4）安全光栅

如果安装接触式安全防护门，则需要操作人员频繁地开关防护门，这样不但增加了操作人员的工作量，而且降低了生产效率。在这种情况下，为防止人员非法进入工作区域，又要满足生产的需求，对人工进料口，采用安全光栅就是最佳的选择。工作站安全光栅示意图如图 4-23 所示。

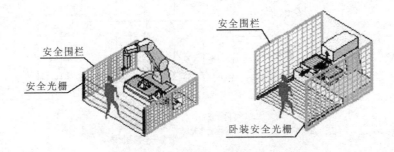

安全围栏

安全围栏

安全光栅

卧装安全光栅

图 4-23　工作站安全光栅示意图

安全光栅（见图 4-24）也称为安全光幕，是经过安全认证的光栅产品，由两部分组成：投光器和受光器。

光栅的一边等间距安装有多个红外发射管,另一边相应地有相同数量同样排列的红外接收管,每一个红外发射管都对应一个相应的红外接收管,且安装在同一条直线上。当同一条直线上的红外发射管、红外接收管之间没有障碍物时,红外发射管发出的调制信号(光信号)能顺利到达红外接收管。而在有障碍物的情况下,红外发射管发出的调制信号(光信号)不能顺利到达红外接收管,这时该红外接收管接收不到调制信号。这样,通过对内部电路状态进行分析就可以检测到物体存在与否的信息。

图 4-24 安全光栅

在操作人员送取料时,只要有身体的任何一部分遮断光线,就会导致机器进入安全状态而不会给操作人员带来伤害。

光束的密度大小决定了体积多大的身体部分通过光栅才能被检测。按照人体工程学的数据,成年人的手指直径应不小于 14 mm,手掌厚度不小于 30 mm,手腕直径不小于 40 mm。举例:如果使用的光栅的光轴间距是 40 mm,光轴直径是 10 mm,它的分辨率是(40+2×10) mm＝60 mm(完全把光束挡住才是遮光状态。如果要使物体以任何位置进入有效把光束遮挡住,应保证物体的大小不能小于这个值。这也就是光栅的分辨率。光栅的分辨率为光轴间距加上两倍光轴直径),那么手指、手掌、手腕及手臂都有可能通过光栅而不会被发现。因此,如果想获得更高的安全性,便需使用较高分辨率的光栅。

使用光栅时,对安装有一定的要求,不允许出现人员能够绕过光栅而进入到危险区域的情况,也不允许在光栅和光栅附近有反射光线的表面,使接收器能够接收到反射过来的光线而无法输出安全开关信号。另外,对光栅的使用环境也有一定的要求,如果环境中粉尘太大,会影响到光线的发射,从而影响光栅的使用。

安全光栅与安全门锁的应用区别如下:对于工业机器人系统,当人员遮挡光栅进入时,系统不允许工业机器人在该工作区域工作,同时可以允许工业机器人在别处并不涉及人员安全的工作区域工作;对于安全门锁,其常闭触点则接入设备的安全控制回路,当安全门打开时,会中止所有机械部件的运动。

5)安全围栏及安全光栅布置

安全围栏及安全光栅布置如图 4-25 所示。

由于生产过程中需要人工在两工位间交替上料,所以采用安全光栅的安全防护方式,以对人体进行保护。围栏及料车把人体的活动空间限制在两个分隔开的狭窄活动空间中,避免人体进入工业机器人的工作范围。工人需要到工位一或工位二取出空料车并换入备好料的小车时,人体一旦遮挡光栅一或光栅二的对射光幕,光栅就会给控制系统一个信号。这时,控制系统对光栅的信号处理机制应如下:

(1)非法闯入处理:当工位的缺料提示灯没有闪亮的时候,人员提前进入或意外触发光栅信号被认为是非法闯入行为。这时系统以声光进行报警并暂停工业机器人的动作,直到人工按复位开关进行复位。

(2)正常上、下料车处理:当工位一的缺料提示灯闪亮后,表示系统要求工人对工位一的空料盘进行更换,允许工人进入工位一的换料口。人体进入并触发光栅一的信号,系统严格禁止工业机器人到工位一进行操作,但工业机器人仍然在工位二继续生产。工人上完料并退出围栏，按现场操作盒的上料按钮后，系统解除对工业机器人工位一的锁定，允许机器人在工位一工作。同理，工位二的处理机制与工位一的处理机制一样。

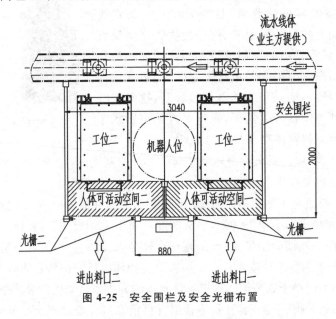

图 4-25　安全围栏及安全光栅布置

4.现场操作盒

现场操作盒是为方便工人操作而设置在进出料口附近安全位置的一个操作装置。操作盒上布置相关的信息指示灯、操作按钮及紧急停止开关（见图 4-26）。

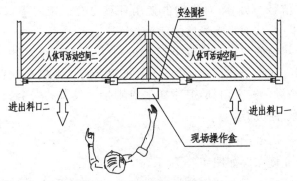

图 4-26　现场操作盒及布置

现场操作盒面板（见图 4-27）应提供两个工位的上料按钮以满足操作的需求。上料成功，按钮亮灯指示。上料成功后，非正常状态下，对上料申请进行取消操作，这时，相应工位缺料灯点亮，上料按钮上的指示灯熄灭。随后，工人的操作应按上料操作过程进行处理。

5.以太网交换机

依电气系统结构图，各控制器间采用以太网通信（Ethernet/IP）的方式来交换信息，包括工业机器人控制柜与 PLC 控制柜内的 PLC 通信、PLC 控制柜内的 PLC 与主线的 PLC 间的通信，如图 4-28 所示。

以太网通信通过 IP 地址进行设备间的相互访问（家用电脑上网就是使用以太网通信方式）。对于三台或三台以上的设备需要组成局域网时，可以使用交换机来组网。家用以太网

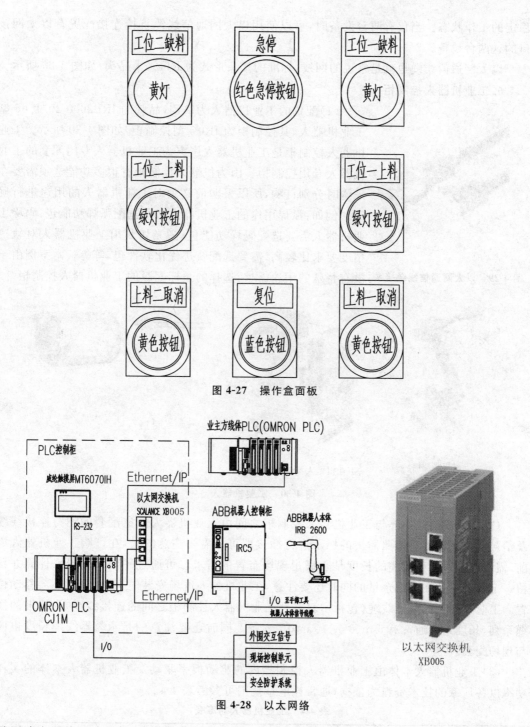

图 4-27 操作盒面板

图 4-28 以太网络

是用路由器将几台电脑连接起来一起上网,也是一种局域网组网方式。路由器具有一个WAN口及多个LAN口。WAN口接网络供应商的网口(如电信猫、光纤猫、小区宽带等),LAN口接多台电脑,以使多台电脑通过路由器获得互联网服务,并且各电脑之间可以通过IP地址相互访问及共享资源。交换机类似路由器,但没有WAN口,仅有LAN口。不同的设备接入交换机的LAN口,并在各自的设备上设定IP地址(同一网段内)后,通过通信软件就可以实现相互的通信功能。工业自动化设备上,应使用工业级的交换机来组网,以获得更稳定的工作状态。当仅有两台设备时，可以使用以太网通信线缆直接连接配置有以太网接口的这两台设备。

以太网通信线缆也就是常说的网线，标准的接头形式为 RJ45（水晶头）如图 4-29 所示。

6. 工业机器人控制柜

（1）配置的工业机器人为 ABB 品牌的 IRB2600-20/1.65 型工业机器人，其控制柜为 IRC5 型控制柜，如图 4-30 所示。工业机器人控制柜是工业机器人厂家为工业机器人专门配套的工业机器人专用控制柜。因为机器人控制柜有很多功能选项需要在采购时分别订购，所以采购前必须对工业机器人的用途进行确定。例如：弧焊用途的工业机器人必须选配弧焊功能包；码垛工业机器人需要选配码垛功能包；激光切割用工业机器人对轨迹精度要求比较高，需要选配轨迹优化软件包，等等。本案例由于没有特殊的用途需求，选择的是标配版的工业机器人控制柜。

图 4-29　以太网通信线缆接头

工业机器人本体
IRB2600-20/1.65

工业机器人控制柜IRC5

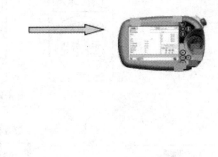

示教器

图 4-30　工业机器人

（2）工业机器人本体与工业机器人控制柜之间由工业机器人厂家配套的动力连接线缆及信号线缆来连接。按照插头的标示进行插接即可。需要注意的是，在订购工业机器人之前，需要明确这两种线缆的长度是否满足现场布置的需求。可通过平面布置图来计算并预留一定的余量。在考虑余量的同时还要注意，工业机器人进场安装时，是否可能还会移动位置。工业机器人的配套线缆（包括示教器到工业机器人控制柜之间的连接线缆）为标准的线缆系列，长度系列通常有 5 m、8 m、10 m、15 m 等。同时还要注意的是示教器线缆长度也应与现场配套。

（3）工业机器人本体由工业机器人控制柜内的驱动板来驱动。工业机器人本体的实耗功率以各厂家的技术资料为依据，通常耗电量范围可参考表 4-4。

表 4-4　工业机器人功率表

工业机器人挈重负荷	最大消耗功率
5～10 kg	1～1.5 kW
10～40 kg	2～3.5 kW
40～80 kg	3.5～4.5 kW

工业机器人执重负荷	最大消耗功率
80～200 kg	4.5～6 kW
200～500 kg	6～8 kW

（4）工业机器人的电气连接主要有：工业机器人本体与工业机器人控制柜间的连接，机器人控制柜的电源连接，通信连接，I/O连接及安全链的连接。其中，工业机器人本体与工业机器人控制柜之间的动力连接线缆及信号线缆已由工业机器人厂家配套提供。用户方需要配置的是机器人控制柜电源连接、通信连接（含 I/O 连接）及安全链的连接。

（5）工业机器人控制柜如图 4-31 所示。

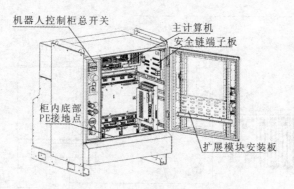

图 4-31　工业机器人控制柜

① 机柜供电。

电源：交流 3 相，PE 接地，380 V（可在 90%～115% 范围内变化），50 Hz。

热耗功率：500 W。

工业机器人控制柜为三相＋接 PE 线供电。三相接入点接工业机器人控制柜总开关，PE 线接到机柜内专用的接地点上。图 4-32 所示为 ABB 工业机器人控制柜的三相输入总开关接线图。工业机器人总开关只是具有开关的作用，没有过载及短路保护功能。须在其前端配置断路器，配电的时候应注意。（下图中，美国线规 AWG10 相当于公制 5.25 mm² 导线，BK 为黑色线，GNYE 为接地用的黄绿双色线。）

② 工业机器人控制柜热功耗。

For three phase
Rotary Switch

2　1　-101 AWG10 BK
4　3　-102 AWG10 BK
6　5　-103 AWG10 BK

AWG10 GNYE

××0500001882

图 4-32　工业机器人供电接线图

ABB 各型号工业机器人控制柜热功耗（电气元件功率损耗发热）如表 4-5 所示。工业机器人控制柜在布置时应注意风扇出风口空气流通通畅。

表 4-5　ABB 各型号工业机器人功率表

工业机器人型号	热功耗/W	工业机器人型号	热功耗/W	工业机器人型号	热功耗/W
IRB140	250	IRB260	350	IRB360	700

工业机器人型号	热功耗/W	工业机器人型号	热功耗/W	工业机器人型号	热功耗/W
IRB660	1000	IRB760	1000	IRB1600	300
IRB2400	500	IRB2600	500	IRB4400	700
IRB4600	700	IRB6620	1000	IRB6640	1000
IRB6700	1200	IRB7600	1500		

③工业机器人的通信。如图4-33所示,工业机器人与PLC控制柜及外部I/O设备(手部工具)间的通信需分别配置两个模块。一个是以太网通信模块,另一个是标准I/O通信模块。

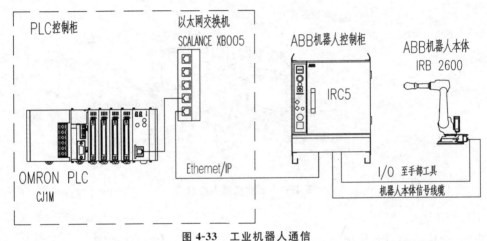

图4-33　工业机器人通信

a. 以太网通信。

ABB工业机器人的以太网通信有以下三种接口方式。

第一种:直接连接主计算机背板后的LAN口(见图4-34)。这种连接方式不能对网络进行分隔。

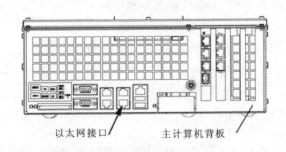

图4-34　主计算机背板后的LAN口

第二种:使用扩展板(DSQC 612,见图4-35)连接。这种方式相对第一种方式可以对网络进行分隔。如厂区网络接入计算机背板后的LAN口,而局部系统(不与厂区网络连接)接入扩展板上的以太网接口,这样两个网络不会直接串通。

第三种:使用以太网适配器DSQC 669(见图4-36)插入通用适配器接口接入。通用适配

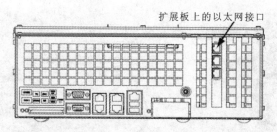

图 4-35   主计算机背板扩展板 DSQC 612

器接口通用于各种需要接入计算机的模块,如 PROFIBUS 总线模块、INTERBUS 总线模块等。

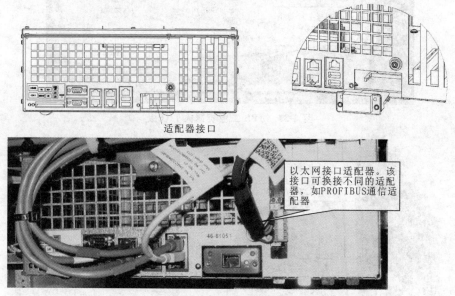

图 4-36   主计算机背板以太网适配器 DSQC 669

在订购工业机器人的时候,必须与工业机器人供应商明确所使用的通信方式选项,由供应商配置好硬件选项,否则供货后工业机器人通信口无法正常工作。同样,如果选择别的品牌工业机器人,这一步也是必须要注意的。同时注意,由于工业机器人控制柜的不断升级改版,生产批次不一样,计算机背板的布置可能略有不同。

b. I/O 通信。

ABB 工业机器人的 I/O 扩展模块(DSQC 652 板)安装在柜门的背面,如图 4-37 所示。它提供了 16 进/16 出的输入输出端口。

c. I/O 板供电方式。

I/O 板供电采用 DC 24 V,可使用内部或外部电源。

一般工业机器人柜体内部为用户提供 24 V 直流电源用于低功耗指示灯、按钮、传感器等的使用。如 ABB 工业机器人提供两组输出电源,每组电源的最大允许电流为 4.16 A,如图 4-38 所示。

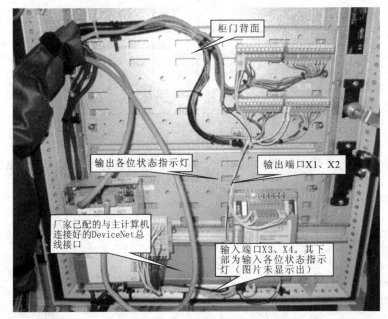

图 4-37 ABB 工业机器人 I/O 板

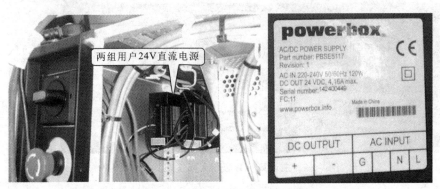

图 4-38 ABB 工业机器人 24 V 供电单元

　　两组电源的接线端子位于门板后的 XT31 接线端子模块上。第一组电源对应接线端子 2 及 6（见图 4-39），第二组电源对应接线端子 3 及 7。

图 4-39 第一组电源的接线端子

d. 对于微小规模的工业机器人工作站,可以使用机柜内的直流电源,使用户用最简单和最经济的办法来组建工业机器人工作站成为可能。例如图 4-40 所示的日本安川(莫托曼)弧焊工业机器人工作站,其通过外围简单配电并使用工业机器人配置的直流电源来给工位控制盒供电,就可以建立一个简单的工业机器人工作站。其工业机器人控制柜内的端子板 6XT 提供了所需的 DC 24 V 电源。

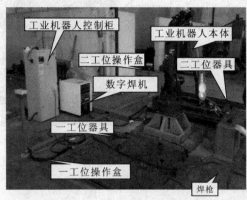

图 4-40　微小规模工作站

e. 双安全回路系统。工业机器人系统中有许多种紧急停止设备,如示教器和控制器机柜上的紧急停止按钮。工业机器人也可以使用其他类型的紧急停止方式。

工业机器人安全链端子板可以为用户提供工业机器人安全控制的接入点。工业机器人控制柜的双回路安全保护机制如表 4-6 所示。

表 4-6　工业机器人安全机制种类

安全保护机制	保 护 模 式	作 用 状 态
GS	常规安全保护停止	在工业机器人任何操作模式下有效
AS	自动模式安全保护停止	在自动操作模式下有效,手动模式下无效
SS	上级安全保护停止	在任何操作模式下有效
ES	紧急停止	在急停按钮被按下有效

自动操作模式下,GS、AS、SS 及 ES 机制都处于活动状态。当上电时,工业机器人处于正常状态时(回路未被断开),工业机器人安全链状态指示灯应全亮。GS、AS、SS 及 ES 机制均为双回路控制方式。在工业机器人供货时,在安全链端子板上的各安全回路均使用短接片将回路闭合。图 4-41 所示为安全链端子板上的接线端子及短接片。

一个安全保护机制中可能包含许多串联的保护装置或开关,形成一个安全链。当一个保护装置开关断开时,保护链断开,此时不论安全链其他部分的保护装置状态如何,工业机器人都会停止运行,对应的安全链状态指示灯将被熄灭。

本案例中,将在 ES 急停回路上串入现场操作盒及主电控柜上急停开关的常闭触点,用于异常情况下对工业机器人进行急停(硬急停)。AS 急停回路串入急停继电器的常闭触点,使用 PLC 的输出点来控制,作为软急停。

ES 紧急停止:安全链端子板上的 X1 及 X2 端子模块上的 3、4 号端子为 ES 紧急停止串接点。在工业机器人供货时,厂家使用短接片将安全链端子板上的 ES 安全回路闭合,如图 4-42 所示。

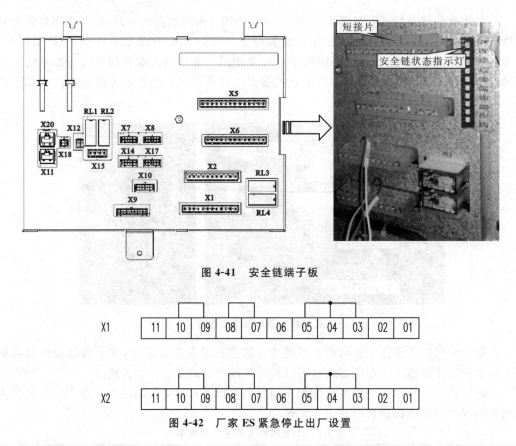

图 4-41   安全链端子板

X1	11	10	09	08	07	06	05	04	03	02	01

X2	11	10	09	08	07	06	05	04	03	02	01

图 4-42   厂家 ES 紧急停止出厂设置

串接的方式如图 4-43 所示,两个回路均同时被两个急停按钮串入,正常工作情况下,两个回路均保持接通状态,当急停开关被拍下时,只要其中一路被断开,工业机器人就会进入急停或报警状态。

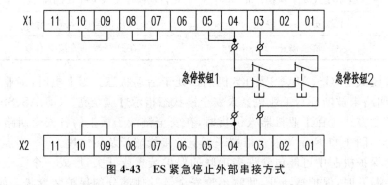

图 4-43   ES 紧急停止外部串接方式

AS 紧急停止:安全链端子板上的 X5 端子模块上的 11、12 号端子为 AS 紧急停止的一个安全回路。5、6 号端子为其另一回路。同样,在工业机器人供货时,厂家使用短接片将安全链端子板上的 AS 安全回路闭合,如图 4-44 所示。

X5	14	13	12	11	10	09	08	07	06	05	04	03	02	01

图 4-44   厂家 AS 紧急停止出厂设置

串接的方式如图4-45所示,两个回路均同时被急停继电器串入。其工作机制与ES紧急停止类似,也为双回路状态。不同的是,AS紧急停止仅在工业机器人为自动运行状态时(工业机器人机柜上的钥匙开关打到"自动"状态并且工业机器人在运行的时候)有效。

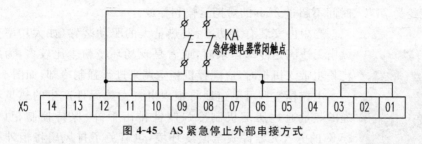

图4-45 AS紧急停止外部串接方式

其他品牌工业机器人也提供了类似的安全保护机制。具体的内容请参阅各工业机器人厂家的安全技术手册。

7. 主电控柜(PLC柜)

1)作用与用途

电气控制柜(见图4-46)由柜体及电气元件组成。柜体用来安装配电元件及电气控制器件;电气元件实现配电、线路保护、操作控制及报警指示功能等。控制柜可完成设备自动化和过程自动化控制,并可搭配人机界面触摸屏,达到轻松操作的目的。

图4-46 主电控柜

2)电柜本体

电柜由钢板及钢构件制成,规格大小依设备内元件布置需要确定。使用时,可以选用厂家标准的机柜,如不能满足需求,可以非标设计并定制。

3)电源电压规格

国内使用AC 380 V/220 V、50 Hz电源,三相五线制供电方式。

4)柜内及面板元件

(1)依用户要求,在柜体侧面安装有一个总负荷开关,负责整个柜体全部器件的电源切断和接通。

(2)一个总的断路器并含漏电保护功能。可以对所有外围设备及柜内用电器件进行短路及漏电保护,并可以切断它们的电源。但它不能切断柜内照明灯、柜体冷却通风风扇及维修插座的电源。这样保证切断内外部电源后,还可以提供柜内照明及维修用电,有利于维修操作。如要维修柜内照明灯、柜体冷却通风风扇,则应通过切断它们所配的断路器来进行。如果要更换上述这些断路器,则应通过总负荷开关来断电。

(3)一个交流接触器。可在操作面板上远程操作按钮,使交流接触器通断,从而使系统上电或下电。利用辅助触点的自保持功能原理,也能保证整个机柜在工厂停电再来电时,外围设备及柜内器件不会自动上电而误动作。这个交流接触器布置在总断路器之后。

(4)一组柜内照明灯。方便维修照明。

(5)一组循环风扇(两个风扇,一个下吸风,另一个上排风)。用于抽排柜内空气,利于控制柜内的空气流动散热,使发热器件降温。

柜内温度的确定：密封的工业电气设备应能在环境温度 5～40 ℃、24 h 平均温度不超过 35 ℃ 的环境下正常使用；外露的工业电气设备应能在环境温度 5～55 ℃、24 h 平均温度不超过 50 ℃ 的环境下正常使用。工业电气设备应能受得住 −25～+55 ℃ 温度范围内的运输和存放，并能经受 70 ℃、时间不超过 24 h 的短期运输和存放。

图 4-47　主控柜空调

当柜内安装有大功率、发热量大的驱动装置（如大功率变频器），风扇无法满足冷却需求时，或者是现场环境粉尘比较多，为防止风扇将粉尘带入机柜时，应配置机柜空调来进行强制冷却，如图 4-47 所示。

电控柜空调可迅速地将柜内电气发热元件产生的热量和柜外传递的热量通过压缩机制冷强制性排出柜外，保持控制柜内部 28～35 ℃ 的电气元器件安全温度环境，也避免了排风扇将柜外粉尘带入柜内。

（6）每一个分支电路配电时，应配置断路器作为分断、短路及过载保护的器件。对于 DC 24 V 直流电源后端的直流电子性质电路，应配熔断器进行短路、过载保护。

（7）一组维护、维修用单相 AC 220 V 电源插座。

（8）由客户指定的欧姆龙品牌 PLC 及配置触摸屏。

通常，PLC 的配置要根据工程需要选择。打个比方：如果工程小，需要点数少，数据处理速度不高，可以直接使用一个一体化的 PLC；但如果工程比较大，可能就需要模块、卡件式、配装式的 PLC；同时还可能配置专用的 PLC-DC 24 V 电源、总线模块、触摸屏，更有甚者需要冗余（也就是两套交替使用）。

（9）DC 24 V 直流电源。配置外部 24 V 直流开关电源。

直流电源分为两种，一种是开关电源（见图 4-48），另一种是线性电源。

直流开关电源就是用通过电路控制的开关管进行高速的导通与截止，将直流电转化为高频率的交流电，提供给变压器进行变压再整流与滤波，从而产生所需要的一组或多组直流电压。其内部控制回路一方面从输出端取样，与设定值进行比较，然后去控制逆变器，改变其脉宽或脉频，使输出稳定；另一方面，根据测试电路提供的数据，经保护电路鉴别，提供控制回路对电源进行各种保护。

图 4-48　开关电源

线性电源的原理是先将交流电经过工频变压器变压，再经过整流电路整流滤波得到未稳定的直流电压。要达到高精度的直流电压，必须经过电压反馈调整输出电压。它的缺点是需要庞大而笨重的变压器，所需的滤波电容的体积和重量也相当大，而且电压反馈电路是工作在线性状态，调整管上有一定的电压降，在输出较大工作电流时，致使调整管的功耗太大，转换效率低，还要安装很大的散热片。

所以开关电源与一般的线性电源比较具有以下优点：体积小、重量轻（由于没有工频变压器，体积和重量只有线性电源的 30％）、效率高（一般为 70％，而线性电源只有 40％）、自身抗干扰性强、输出电压精度高、范围宽、模块化等。但也存在一些缺点：由于逆变电路中会产生高频电压，开关电源比线性电源会产生更多的干扰，对共模干扰敏感的用电设备，应采取接地和屏蔽措施。所以在使用时，将其接地端子接大地或接用户机壳，方能满足电磁兼容的要求。

当电路中使用直流电源比较多时,可考虑配置多个外部直流开关电源,并合理分组使用。图 4-49 所示为使用两组导轨式安装的直流开关电源实例。

图 4-49　开关电源使用实例

直流供电线路中,有模拟量信号时,可以考虑配置两个直流电源。一个用于模拟量传感器的供电,另一个用于开关量。这样有利于提高系统可靠性。如果对模拟量数据采集要求比较高,或器件对电源要求比较苛刻,应选择与模拟量数据采集装置配套的品牌直流电源或在交流供电入口侧安装电源滤波器件(见图 4-50)。

图 4-50　电源滤波器

(10)柜内元件主要采用标准 35 mm DIN 导轨安装方式,面板元件安装孔为 $\phi22$。

DIN 是德国工业标准,使用导轨是工业电气元器件的一种安装方式,安装支持此标准的电气元器件可方便地卡在导轨上而无须用螺丝固定,维护也很方便。常用导轨宽度是 35 mm,如图 4-51 所示。很多的电气元器件都采用了这种标准,比如 PLC、断路器、开关、接触器等。

(11)连接线端子。

开关电器、控制板的进出线一般采用接线端头或接线鼻子连接,可按电流大小及进出线数选用不同规格的接线端头或接线鼻子。图 4-52 所示为常用的接线端头及接线鼻子。

电气控制柜内的元件之间的连接,可以借用元件本身的接线端子直接连接;过渡连接线应采用端子排(见图 4-53)过渡连接,端头应采用相应规格的接线端子处理。

(12)电气柜、控制柜、柜(台)之间以及它们与被控制设备之间,采用接线端子排或工业连接器(见图 4-54)连接。

(13)弱电控制组件、印制电路板组件之间应采用各种类型的标准接插件连接(见图 4-55)。

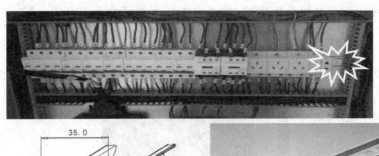

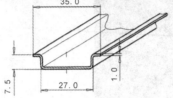

图 4-51　DIN 导轨

(a)叉形预绝缘接线端头

(b)针形预绝缘接线端头

(c)开口接线鼻子

(d)铜(铝)线鼻子

图 4-52　连接线端子

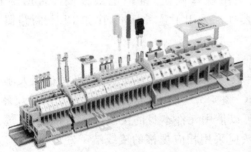

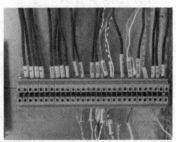

图 4-53　端子排

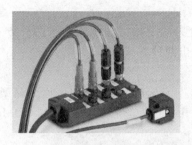

图 4-54　连接器

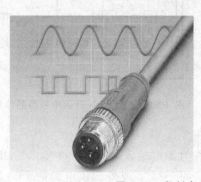
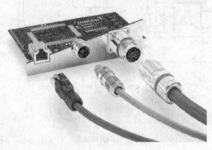

图 4-55　印制电路板组件接插件连接

（14）接地排（见图 4-56）：系统需要多处接地或接零线时，需要接地排进行分接。

图 4-56　接地排

（15）中间继电器。对配有 PLC 的工业机器人系统，开关信号输入/输出从两个途径实现。一是通过 PLC 的输入输出点，二是工业机器人控制柜上的输入输出模块。当输入/输出信号类型或带载能力不足的时候，必须使用中间继电器来进行中继转换。在工业机器人系统中，中间继电器常用的场合有信号类型转换、带载能力不足转换及电压类型不同转换等。

①信号类型转换。

对于 PLC，输入输出模块的信号输入分为源型输入和漏型输入两种方式。晶体管输出型 PLC 的信号输出也有源型输出和漏型输出两种方式。

a. 漏型输入。

当 DC 输入信号是从输入（X）端子流出电流然后产生输入时，称为漏型输入，如图 4-57 所示。PLC 的输入（X）端子经过输入元件（开关）后，都汇聚于 PLC 的 COM（0 V）端子，输入端子低电平有效，电流由 PLC 流向外部。

连接晶体管输出型的传感器等时，可以使用 NPN 开集电极型晶体管。在输入（X）端子和 0 V 端子之间连接无电压触点或是 NPN 开集电极型晶体管输出，导通时，输入（X）端子电平被下拉，为 ON 状态。此时，显示输入用的 LED 灯亮。如图 4-58 中的 X000 端口接的是 NPN 型传感器，X001 接无电压触点开关。几个输入点共用一个 COM（0 V）点。

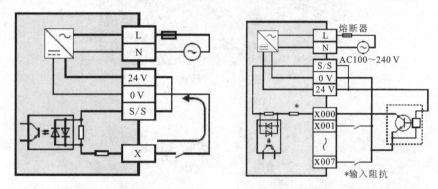

图 4-57　漏型输入　　　　　图 4-58　连接 NPN 开集电极型晶体管

b. 源型输入。

当 DC 输入信号是电流流向输入端子时，称为源型输入，如图 4-59 所示。PLC 的输入（X）端子经过输入元件（开关）后，都汇聚于 PLC 的 +24 V 或外部供电源的 +24 V 端子，输入端子高电平有效，电流由外部流向 PLC。

连接晶体管输出型的传感器等时，可以使用 PNP 开集电极型晶体管。在输入（X）端子和 +24 V 端子之间连接无电压触点或是 PNP 开集电极型晶体管输出，导通时输入（X）端子电平被拉高，为 ON 状态。此时，显示输入用的 LED 灯亮。如图 4-60 中的 X000 端口接的是 PNP 型传感器，X001 接无电压触点开关。几个输入点共用一个 +24 V 点。

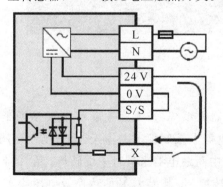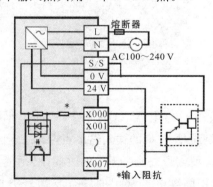

图 4-59　源型输入　　　　　图 4-60　连接 PNP 开集电极型晶体管

有的 PLC 可以用跳线更改源型或漏型输入。或者一个模块中,对输入端子进行分组,每一组有一个或两个公共点。每组的公共点接入不同的电源极端,则可成组改变输入类型。当不可避免地在一组中混合使用不同类型的传感器时,可用的方法如下:

方法 1:NPN 输出接继电器线圈,要带有常开和常闭触点的继电器,可随意选择近通还是接近断。所以提供一个最简单、最方便的方法:PNP 传感器+中间继电器=NPN 传感器;NPN 传感器+中间继电器=PNP 传感器。

方法 2:在 NPN 的集电极接一上拉电阻,这样就转为 PNP 集电极输出了;在 PNP 的集电极接一下拉电阻,就转为 NPN 集电极输出,但会反相。这种方式必须对上拉(或下拉)电阻进行计算,比较麻烦。方法 1 较简单。

②带载能力不足转换。

以 ABB 工业机器人标配的 DSQC 652 输入输出模块为示例,其输入输出参数如表 4-7 所示。

表 4-7　DSQC 652 输入/输出模块参数

输入点	
输入电压	1 状态:15～35 V。0 状态:−35～5 V
额定电压下的输入电流	5 mA(大约)
状态转换电压	12 V(大约)
响应延迟	4～6 ms
输出点	
额定输出电压	DC 24 V
输出后电压降	最大 0.5 V/500 mA
额定输出电流	500 mA/通道
电流限制	1.4 A
漏电电流	最大 0.1 mA
输出延时	最大 0.5 ms

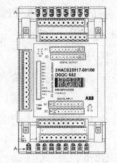

DSQC 652 输入/输出模块

从表中可以看出,其输出的带载能力是 500 mA/通道。当外接负载功率大于 12 W(DC 24 V)时,不能使用其直接驱动。必须使用中间继电器进行中继。当对中间继电器控制线圈通电时,通过的电流一般都小于 50 mA。

对 PLC 输出继电器型,其外部电源为 DC 30 V 以下、AC 240 V 以下,允许通断能力为电阻负载 2 A/通道,响应约 10 ms,电感性负载 80 W。当负载电流超限时,必须使用中间继电器进行中继,如图 4-61 所示(Y 为 PLC 输出端子):

晶体管型 PLC 也分为漏型输出和源型输出。

负载电流流到输出(Y)端子,这样的输出称为漏型输出(见图 4-62)。

负载电流从输出(Y)端子流出,这样的输出称为源型输出(见图 4-63)。

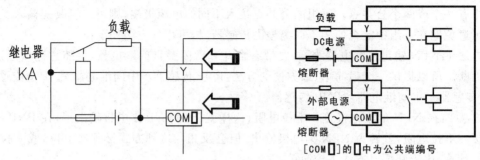

图 4-61　PLC 输出继电器型

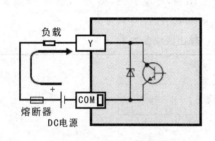

图 4-62　PLC 漏型输出

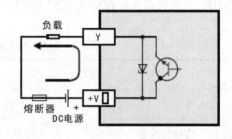

图 4-63　PLC 源型输出

有的 PLC 晶体管输出型有 1 点、4 点、8 点共 1 个公共端输出口的。在外部电源 DC 5～30 V 及电阻负载条件下,允许负荷(注意各 PLC 的技术参数,不同品牌 PLC 或模块有可能不一样)通常为:

输出 1 点:公共端,0.5 A 以下。

输出 4 点:公共端,0.8 A 以下。

输出 8 点:公共端,1.6 A 以下。

电感性负载:

输出 1 点:公共端,12 W 以下(DC 24 V)。

输出 4 点:公共端,19.2 W 以下(DC 24 V)。

当负载电流超限时,必须使用中间继电器进行中继。

③电压类型不同转换。

如果 PLC 的输出口带电是 DC 24 V 的,但是控制回路需要 PLC 提供的受控节点却是 AC 220 V 的,那么就必须在 PLC 输出口加上一个继电器来转换。即 PLC 指令发出时,继电器动作,使接到继电器常开或常闭触点上的控制回路的 AC 220 V 节点受控。同样常见的是进行 DC 5 V 控制节点转换。

(16)柜体面板。柜体面板应该提供如下的操作按钮及指示灯:系统上电按钮、系统断电按钮、工业机器人启动按钮、工作停止按钮、运行暂停按钮、暂停恢复按钮、紧急停止按钮、复位按钮,原点指示灯、柜体上电指示灯,如图 4-64 所示。

全位置(人为设定的原点位置),原点指示灯点亮。

当柜体外侧的总负荷开关合上时,柜体上电指示灯亮,表明柜体处于供电状态。在系统上电按钮之前,配置有上电允许钥匙开关。通过权限的设置有利于限制无授权人员对工业

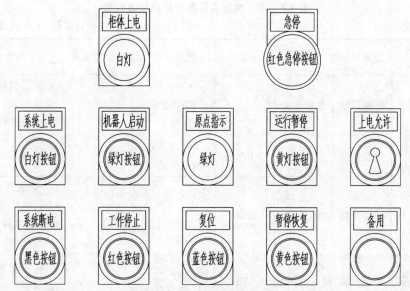

图 4-64　控制柜面板按钮

机器人系统进行非法上电,避免事故发生。当工业机器人处于自动运行状态时,工业机器人启动信号指示机器人进入运行状态。工作停止按钮是对一个还在运行的工业机器人系统进行停止申请,在工业机器人系统完成当前工作并回到工业机器人的原点位置后,机器人进入停止程序运行状态。运行暂停按钮是在工业机器人系统发生轻微异常情况下,允许工业机器人从当前工作位置退出到安全空间后,暂停当前工作,但是程序路径还在保持,当按下暂停恢复按钮时,工业机器人可以继续未完成的工作。紧急停止按钮按下后,工业机器人在当前位置被强制停止,同时强制锁定主线在工业机器人工位的动作。当工业机器人系统出现故障报警并人工处理故障点后,为保证安全,必须人工按复位按钮进行确认后,方可重新启动工业机器人系统。工业机器人工作完成一个循环后,回到一个固定的安(17)流水线体。由客户方提供流水线体。流水线体由线体 PLC 控制,主要负责整个生产线的运转。输送到达本项目工位的是转子底盘,生产节拍为 10 s。当转子底盘到达时,流水线体对其进行精确定位及固定,并通过以太网通信的方式给控制柜内的工业机器人系统 PLC 到位信号。接收到信号后,PLC 指示工业机器人进行装配。工业机器人装配完毕并退回到安全位置后,给工业机器人系统 PLC 发送安装完成信号,同时工业机器人系统 PLC 也通过以太网通信的方式给主线 PLC 发送安装完毕信号。主线 PLC 收到信号后,放行装配好的转子底盘。如此循环流水作业。

当工业机器人系统出现故障或急停时,由工业机器人系统 PLC 通过以太网通信的方式传送信号给主线 PLC。同理,主线出现故障或急停时,由主线 PLC 通过以太网通信的方式传送信号给工业机器人系统 PLC。

四、功能结构表内容确定

明确外围设备的结构及功能后,功能结构(图)表就是按照结构或功能的从属关系制成图表,图表中的每一个框或项都称为一个功能模块或功能项。功能模块(项)可以根据具体情况分得大一点或小一点,但尽量分解到具体的元器件。

确定后的功能结构表如表 4-8 所示。

表 4-8 工业机器人装配项目功能结构表

项目号:15-010 项目名称:工业机器人装配项目

序号	功能分类项目		功能回路	品名	品牌	规 格	单位	数量	功能、用途
1	工业机器人	手部手指夹具	控制回路	接近开关		DC 24 V,PNP 型,三线制	个	1	用于判断转子是否安装到位。转子安装不到位给低电平信号
			控制回路	电磁阀	SMC	DC 24 V,两位三通阀	个	1	控制手指气缸
			控制回路	磁感应开关	SMC	DC 24 V,P 型,三线制	个	2	安装于手指气缸上,用于判断手指是否夹持到位或放开到位
		工业机器人控制柜	控制回路	输入输出板	ABB	DSQC 652（标配 16I/O）	块	1	控制手指气缸电磁阀通断
			控制回路	以太网卡	ABB		个	1	与 PLC 进行通信
2	电控柜	面板	主电路	负荷开关	施耐德	VCD0,三相,AC 380 V	个	1	总电源通断
			控制回路	触摸屏	威纶	MT6070IH	块	1	终端信息显示及交互
			主电路	钥匙开关	施耐德	AC 220 V	个	1	主电路电源上电权限（允许上电）
			主电路	按钮	施耐德	AC 220 V,黑色	个	1	系统断电
			控制回路	带灯按钮	施耐德	DC 24 V,灯 DC 24 V,绿色	个	1	工业机器人程序启动
			控制回路	按钮	施耐德	DC 24 V,红色	个	1	工业机器人程序停止工作申请
			控制回路	带灯按钮	施耐德	DC 24 V,灯 DC 24 V,黄色	个	1	工业机器人程序暂停
			控制回路	按钮	施耐德	DC 24 V,黄色	个	1	工业机器人程序暂停后恢复运行
			控制回路	按钮	施耐德	DC 24 V,蓝色	个	1	报警复位
			主电路	带灯按钮	施耐德	AC 220 V,灯 AC 220 V,白色	个	1	系统上电
			主电路	急停按钮	施耐德	AC 220 V	个	1	面板紧急停止用

序号	功能分类项目	功能回路	品名	品牌	规格	单位	数量	功能、用途
2	电控柜	面板						
		主电路	触点模块	施耐德	DC 24 V	个	3	串接在急停按钮上,接入工业机器人控制柜中安全双回路触点,形成机器的紧急停止信号
		控制回路	三色报警灯	施耐德	DC 24 V	个	1	柜顶安装,用于报警
		控制回路	指示灯	施耐德	DC 24 V,绿色	个	1	工业机器人在原点位置指示
		主电路	指示灯	施耐德	AC 220 V,白色	个	1	柜体上电指示
		柜内						
		控制回路	PLC 电源	欧姆龙		块	1	与 PLC 配套 24 V 电源
		控制回路	PLC CPU	欧姆龙	CJ1M-CPU13	块	1	CPU 主机,客户指定型号,用于监控除工业机器人外的周边设备,并与主线体及工业机器人通信
		控制回路	PLC EtherNet /IP 单元	欧姆龙		块	1	以太网通信模块,提供联网功能
		控制回路	PLC 输入模块	欧姆龙	32 点,DC 24 V	块	1	外围控制输入信号
		控制回路	PLC 输出模块	欧姆龙	32 点,DC 24 V	块	1	外围控制输出信号
		控制回路	PLC 端子块连接电缆	欧姆龙		根	2	与输入、输出模块配套
		控制回路	PLC 端子块转换单元	欧姆龙		块	2	与输入、输出模块配套,提供连接端子
		控制回路	直流电源		120 W,DC 24 V	块	1	为控制回路提供 DC 24 V 电源
		控制回路	电源滤波器		AC 220 V	个	1	为直流电源提供电源预处理

序号	功能分类项目	功能回路	品名	品牌	规　格	单位	数量	功能、用途
2	电控柜	控制回路	以太网交换机	西门子		台	1	以太网通信中继点。主线体 PLC、本工作站 PLC、工业机器人以及以后可能升级而添加的以太网通信设备均由此接入网络
		控制回路	中间继电器及底座	施耐德	DC 24 V	个	待定	供 PLC 输出信号转换为线路控制开关信号(小电流控制大电流)
		主电路	熔断器		DC 24 V	个	1	直流电源后端过载及短路保护
		主电路	空气断路器	西门子	AC 220 V-2P	个	4	两相,AC 220 V。分别用于直流电源前端分断、维修用 220 V 电源插座(含柜内风扇及照明灯短路保护)分断、PLC 电源分断、接触器线圈短路保护
		主电路	空气断路器	西门子	AC 380 V-4P,带漏电保护	个	1	三相,AC 380 V。用于总配电及漏电保护
		主电路	空气断路器	西门子	AC 380 V-3P	个	1	三相,AC 380 V。用于给工业机器人控制柜配电
		主电路	交流接触器	西门子	AC 380 V-3P	个	1	三相,AC 380 V。通过按钮开关方便地控制系统的通电与断电。电器发生故障时,可自动切断电源。防止厂房停电再来电时机柜自动上电
		辅助回路	柜内照明灯		AC 220 V,12 W	盏	2	柜内照明使用
		辅助回路	柜内冷却风扇		AC 220 V,25 W	个	2	形成柜内循环空气流,冷却电气元件用

序号	功能分类项目		功能回路	品名	品牌	规　格	单位	数量	功能、用途
2	电控柜	柜内	辅助回路	门限开关		AC 220 V	个	2	控制柜内照明灯及风扇。门开灯亮,门关风扇开启。关门状态下,只能由负荷开关切断风扇电源
			辅助回路	维修插座		AC 220 V,两眼及三眼	个	各1	维修用插座
			附件	DIN 导轨		35 mm	米	待定	柜内电气元件固定用
			附件	布线槽		50 mm×50 mm	米	待定	布线用
3	安全围栏	进料口	控制回路	安全光栅及连接电缆	邦纳	DC 24 V,P 型	套	2	检测人员进出。当检测到有人员进入工作区域更换两个料仓之一时,机器人不允许到达该料仓工位进行工作
4	现场控制盒		控制回路	带灯按钮		DC 24 V,灯 DC 24 V,绿色	个	2	料仓一或料仓二上料。当料仓一或料仓二用完料后,人工进行更换。更换结束,人员退到围栏之外后,按相应的料仓号按钮进行上料。上料成功,灯亮
			控制回路	按钮		DC 24 V,黄色	个	2	取消上料用。取消上料后,上料灯熄灭并点亮缺料指示灯
			控制回路	急停按钮		DC 24 V	个	1	急停
			控制回路	按钮		DC 24 V,蓝色	个	1	复位用
			控制回路	指示灯		DC 24 V,黄色	个	2	用完料仓工件后,缺料指示灯闪烁,提示换料仓

序号	功能分类项目	功能回路	品名	品牌	规格	单位	数量	功能、用途
4	上料工位	控制回路	接近开关		DC 24 V,三线制,P 型	个	2	检测料仓是否存在并是否安置到位
6	附件及辅助材料	附件	快插套件			套	待定	箱体之间采用快插线缆方式进行布线连接
		附件	桥架			根	待定	外露线缆遮盖用布线槽
		附件	线缆			米	待定	各种连接线材
		附件	线鼻子			个	待定	端子接线用
		辅助材料	绕线管			米	待定	散线规整使用
		辅助材料	波纹管			米	待定	散线规整使用
		附件	标准件			套	待定	紧固件等

【任务实施】

在明确滤清器滤芯筒机器人搬运项目外围设备的结构及功能后,项目功能结构表以表格的形式呈现,按照机构或功能的从属关系组织表格结构,表中每一栏每一框都是以项目的某项功能或者结构作为属性,功能模块可按照其复杂程度进行拆分,尽量分解到具体的元器件这一级。参照表 4-8,制作滤清器滤芯筒机器人搬运项目功能结构表。

【归纳总结】

功能结构表设计过程就是把一个复杂的系统分解为多个功能较单一的模块。这种分解为多个功能较单一的模块的方法称作模块化。模块化是一种重要的设计思想,这种思想把一个复杂的系统分解为一些规模较小、功能较简单的、更易于建立和修改的部分,一方面,各个模块具有相对独立性,可以分别加以设计实现;另一方面,模块之间的相互关系(如信息交换、调用关系),则通过一定的方式予以说明。各模块在这些关系的约束下共同构成统一的整体,完成系统的各项功能。这是工业机器人系统集成的一种重要的设计方法。

【拓展提高】

在网络上检索功能结构图的样式,以上述制作的功能结构表为素材,将滤清器滤芯筒机器人搬运项目功能结构表以项目功能结构图的形式呈现出来,并对比图表的异同和优缺点。

◀ 任务4-3 绘制项目电气原理图 ▶

【任务介绍】

项目的功能结构表是项目设计的总体构架,而项目的详细电气设计是以电气原理图呈现的,电气原理图是表明项目相关设备和元件的工作原理,各个设备间的驱动控制关系的一种设计文件。电气原理图能够表达针对具体项目的电气能量的供给流向、控制驱动的机构和关系,它是描述电气系统的基本语言。针对案例项目的工艺需求和制作的项目功能结构表设计绘制对应的电气原理图,表达自己关于该项目的设计思想。

【任务分析】

电气原理图是项目工程师进行项目设计的设计语言。因此,绘制电气原理图首要的就是依据统一的国家标准进行制图,电气原理图所用的图形符号、文字标识、线型以及这些元素的布局都必须遵循国家标准。采用具体的结构化、模块化的设计思路将整个电气原理图按照电气系统中对应的功能模块进行划分,将滤清器滤芯筒机器人搬运项目的电气系统分为能量供给与保护部分、控制与驱动部分、传感部分、交互部分等,分别绘制这些部分的电气原理图。

【相关知识】

电气原理图是用来表明设备电气工作原理、各电气元件的作用及相互之间关系的一种文件。电气原理图一般由主电路、控制回路、输入输出电路等几部分组成。依据电气原理图,还要完成电气布置图、电气安装接线图等。

一、主电路设计

在工业机器人集成电气控制系统中,将高压(380 V/220 V)、大电流的回路称为主电路。在常见的工业机器人控制系统中,主电路通常包括如下部分:

(1)用于主电路通断控制的接触器、用于电路保护的断路器等;

(2)各种动力驱动装置的电源回路与动力回路,如驱动器电源输入回路及其通断控制的接触器、保护断路器、伺服电机的电枢回路、直流电机的励磁回路等;

(3)各种控制变压器的原边输入回路,包括通断控制的接触器、保护断路器等;

(4)用于供给控制系统各部分主电源的电源输入与控制回路,包括用于电源变压器、整流器件、稳压器件,以及用于电源回路控制的接触器、保护断路器等。

控制系统的主电路设计与其他电气控制系统无原则性区别,但必须符合有关标准的规定,并结合工业机器人控制系统的自身特点充分考虑系统的可靠性与安全性。

1. 电源总开关

根据 EN 60204-1(VDE 0113 第 1 部分)标准规定,为了使得整个控制系统与电网隔离,机械设备的电气控制装置必须安装电源总开关。

通过总开关,原则上应能断开设备中的所有用电设备电源,作为一个例外,当设备安装有需要在总电源切断情况下使用的安全保护装置（如维修用电源、维修用照明设备、安全防护的解锁装置等部件）时，这部分的电源允许直接连接在设备进线上，不需通过总开关分断。但是，即便如此，以上电路仍然需要安装独立的短路保护器件（如断路器等）。

2. 保护装置

为了对设备主电路进行可靠、有效的保护，设备中每一独立的部件都必须安装用于短路、过电流保护的保护器件（如断路器等），保护器件必须具有足够的分断能力，必须能够可靠分断被保护的用电设备或电机。

出于调试、维修的需要与系统的可靠性、安全性的考虑，原则上应对不同类型的主电路，如电机主电路、驱动主电路等，在每一部件独立安装保护器件的基础上对每一大类分类安装总保护断路器。

对于输入/输出点数、种类较多，构成复杂，控制要求较高的控制系统，当外部输入/输出信号共用电源时，应采用分组的形式进行供电，每组通过独立的保护断路器进行保护与通断控制。

3. 接地与抗干扰

从安全角度考虑，控制系统应安装总接地母线，用于电位平衡与接地。与主电路连接的各种独立电气控制装置，应有专门的、符合要求的接地连接线与设备接地母线进行连接，以防止干扰，提高可靠性。

系统中容易产生干扰或是容易受到外部干扰的电气控制装置，如PLC、数控装置、伺服驱动器、变频器等，应通过隔离变压器、滤波电抗器等与电源进行连接，以抑制线路干扰。

系统中需要通断的大功率负载，应在线路上安装浪涌电压吸收器，以抑制负载通断产生的过电压与干扰。

4. 控制电源

用于系统安全保护、紧急停机控制的装置（如制动器、安全门等）的辅助电源，应确保不会因"急停"等操作而分断。

系统中可靠性要求较高的控制部件，如PLC的电源输入，当它们为直流供电时，应尽可能采用独立的稳定电源进行供电，原则上不要与系统的其他控制回路与执行元件（如电磁阀，220 V、24 V控制回路等）共用电源。

PLC输入/输出所需要的传感器、开关、执行元件应尽可能采用外部电源供电的形式，以防止由于外部线路故障引起PLC损坏。

注意：在欧洲，目前已经对工业电气控制设备的主电路实行三相AC 400 V与单相AC 230 V标准，以取代传统的三相AC 380 V与单相AC 220 V标准。因此，在设计出口设备以及维修进口设备时，应引起注意。

5. 紧急分断

用于工业设备的电气控制装置，在出现危险情况时必须能通过紧急分断电路尽快使主机停止运行，以免对人或设备造成伤害。

标准规定，紧急分断的实现方法可以有如下两种：

(1)通过安装紧急分断开关分断。用于紧急分断的开关可以是手动的，也可以是通过控制回路的分断进行远距离控制。

(2)经过控制回路的设计，使得紧急分断通过唯一的主令开关就能分断全部有关的主电路。

对于紧急分断的操作部件,有如下要求:

(1)用于紧急分断的操作元件必须能够保持在"紧急分断"的位置,且只有通过手或工具(例如通过旋转复位、拉拔复位、使用钥匙等)直接作用于操作元件才能进行解除。

(2)紧急分断操作元件的常开、常闭触点必须满足强制执行条件。触点不允许有重叠接触的现象。

(3)紧急分断操作元件的常闭触点至少已经获得最小的断开间隙(完全断开),且可能的常开触点都已经处于闭合状态,联锁才能生效。

6. 主电路图

依功能分析及功能结构表,整理后的主电路示意图如图 4-65 所示。

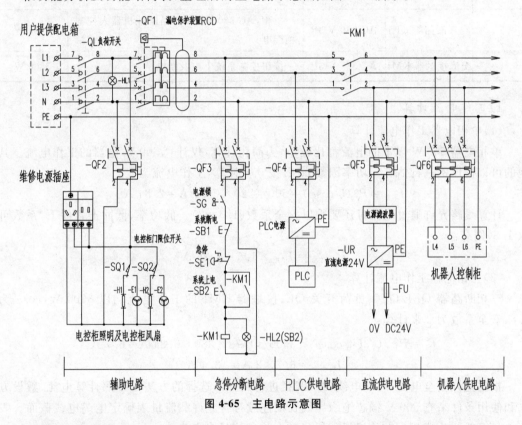

图 4-65 主电路示意图

7. 选择主电路的开关元件

断路器的选择必须保证断路器的分断能力大于安装点可能出现的最大短路电流。同时,通过计算选择也可以预知出现故障时,可能出现的最大短路电流。负荷开关、交流接触器也要满足负载的需求。

表 4-9 所示为各主要通断开关的负载功率表。

表 4-9 主要通断开关的负载功率表

序 号	名 称	规 格	用 途 说 明	负 载 功 率
1	负荷开关 QL	三相,AC 380 V	总电源通断	3500 W

序　号	名　称	规　格	用途说明	负载功率
2	空气断路器 QF1	AC 380 V-4P	总配电开关及漏电保护	3500 W
3	空气断路器 QF2	AC 220 V-2P	维修用 220 V 电源插座(含柜内风扇及照明灯短路保护)分断	最大 1000 W,常用 100 W
4	空气断路器 QF3	AC 220 V-2P	接触器线圈短路保护	50 W
5	空气断路器 QF4	AC 220 V-2P	PLC 电源分断	25 W
6	空气断路器 QF5	AC 220 V-2P	用于直流电源前端分断	200 W
7	空气断路器 QF6	AC 380 V-3P	三相,AC 380 V。用于给工业机器人控制柜配电	3000 W
8	交流接触器 KM1	AC 380 V-3P	按钮控制系统上电及断电	3500 W

1)工作电流计算

(1)单相电器工作电流计算。

单相电器 500 W 以下的电流都比较小,为简化计算,仅计算 500 W 电器的工作电流。其他的可以按比例进行估算。功率因数 $\cos\varphi$ 按 0.8 计算,工作电流为:

$$I_{单相} = P/(U\cos\varphi) = 500/(220 \times 0.8) \text{ A} = 2.84 \text{ A}$$

计算线路允许通过电流时还要乘以安全系数(1.5~2)。低功率、低冲击条件下,系数可取 1.5,则有:

$$I_{单相安全} = I_{单相} \times 1.5 = 4.26 \text{ A}$$

(2)三相电器工作电流计算。

三相断路器 QF1/QF6、负荷开关 QL、接触器 KM1 的工作电流均以 3500 W,$\cos\varphi$ 为 0.8、安全系数为 2 来计算:

$$I_{线} = P_{总}/(\sqrt{3}U_{线}\cos\varphi) = 3500/(1.73 \times 380 \times 0.8) \text{ A} = 6.7 \text{ A}$$

$$I_{线安全} = 6.7 \times 2 \text{ A} = 13.4 \text{ A}$$

根据允许安全电流,对配电线(缆)线径进行选择。选择的方法是按照计算电流、敷设方式和使用条件来查 500 V 铜芯绝缘导线长期连续符合允许载流量表确定电缆电线截面。表 4-10 所示为柜内常用铜芯绝缘导线线径的允许载流量参考表。

表 4-10　常用铜芯绝缘导线线径的允许载流量参考表

标称截面/mm²	单芯允许载流量/A	两芯允许载流量/A	三芯及四芯允许载流量/A
0.5	10	7.5	5
0.75	13.5	10	8
1	16	14	12
1.5	21	18	16
2.5	27	22	19

标称截面/mm²	单芯允许载流量/A	两芯允许载流量/A	三芯及四芯允许载流量/A
4	36	31	27
6	47	40	36
10	70	66	55
16	113	96	76
25	146	123	102
35	180	151	122

以上数据是线芯工作环境温度 35 ℃、线芯最高工作温度 65 ℃ 时的参考数据。在环境温度比较高或要求线芯工作温度较低的情况下,应适当降低线芯的安全载流量。例如:工作温度为 45 ℃ 时,校正系数为 0.84;工作温度为 55 ℃ 时,校正系数为 0.6。选择线缆时,一定要选择质量合格的线缆,否则线阻较高且容易被氧化,导致发热量大及线缆短路等不安全因素产生。

依表 4-10,对 500 W 以下的两相电器,选 0.5～0.75 mm² 的线径可以满足使用要求,对于 3500 W 以下的三相电器,选 2.5～4 mm² 的线径可以满足使用要求。

2)短路电流计算

(1)单相线路的短路电流计算。

主要考虑器件老化或接头松动产生的短路故障。依主电路构成图,两相电器的可能故障点有风扇、照明灯、KM1 的线圈、PLC 供电电源以及 24 V 直流电源。考虑它们在柜内回路布线单程约为 1 m,线径选择 0.75 mm²,则有:

短路回路电阻:

$$R_{单相} = \rho L/S = 0.0172 \times (2 \times 1)/0.75 \ \Omega = 0.0459 \ \Omega$$

短路电流为:

$$I_{单相短路} = U_{单相}/R_{单相} = 220/0.0459 \ A = 4793 \ A$$

(2)三相线路的短路电流计算。

三相用电设备主要为工业机器人控制柜。按配电距离 10 m、选 4 mm² 线径计算,则短路回路电阻:

$$R_{三相} = \rho L/S = 0.0172 \times (2 \times 10)/4 \ \Omega = 0.086 \ \Omega$$

则短路电流为:

$$I_{三相短路} = U_{线}/R_{三相} = 380/0.086 \ A = 4419 \ A$$

根据计算,选择分断能力大于 5 kA 的断路器能够满足使用的要求。

对于工业机器人控制柜,其上级所需要配置的断路器或其他保护开关,也可以按工业机器人厂家提供的技术资料要求来进行选择。

如 ABB 工业机器人厂家技术资料推荐的断路器的额定电流配置如图 4-66 所示。

又如,日本川崎工业机器人厂家技术资料对配电断路器的推荐如表 4-11 所示。

Robot	Voltage	Description
IRB 140, 1400, 1600, 2400, 2600, 260, 360, 4400	at 400-600 V	3x16 A
IRB 140, 1400, 1600, 2400, 2600, 260, 360, 4400	at 200-220 V	3x25 A
IRB 4600, 660, 66XX, 7600, 460, 760	at 400-600 V	3x25 A
IRB 4600, 660, 66XX, 7600, 460, 760	at 200-220 V	3x25 A
IRB 120, 140, 1600, 260, 360	at 220-230 V single phase	1x16 A

图 4-66　ABB 断路器的额定电流配置

表 4-11　日本川崎配电断路器

控制器型号	额定电流	额定电压	额定断流容量
T51	20 A	AC 380 V	5 kA(I_{cu})
		AC 415 V	2.5 kA(I_{cu})
T52	20 A	AC 380 V	5 kA(I_{cu})
		AC 415 V	2.5 kA(I_{cu})
T81	30 A	AC 380 V	5 kA(I_{cu})
		AC 415 V	2.5 kA(I_{cu})

3)线路电阻电压降核算

当布线长度比较长的时候,还需要对线路电阻引起的电压降进行核算。常用负载所允许的线路电压降在±5%左右(如有变频器,允许变频器线路的电压降在±3%左右),即两相线路允许的电压降为±11 V,三相为±19 V。在以上两种条件下,由 $U=RI$ 分别计算产生的电压降为:

$$U_{单相压降}=R_{单相}I_{单相}=0.0459×2.84 \text{ V}=0.13 \text{ V}$$

$$U_{三相压降}=R_{三相}I_{线}=0.086×6.7 \text{ V}=0.58 \text{ V}$$

以上计算结果表明,线路较短的情况下,线电路电压降影响不大。但是如果在上述条件下布线,两相电器间回路长度超过 80 m(11/0.13 m=84.6 m),三相电器间回路长度超过 300 m(19/0.058 m=327.6 m)时,必须认真评估线电路电压降对设备供电的影响。可以通过加大线径或减少单线的负载功率来降低线路电压降。

4)元件的品牌选择依据

如果由客户指定,则按客户指定品牌进行选择,如果没有指定,则应选择性价比高的产品。对生产条件要求比较高的,优先选用国外知名品牌,如 ABB、西门子、施耐德等品牌的产品,如果对器件要求没那么高,更多的是考虑价格因素,可以考虑选用国产品牌产品。由于本案例中客户指定主电路采用西门子器件,控制回路选择施耐德器件,故下文按指定品牌进行元件选型。

5）负荷开关 QL 的选择

负荷开关安装在柜体侧面或柜门上易于操作的位置。低压系统柜门安装用的施耐德品牌（在与客户无争议的条件下，可以变更产品品牌），可选择 Vario 系列负荷开关。

图 4-67 所示为 Vario 负荷开关的技术参数。

开关型号	高性能应用的 Vario		
约定发热电流	12A	20 A	25 A
工作电流 AC-23 A/400 V	8.1 A	11 A	14.5 A
极数	3..6	3..6	3..6
辅助触点数量	1..4	1..4	1..4
开关固定	螺钉固定，1 或 4 孔		
前端	固定 :1x Ø22.5 孔或 4x Ø22.5 螺钉		
后端	卡座安装，在「⌐」导轨上或螺钉固定		
可逆端子排	是	是	是
柜门安装	是	是	是
安装于柜体后部有门联锁	是	是	是

图 4-67　Vario 负荷开关的技术参数

依工作电流 13.4 A，选择约定发热电流为 25 A 的负荷开关。图 4-68 所示为 Vario 负荷开关的选型。

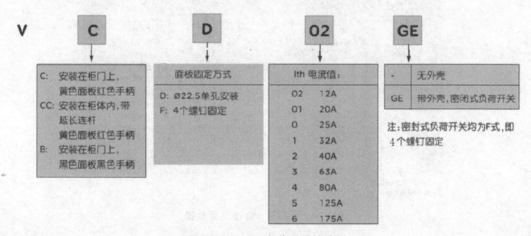

图 4-68　Vario 负荷开关的选型

安装在柜门上的可选 C 或 B 型（C 型操作手柄为红色，用于具备急停功能的场合；B 型操作手柄为黑色，用于不具备急停功能的场合）。依据操作的急停器件必须用鲜明的红色标记，操作器件的下部应用反差明显的黄色标记，以醒目地突出红色的手动操作件要求，综合选择开关型号为：VCD0。

6）断路器选型

西门子标准型小型断路器 1P～4P 有 5SJ 系列，1P＋N 有 5SY 系列，如图 4-69 所示。

依据之前的计算以及功能需求，选择 5SJ 系列的小型断路器，如图 4-70 所示。

选型后断路器表如表 4-12 所示。

产品名称	标准型小型断路器	标准型小型断路器	标准型小型断路器
产品型号	5SJ6	5SY30	5SY60
符合标准	IEC 60898/GB 10963	IEC 60898/GB 10963	IEC 60898/GB 10963
产品图片			
通过认证	CCC	CCC	CCC
额定电压 (V)	400/230 AC	230 AC	230 AC
额定电流 (A)	0.3~63	2~40	2~40
分断能力 (kA) IEC 60898(Icn)	6	4.5	6
IBC 60947(Icu)	10		
限流等级	3	3	3
隔离功能	有	有	有
级数	1P~4P 1P+N、3P+N	1P+N	1P+N
脱扣特性	C/D	B/C	B/C
机械寿命	20,000	20,000	20,000
接线能力	25mm²	16mm²	16mm²
电气附件	ST/UR/AS/FC/RC	ST/UR/AS/FC	ST/UR/AS/FC

图 4-69　西门子标准型小型断路器

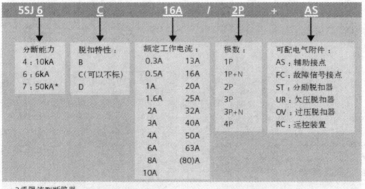

· 3级限流型断路器
· 具有隔离功能

图 4-70　西门子 5SJ 小型断路器

表 4-12　选型后断路器表

序　号	名　　称	规　格	额定工作电流	分　断　能　力	断路器型号
1	空气断路器 QF1	AC 380 V-4P	20 A	6 kA	5SJ6C20A/4P
2	空气断路器 QF2	AC 220 V-2P	6 A	6 kA	5SJ6C6A/2P
3	空气断路器 QF3	AC 220 V-2P	6 A	6 kA	5SJ6C6A/2P
4	空气断路器 QF4	AC 220 V-2P	6 A	6 kA	5SJ6C6A/2P
5	空气断路器 QF5	AC 220 V-2P	6 A	6 kA	5SJ6C6A/2P
6	空气断路器 QF6	AC 380 V-3P	20 A	6 kA	5SJ6C20A/3P

说明:在选择型号时,尽量把型号相近的归并为一个规格,以减少规格数,方便以后维修及准备备品配件。

低压断路器的选择性分析:

空气断路器 QF1 的下级为 QF3、QF4、QF5、QF6。QF1 为 20 A,脱扣曲线为 C 型;QF3、QF4、QF5 为统一规格,全选 6 A,脱扣曲线为 C 型的断路器。QF1 与 QF3、QF4 及 QF5 之间,均为部分(局部)选择性。选择性最大短路电流值为 160 A。QF1 与 QF6 的额定电流均为 20 A,不具备选择性。

也就是说,在短路电流值小于 160 A 的时候,如果 QF3(接触器 KM1 线圈)跳闸,QF4(PLC 电源)不断电,但 QF5(24 V 直流电源)及 QF6(工业机器人电源)会断电;如果 QF4(PLC 电源)跳闸,其他支线不会断电;如果 QF5(24 V 直流电源)跳闸,其他支线不会断电。但当短路电流超过 160 A 时,有可能就会引起故障点上一级断路器和 QF1 跳闸,从而断掉QF1 下所有回路的电。如果有必要进一步提高部分选择性的最大短路电流值,由于 QF3(接触器 KM1 线圈)及 QF4(PLC 电源)所带负载功率比较小,可以选择 5SJ62A/2P 的断路器。同时它们的选择性最大短路电流值可达 730 A,这样上下级选择性更强。

7)漏电保护装置选型

一般终端开关的漏电脱扣电流整定值为 30 mA,用于终端人体漏电保护。上一级支路开关的漏电脱扣电流整定值为 100 mA 或 300 mA,用于线路相地短路故障,以可靠断开接地故障。

必须注意:在有上下级断路器的线路中,上级断路器安置漏电保护装置,当下级电路中发生漏电情况时,则会让上级漏电保护装置断路直接跳闸,造成大面积断电。在这种情况下,需要认真评估大面积停电对线路的影响。如果没有负面影响可以考虑这样的配置。如果有不利因素或安全隐患,则应在下级添加灵敏度更高的漏电保护断路器(30 mA)以达到分级保护的目的。图 4-71 所示为西门子漏电保护装置一览表。

剩余电流保护器产品一览表					
产品名称	5SU9	5SU1	5SM2	5SM9	5SM3
产品图片					
认证	CCC	CCC/VDE	CC/VDE	CCC	CCC/VDE
符合标准	IEC 61009/GB16917	IEC 61009/GB16917	IEC 61009/GB16917	IEC 61009/GB16917	IEC 61008/GB16916
额定电压 (V)	230	230	230/400	230/400	125～230/230～400
额定电流 (A)	6~63	6~40	0.3~63	0.3~63	16~80
漏电动作电流 (mA)	10/30	30/300	10/30/300	10/30/100/300	10/30/100/300/500
漏电保护类型	A/AC	A/AC	A/AC	A/AC	A/AC
漏电保护方式	ELE	ELM	ELM	ELE	ELM
分断能力 (kA)	6/10	4.5/6/10			
限流等级	3	3			
过电压保护	有		有 (2P)		
隔离功能	有	有			
极数	1P+N	1P+N	2P/3P/4P	2P/3P/4P	2P/4P
脱扣特性	C/D	B/C			
接线能力	25mm²	25mm²	25mm²	25mm²	25mm²

图 4-71 西门子漏电保护装置一览表

依据额定电压380 V、漏电动作电流300 mA、极数4及电子式（ELE）条件，选5SM9系列的5SM925A/4P/300mA（5SM9系列漏电保护装置选型如图4-72所示）。

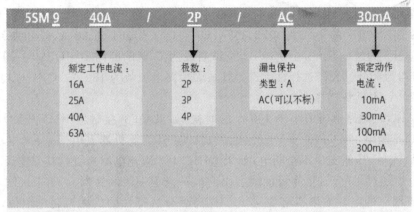

5SM9	40A	/	2P	/	AC	30mA
	额定工作电流： 16A 25A 40A 63A		极数： 2P 3P 4P		漏电保护 类型：A AC(可以不标)	额定动作 电流： 10mA 30mA 100mA 300mA

• 5SM9漏电附件63A以下与5SJ系列小型断路器拼装。

图4-72 5SM9系列漏电保护装置选型

8）接触器选型

选择西门子SIRIUS的3RT6系列接触器。图4-73所示为3RT6系列接触器一览表。

型号 规格		3RT60 1 S00				3RT60 2 S0			
3RT60 接触器									
型号		3RT60 15	3RT60 16	3RT60 17	3RT60 18	3RT60 23	3RT60 24	3RT60 25	3RT60 26
页数		2/6, 2/9, 2/13				2/7, 2/9, 2/13			
AC-3									
I_e/AC-3/400 V	A	7	9	12	16	9	12	17	25
400 V	kW	3	4	5.5	7.5	4	5.5	7.5	11
230 V	kW	1.5	2.2	3	4	2.2	3	4	5.5
690 V	kW	4	5.5	5.5	7.5	7.5	7.5	11	11
1000 V	kW	–	–	–	–	–	–	–	–
AC-4 ($I_a = 6 \times I_e$)									
400 V	kW	3	4	4	5.5	4	5.5	7.5	7.5
400 V (200 000 次操作专命)	kW	1.15	2	2	2.5	2	2.6	3.5	4.4
AC-1 (40 ℃, ≤ 690 V)									
I_e	A	18	22	22	22	40	40	40	40
接触器附件									
辅助触点	前装	3RH69 11		(2/15 页)		3RH69 11		(2/15 页)	
	侧装	3RH69 11		(2/15 页)		3RH69 21		(2/15 页)	
浪涌抑制器		3RT69 16		(2/16 页)		3RT69 26		(2/16 页)	

图4-73 3RT6系列接触器一览表

在主回路中，该接触器的工作并不频繁。只是在系统开机和关机时进行操作。可以选择工作类别AC-3的接触器。依其所带负载功率（3500 W）及工作电压（380 V），可在3RT6016系列或3RT6023系列之中选择。

3RT6016系列与3RT6023系列的主要区别在于集成辅助触点不同。依选型表，3RT6016系列集成辅助触点只能选常开或常闭。3RT6023系列则同时集成了常开及常闭辅助触点。依功能需求，只需要常开辅助触点来构成自保持电路，所以选3RT6016-1AN21（接触器线圈额定控制电压为220 V）。3RT6016系列参数如图4-74所示。

3RT60 1. -1A . . .	额定值			集成辅助触点		额定控制电压 U_s（交流 50/60 Hz）	订货号
	AC-2 及 AC-3[1]，T_u：至 60 ℃		AC-1，T_u：40 ℃				
	400 V 条件下的额定工作电流 I_e	400 V/50 Hz 条件下的电动机额定功率 P	690 V 条件下的额定工作电流 I_e				
	A	kW	A	NO	NC	V	
螺钉安装或 35 mm 标准导轨安装							
S00 规格							
9	4	22	1	–	24	3RT60 16-1AB01
					110	3RT60 16-1AF01
					220	3RT60 16-1AN21
			–	1	24	3RT60 16-1AB02
					110	3RT60 16-1AF02
					220	3RT60 16-1AN22

图 4-74　3RT6016 系列参数

9）熔断器 FU 选型

选择菲尼克斯的分断旋臂式保险丝端子 UK5-HESILED24。其可安装规格为 5 mm×20 mm、5 mm×25 mm 或 5 mm×30 mm 的保险丝。

熔断器实物图如图 4-75 所示。

图 4-75　熔断器实物图

其特点是，分断旋臂可向上打开并固定在终止位置上，分断旋臂内可装入保险丝。这种端子有带发光显示 UK5-HESILED（UK5-HESILED24 为 DC 15～30 V LED 显示灯，UK5-HESILED250 为 AC 110～250 V LED 显示灯）和不带发光显示 UK5-HESI 的型号供应。带发光显示的型号会在保险丝熔断时发出显示信号。适用电压范围为 15～30 V 的发光显示型保险丝端子在其分断悬臂上装有两个反向并联的发光二极管；适用电压范围为 110～250 V 的发光显示型保险丝端子则装有一个辉光灯。用连接销可将多个分断悬臂连接起来，以共同接通或断开一个三相交流回路。

图 4-76 所示为订货说明：

说明	发光二极管显示：电压[V AC/DC]	电流[mA]	型号	订货号	件数包装
保险丝端子，可安装在 ⌐ 形和 ⌐ 形导轨上，用于安装规格为5mm×20mm、5mm×25mm和5mm×30mm的G型保险丝			UK 5-HESI	30 04 10 0	50
保险丝端子，同上，带发光显示。	15～30	3.5～8.1	UK 5-HESILED 24	30 04 12 6	50
	110～250	0.5～1.0	UK 5-HESILA 250	30 04 14 2	50

图 4-76　订货说明

5 mm×20 mm 保险丝如图 4-77 所示。

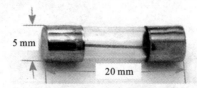

图 4-77　5 mm×20 mm 保险丝

以 24 V 直流电源输出最大功率 120 W 进行计算：

$$I_{max}=P/U=120/24 \text{ A}=5 \text{ A}$$

但是,要考虑对 DC 24 V 直流电源的下级元件 PLC 输出模块(PLC 输入及输出模块均采用外部电源供电)进行保护,PLC 输出触点最大允许通过电流为 4 A(10 ms),所以最终要选择额定电流为 4 A 的保险丝。

对于直流电路的短路保护,如没有特殊的要求,也可以选择专用的直流断路器。例如梅兰日兰(从 1920 年创立至 1992 年被施耐德电气收购。梅兰日兰 Merlin Gerin 是法国施耐德电气下属的配电品牌之一,也是世界上领先的配电品牌之一)的 C65N-DC、C65H-DC、C65L-DC 系列直流断路器,西门子的 5SJ5 直流系列断路器等。在实际应用中,也发现有的 24 V 直流电路中使用小型交流断路器来作为保护器件。如图 4-78 所示的－Q201 及－Q202 用来作为过载保护器件(热脱扣)。

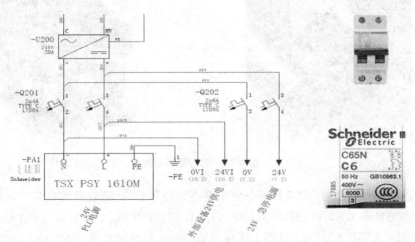

图 4-78　过载保护器件

交流断路器与直流断路器的最主要差别是灭弧室区域的不同。如西门子的 5SJ5 直流小型断路器在灭弧室区域中加装了永久磁铁。在直流回路中,这种设备产生很强的电磁力,迫使产生的电弧迅速进入灭弧室,从而迫使之尽可能快地熄灭。由于这个原因,直流开关都标注极性,在接线时务必注意开关的极性。

10)柜内风扇选择

对于柜内风扇规格,可以用以下的公式来计算选择：

$$Q=0.05P/\Delta T$$

式中,Q 为所需空气流量,m³/min;

P 为柜内发热功率,W;

ΔT 为柜内外的允许温差,℃。

柜内的发热元件主要有接触器(50 W)、24 V 直流电源(额定功率 120 W,效率 80%)、PLC(25 W)及中间继电器(约 10 W)。柜内外的允许温差控制在 10 ℃ 范围之内,则有:

$$Q=0.05P/\Delta T=0.05\times(50+120\times0.2+25+10)/10 \text{ m}^3/\text{min}=33 \text{ m}^3/\text{h}$$

依据所需空气流量选择合适的风扇。为安全考虑,也可以配置双风扇。当其中一个风扇因故障停止时,另一个风扇可以保证柜内的散热。

图 4-79 所示为带过滤网出口的轴流风机柜用散热风扇。

图 4-79　过滤网散热风扇

其余未提到的其他元件比较简单,按相关厂家的选型手册选型即可,在这里不再赘述。

二、主电路安全电路设计

1995 年欧洲共同体颁布了 89/392/EWG 有关成员国设备标准倾向统一的法令,即著名的"设备法令"。所有生产制造商必须声明其产品符合"设备法令"中相关标准的规定,并对此负法律责任。此外,设备必须带有"CE"标志,这表明设备已经符合标准的要求。

1. 电路安全等级划分

根据欧洲机器安全标准 EN 954-1,危险等级分为 B、1、2、3、4 五个等级,危险等级依次增高,等级 4 为最高的危险等级。危险等级的划分和确定如图 4-80 所示。

S_伤害的程度:
1=轻伤
2=重伤或死亡
F_面临危险的时间和频率:
1=从无到经常发生
2=从经常发生到持续发生
P_避免危险的可能性:
1=在特定条件下可能
2=几乎不可能

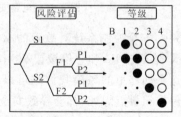

图 4-80　危险等级划分

在完成一台机器(或其中某一部分)的风险评估、确定其危险等级后,就必须采取一系列的措施来降低风险。如一台机器(或其中某一部分)的危险级别确定为 4 级,那么相应的安全控制回路的安全等级也必须为 4 级。

2. 各安全等级的基本电路

这里介绍的是作为保护门的互锁装置,以在组合安全开关后形成的电气式互锁装置的安全控制系统为示例，用简单的电路介绍各安全等级的区别。电路示例使用的安全部件类具备标准规定的开关，具备强制断开动作机构，对继电器应具备强制导向触点机构等。通过设计，使这些功能在安全控制系统整体构筑中发挥作用，安全部件不能单独构筑相应的系统。

该互锁装置的示例只是机械控制系统中确保安全性的一个构成部分，所以有必要对机械整体的作业环境、进入危险区域的频度、危险消失的时间等进行评价，同时还必须设计、选择、构成符合该机械整体安全等级的对应手段。

1）安全等级 B

安全等级 B 适用于其他等级，为通用的基本安全原则，一般不适用于保护门的互锁装置。安全等级 B 的典型接线示例如图 4-81 所示。

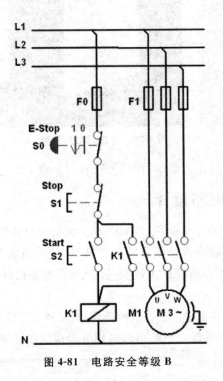

图 4-81　电路安全等级 B

在安全等级 B 中，安全控制系统对故障的承受能力主要是通过采用适当的元器件来实现。如图 4-81 所示，熔断器 F0 和急停按钮 S0 串联在主控回路中。若采用合理的熔断器和可靠的急停按钮，这个回路里的风险我们是可以接受的。但当安全控制回路中出现任何一个单一故障，如急停按钮触点焊死，都会导致安全功能的丢失。故这个控制回路的安全等级只能够是 B 级或 1 级。在危险机械的设计中，等级 B 和等级 1 很少使用。通常最常使用的是等级 2、3、4。

2）安全等级 1

安全等级 1 要求使用成熟的元器件，即在相似的应用领域有过广泛和成功的使用或是根据可靠的安全标准制造的元器件，以及使用成熟的技术。

使用 1 个限位开关控制的电路如图 4-82 所示。

主要的安全功能如下：

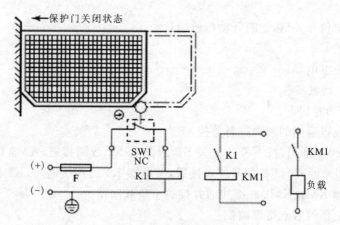

图 4-82　安全等级 1

SW1 安全限位开关(强制断开动作机构);K1 继电器;KM1 接触器

(1)考虑到接地故障的安全电路的基本构成。

设计的电流路线为(+)→F→SW1→K1→接地及(−)。如果电流从电源(+)经由非设计路线通向电气接地系统与电源(−)形成回路时,导致接地故障,从另一个角度来说,输入的开关接线短路或电线外皮破损而引起接地的可能性时,必须预防因此而引起的机器突然启动。这对附近的人员非常危险并可能导致设备损坏。K1 接地故障保护继电器可针对此类情况提供必要的保护。当接地故障时,电流未流经 K1 而使 K1 断开接触器,使负载断电停止工作。

(2)通过正动作型的安全开关 SW1 强制断开控制回路。

(3)构成部件(开关、继电器等)应使用符合例如 EN 标准等标准的合格品。

3)安全等级 2

满足等级 B 及等级 1 的要求。使用 1 个限位开关的控制电路如图 4-83 所示。

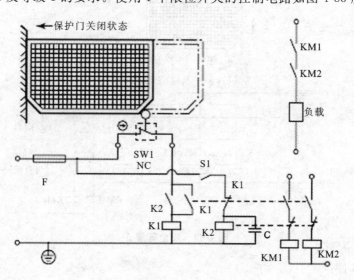

图 4-83　安全等级 2

使用部件：

SW1：安全限位开关（强制断开动作机构）。

S1：复位开关。

K1、K2：安全继电器。

KM1、KM2：接触器。

主要的安全功能如下：

(1)控制系统以适当的间隔进行监控。

门关闭后，SW1 常闭，按下复位开关 S1，继电器 K2 线圈接通，K2 常闭触点断开（接触器 KM1、KM2 回路断开），K2 常开触点接通，继电器 K1 线圈接通后，K1 自保持并断开 K2 线圈回路，接触器 KM1、KM2 线圈接通并接通主负载回路。

(2)安全继电器的触点熔焊监控。

在这个回路中，安全继电器 K1 及 K2 具有强制导向机构。当其中有一个输出常开触点发生故障时（熔焊时），线圈在无激磁状态下，所有的常闭触点必须保持 0.5 mm 以上的间隔。或是当有一个常闭触点发生故障时（熔焊时），线圈在无激磁状态下，所有的常开触点必须保持 0.5 mm 以上的间隔（详细原理见后述的安全继电器内容）。如果 K1 常开输出触点出现熔焊，K1 辅助触点被顶开，S1 按下后，K2 线圈回路不能接通，系统不能进入工作状态。同样，如果 K2 常闭输出触点出现熔焊，K2 辅助触点被顶住，S1 按下后，K1 线圈回路不能接通，系统不能进入工作状态。

注意：这两个监视过程是在按下 S1 的时候进行测试的。在两次测试之间的单一故障，会使安全保护功能失效。

4）安全等级 3

满足等级 B 及等级 1 的要求。使用 2 个限位开关的控制电路如图 4-84 所示。

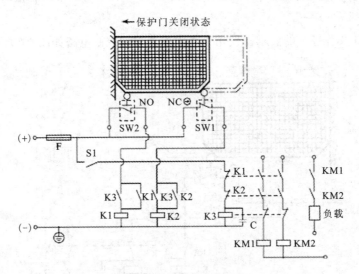

图 4-84　安全等级 3

使用控制部件：

SW1：安全限位开关（强制断开运行机构）。

SW2：限位开关。

S1：复位开关。

K1、K2、K3：安全继电器。

KM1、KM2：接触器。

主要的安全功能如下：

(1)开关输入部件的冗余性：正动作(SW1)和负动作(SW2)的 2 个开关并联，重复输入，降低共通故障，提高可靠性。

(2)继电器电路部分的冗余性：并联重复继电器线圈的操作电路，提高可靠性。(K1、K2)

(3)继电器输出部分的冗余性：继电器单元输出电路重复并联，提高可靠性。(KM1、KM2)

(4)启动时安全功能的自动检查：由安全电路的输出继电器自动检查各继电器触点的故障，如果电路中有故障，禁止启动操作。(K3)

(5)触点熔焊的监视：监测得知继电器 K1、K2 的触点熔焊时，将磁接触器 KM1、KM2 的线圈电源断开。(K3)

(6)保护门的互相监视：通过正动作(SW1)和负动作(SW2)的开关监视保护门的开关状态。

5)安全等级 4

单故障安全的要求在这里一样适用，但所有可能隐蔽的故障必须能够被识别。也就是说，控制类别 4 中故障识别的措施要严格得多，以至于多到故障的积累。另外，有规律地且频繁地对安全电路进行检验是很有效的措施。

等级 4 满足等级 B 及等级 1 的要求。使用 2 个限位开关的控制电路如图 4-85 所示。

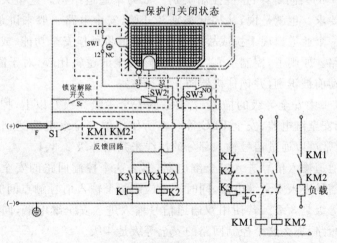

图 4-85　安全等级 4

使用控制部件：

SW1：电磁锁安全门开关(强制断开动作机构)。

SW2：锁定监视器开关。

SW3：安全限位开关(强制断开动作机构)。

S1：复位开关。

K1、K2、K3：安全继电器。

KM1、KM2：接触器。

主要的安全功能如下：

（1）开关输入部件的冗余性：正动作（SW1）和负动作（SW2）的 2 个开关并联，重复输入，降低共通故障，提高可靠性。

（2）停电时也可以维持保护门的锁定状态的设计。

（3）具备防止误操作方法的设计。

（4）继电器电路部分的冗余性：重复继电器线圈的动作电路，提高可靠性。（K1、K2）

（5）继电器输出部分的冗余性：并联、重复界面继电器单元输出电路部分，提高可靠性。（KM1、KM2）

（6）反馈回路：把连接到界面继电器单元输出电路的 KM1、KM2 的常闭触点（串联连接）反馈到控制回路继电器单元，提高可靠性。

（7）短路保护的检测：具有 2 通道输入，在各通道间产生电位差。如果门开关短路（SW2 与 SW3 之间），电流直接从 SW2 流向 SW3，不能流过 K1 及 K2 线圈，将磁接触器 KM1、KM2 线圈电源断开。

（8）启动时自动检查安全功能：由安全电路的界面继电器自动检查各继电器触点的故障，如果电路中有故障，禁止启动操作（K3）。即使磁接触器常开触点熔焊，常闭触点也要确保 0.5 mm 以上的间隙。

（9）触点熔焊的监视：检测得知控制回路继电器 K1、K2 及接触器 KM1、KM2 的触点熔焊，将磁接触器 KM1、KM2 线圈电源断开。（K3）

（10）保护门的监视：监视保护门的关闭状态（SW1/SW3）和锁定状态（SW2）。

对类别 B、1、2 的共同解释：这些控制类别一般为单通道结构。这里关系到对已经讲过的单故障安全的要求。也就是说，从控制类别 3 开始，安全电路一般来讲是冗余结构，即双通道。如果其中一个通道出现干扰或故障，第二个通道将承担安全功能，或者由于两通道间出现矛盾则会断路。原则上，控制类别 3 涉及故障安全的逻辑比较，对于隐蔽的故障，应最晚在机器下次启动前被识别，并锁住机器防止再运转。

根据 EN 954-1 中安全等级的描述，若要达到安全等级 2 级及以上，控制部分必须使用安全的元器件，如安全继电器、安全 PLC 等。在所使用的安全继电器达到要求的安全等级的基础上，我们通常可以通过信号输入部分的接线来判断等级 2、3、4。

若是使用单通道输入信号进入安全继电器，那么这个控制回路的安全等级是 2 级。若使用双通道输入信号进入安全继电器，同时不可检测两个输入信号触点间的短路，那么这个控制回路的安全等级是 3 级。若使用双通道信号输入进入安全继电器，同时可检测两个输入信号触点间的短路，那么这个控制回路的安全等级是 4 级。

3. 安全继电器

1）安全继电器及安全继电器模块

所谓安全继电器是指利用不同于一般继电器的强制导向触点机构，在触点熔焊时也能确保安全的继电器。安全继电器触点的动作寿命要在 1000 万次以上。安全继电器如 SIEMENS 公司的 3TK28 系列接触器安全组合装置、Pilz 公司的 PNOZ 系列紧急分断特殊继电器、ELAN 公司的 SRBF 系列紧急分断特殊继电器等标准产品。

安全继电器使用强制导向触点机构,其主要目的就是不让继电器内部常开触点及常闭触点处于同时接合状态。当其中有一个常开触点发生故障时(熔焊时),线圈在无激磁状态下,会通过物理手段将所有的常闭触点顶开保持 0.5 mm 以上的间隔。或是当有一个常闭触点发生故障时(熔焊时),线圈在无激磁状态下,所有的常开触点必须保持 0.5 mm 以上的间隔。说简单一点就类似于机械互锁,如图 4-86 所示。

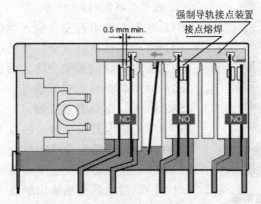

图 4-86 安全继电器使用强制导向触点机构

具有安全要求的机器中,普通的继电器或者 PLC 被广泛地作为控制模块,对安全功能进行监控。从表面看来,这样的机器在一定条件下也能够保证安全性。但是,当普通的继电器和 PLC 由于自身缺陷或外界原因导致功能失效时(如触点熔焊、电气短路、处理器紊乱等故障),就会丢失安全保护功能,引发事故。

安全继电器模块是由数个安全继电器与一些电路所组成之继电器模块,再经含有安全检测装置之安全性验证电路来预防因机器操作人员犯错或是机器故障所引起的危险事项。

可以运用安全继电器模块,配合以下原有的安全保护开关,达到更好的防护效果。

(1)使用电磁锁的门锁开关,以确保作业区的安全(机器不能立即停止)。

(2)使用紧急停止开关在紧急情况下停止机器。

(3)使用钥匙配合安全门开关作为检测门开闭之用(机器需立即停止)。

(4)使用安全限位开关,检测门的位置、开或关。

(5)使用安全光栅,防止工作人员进入危险工作范围。

(6)使用安全脚踏开关,以确认机器操作人员已进入工作区。

(7)使用两手按压开关,确认机器操作人员双手已离开危险工作区。

以上各种安全开关搭配皆可以配合安全继电器模块的应用,作为机械安全防护装置,减少危险发生的机会,以创造更加安全的工作环境。

而对于安全控制模块,由于其采用冗余、多样的结构,加之以自我检测和监控、可靠电气元件、反馈回路等安全措施,保证在本身缺陷或外部故障的情况下,依然能够保证安全功能,并且可以及时将故障检测出来。从而在最大限度上保证了整个安全控制系统的正常运行,保护了人和机器的安全。

2)Pilz(PNOZ X3)安全继电器及简单控制回路

以 Pilz(PNOZ X3)安全继电器为例,做触点说明及简单控制回路介绍。

(1)Pilz(PNOZ X3,见图 4-87)安全继电器说明。

图 4-87　PNOZ X3 急停继电器

PNOZ X3 急停继电器装在 P93 的外壳中,共计有 9 种不同的型号适用于交流电,1 种适用于直流电。标准电压为 AC 230 V/DC 24 V。

Pilz(PNOZ X3)触点说明:

A1 和 A2:电源(AC 220 V、110 V)。

B1 和 B2:电源(DC 24 V)。

S11 和 S12:继电器安全输入触点 1(N/C)。

S21 和 S22:继电器安全输入触点 2(N/C)。

S31 和 S32:继电器安全输入触点 3(N/C)。

S13 和 S14:继电器重置触点。

S33 和 S34:继电器重置触点。

13 和 14:继电器安全输出触点 1(N/O)。

23 和 24:继电器安全输出触点 2(N/O)。

33 和 34:继电器安全输出触点 3(N/O)。

41 和 42:继电器辅助输出触点 1(N/C)。

安全继电器 LED 灯说明:

POWER 绿灯:电源指示灯。

CH.1 绿灯:安全输入回路 1 指示灯。

CH.2 绿灯:安全输入回路 2 指示灯。

安全继电器内部接线示意图如图 4-88 所示。

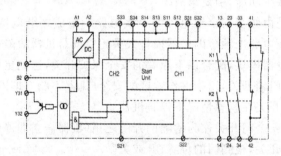

图 4-88　安全继电器内部接线示意图

安全继电器特点如下:

继电器输出:3 个安全触点(常开)、1 个辅助触点(常闭)。

PNOZ X3 急停继电器用于紧急停止,可连接急停按钮、安全门按钮和启动按钮。

安全继电器功能如下:

电源电压显示。

继电器状态显示。

能够检测外部保护回路状态。

晶体管输出端口显示继电器进入准备状态。

此继电器可满足下列要求:

闭合条件全部由自身监控。

当有部分元件损坏时,仍然具有保护作用。

在每次工作循环中都会自动检测安全继电器工作是否正常。

交流继电器有抗短路电源变压器,直流继电器装有电气保险。

安装使用:

出厂状态:S11、S12 之间短接。

在应用时应注意只有输出触点 13、14/23、24/33、34 是安全触点,输出触点 41、42 为辅助触点,只能用于显示。

(2)应用列举。

在使用安全继电器时,根据用户手册仔细确认输入回路的接线(见表 4-13)是否正确。

表 4-13　安全继电器输入回路的接线

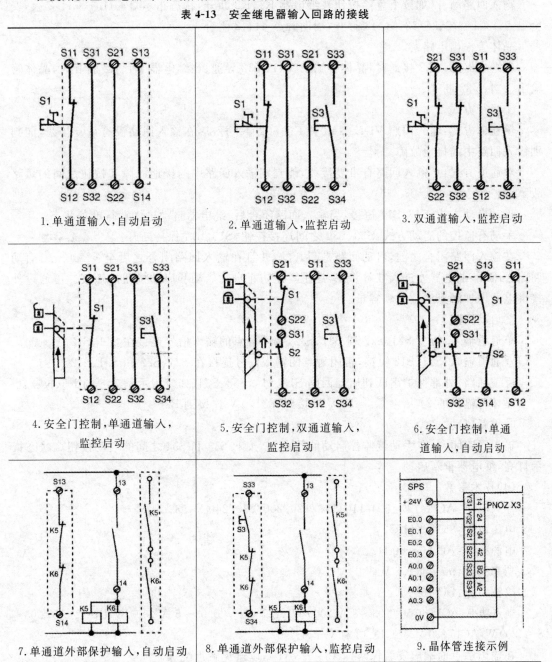

1.单通道输入,自动启动

2.单通道输入,监控启动

3.双通道输入,监控启动

4.安全门控制,单通道输入,监控启动

5.安全门控制,双通道输入,监控启动

6.安全门控制,单通道输入,自动启动

7.单通道外部保护输入,自动启动

8.单通道外部保护输入,监控启动

9.晶体管连接示例

(3)功能描述。

当接通电源后,PNOZ X3 急停继电器 LED 指示灯"POWER"亮。LED 指示灯"POWER"不亮,表示线路短路或没有电源。

当启动回路 S13、S14 接通,或触点 S33、S34 打开又闭合之后,继电器才进入准备状态。

输入回路接通(如未按下急停按钮,应用示例 1~3 中的 S1 按下):继电器 K1、K2 接通,并通过自锁保持,状态指示灯 CH.1、CH.2 亮,安全触点 13、14/23、24/33、34/43 闭合,辅助触点 41、42 断开。

输入回路断开(如按下急停按钮):继电器 K1、K2 断开,状态指示灯 CH.1、CH.2 灭,安全触点 13、14/23、24/33、34/43 打开,辅助触点 41、42 闭合。

晶体管输出电路:

当继电器 K1、K2 接通时,晶体管输出 Y31、Y32 导通;当继电器 K1、K2 断开时,晶体管输出 Y31、Y32 断开。

①运行方式。

单通道方式:输入按照 VDE 0113 和 EN 60204-1 标准,在输入回路没有重复接线,能判别输入回路中的接地故障。

双通道方式:在输入回路有重复接线,能判别输入回路中的接地故障和按钮之间的短路故障。

自动启动方式:S13、S14 短接,当输入回路闭合后,继电器自动进入运行准备状态。

手动有监控的启动方式:S33、S34 之间连接按钮,S13、S14 保持断开。

在输入回路闭合之前,启动回路是断开的,并且在输入回路闭合之后至少 300 ms,启动回路再闭合,继电器才进入准备状态,这主要是防止自动启动和启动按钮的短接。可通过外接继电器增加触点的数量和容量。

②启动回路。

单通道输入:短接 S21、S22 和 S31、S32,常闭触点的输入信号连接在 S11、S12。

双通道输入:S11、S12 短接,常闭触点的输入信号连接在 S21、S22 和 S31、S32。

反馈回路:外部保护串联到启动回路 S13、S14、S33、S34(如应用示例 7、8 的 K5、K6)。

晶体管输出的 24 V 电源:+24 V 连接到 Y31,0 V 连接到 B2。

③重新启动。

输入回路闭合,在手动带监控启动的状态下,按下 S33 和 S34 之间的启动按钮。状态指示灯亮,继电器重新启动。

(4)技术参数。

输入电压:AC 24/42/100/110/115/120/200/230/240 V,DC 24 V。

电压范围:85%~110%。

电源频率:AC 50~60 Hz。

功率消耗:max 4/1.5 W。

纹波系数:DC 160%。

触点功率:AC1 240 V/0.03~8 A/2000 W,AC1 400 V/0.03~5 A/2000 W,DC1 24 V/0.03~8 A/200 W,AC15 230 V/5 A,DC13 24 V/7 A。

在输出触点前端应安装保险(4AT/6.3AF),以避免触点烧坏。

最大电缆长度：

单通道无按钮短路检测：线径 1.5 mm² 时，DC/AC 1000 m。

双通道有按钮短路检测：线径 1.5 mm² 时，DC/AC 1000 m；线径 2.5 mm² 时，DC/AC 1500 m。

(5)安全继电器本体检测。

由于输入回路的短路检测功能并不是绝对可靠，在出厂时继电器已经经过检查。在安装后还可以按下列步骤对继电器的功能进行检查：

①使继电器处于运行准备状态。

②短接检测端 S12、S22 检查短路保护功能。

③继电器内部保险动作，输出触点断开，如果电缆太长，接近极限长度，则保险的动作时间可能会延长到 2 min。

④保险复位：去掉短接线，并将继电器关断约 1 min，然后再送电。

(6)接线。

接线应使用耐温 60~75 ℃的铜线。

电源为交流时，接线端子 A1、A2 接电源，地线与保护接地相连。当使用直流 24 V 时，接线端子 B1、B2 接电源。

(7)安全继电器安装后检查测试。

送电前之检查：

①连接的输入开关设定位置是否正确。

②确认紧急开关是否释放及安全门开关是否闭合。

③配线完成后用电表量测电源输入端是否有短路现象。

④量测安全继电器输入端是否导通。

⑤采用自动复位模式时请确认，复位触点需要有接线。

送电后之检查及测试：

①检查各灯是否显示正常。

②让紧急开关动作，看安全继电器模块是否能正确动作。如配合安全开关使用，也需确认安全开关是否能让安全继电器模块动作。

③紧急停止开关释放后，需按手动复位按钮才能重新启动(采用手动复位模式时)。

(8)安全继电器故障。

有 3 种可能会导致安全继电器没有输出：接线问题、安全继电器内部故障、外围输入设备故障。

首先，检查接线是否正确。每个型号的安全继电器的接线方式都是不同的，但接线的理念都是一样的(输入回路、复位回路、反馈回路的接线)。所以我们按照输入回路、复位回路、反馈回路这样的顺序来检查接线是否正确。

其次，检查输入回路的接线。确定安全继电器是按照单通道输入方式接线还是双通道方式接线。单通道输入回路中只有 1 对触点，双通道输入回路中有 2 对触点。根据用户手册仔细确认输入回路的接线是否正确。

如果接线都是正确的，那就有可能是安全继电器本身的问题。这时我们就需要通过短接输入回路、反馈回路，选择自动复位方式来强制安全继电器有输出。如果 CH.1 和 CH.2

灯亮,即安全继电器有输出,则说明安全继电器本身没有问题。问题肯定出在安全继电器的外围设备上。

外围设备故障一般分为以下几类:

①输入回路上发生触点焊死状况。这个故障有如下特点:如果是手动复位方式,此时 CH.1 灯会长亮,但 CH.2 灯不亮,按下复位按钮 CH.1 和 CH.2 都会熄灭。如果是自动复位方式,CH.1 和 CH.2 灯都不亮。可以通过短接某个输入通道来找出哪个输入通道上发生了触点焊死状况。

当解决了这个故障之后需要拍下急停按钮再释放才能使得安全继电器再次工作(如果是手动复位的话还需按下复位按钮)。

②输入回路上发生触点间短路故障。此时安全继电器的三个状态显示灯 POWER、CH.1、CH.2 都会熄灭。可以使用万用表来检测输入回路上触点间的短路故障。

③反馈回路上的常闭触点处于常开状态。此时安全继电器的 CH.1 和 CH.2 灯都会熄灭。这个故障通常是由于输出回路上外接的中间继电器或者交流接触器发生了常开触点焊死的状况而产生的。

4. 安全电路设计准则

1) 紧急分断的安全电路设计要点与要求

根据 EN 60204-1 标准规定,紧急分断的安全电路设计要点与要求如下:

(1)用于紧急分断的接触器,必须通过若干个接触器的触点同时工作,以实现冗余,保证在一个接触器故障时,安全回路仍然能够保持有效。

(2)安全电路使用的接触器,其常开、常闭触点必须满足强制执行条件,常开、常闭触点不允许有同时接通的现象。

(3)用于紧急分断的安全电路,不允许通过 PLC 进行控制,必须使用机电式执行元件,如接触器等。

(4)用于紧急分断的安全电路,不允许在线路中接入紧急分断控制的主令元件、控制触点以外的其他继电器/接触器触点、线圈等电气元件。

2) 安全功能分类

(1)防短路功能。安全线路一般使用双回路控制,即使有一条线路发生短路,依然能防止设备在不满足要求的状态下运行,另外安全继电器和安全 PLC 都有短路诊断功能。

(2)防粘连功能。安全继电器与普通继电器不同,普通继电器在长时间电弧的作用下有可能发生触点的粘连,而安全继电器由于其特殊的结构,能保证在回路不满足条件的情况下触点强制断开。

(3)安全区域功能。通过安全门锁和安全光栅行程指定安全区域,一旦进入安全门或穿越光栅,在安全控制的作用下设备能够强制停机,保证生产人员的安全。

(4)冗余功能。安全 PLC 和安全总线都具有冗余功能,确保在外界干扰下安全性能不受影响。

3) 主电路紧急分断电路分析

主电路紧急分断电路分析如图 4-89 所示。

(1)运动部分主要是工业机器人。当设备故障时,需要对工业机器人进行紧急停止。

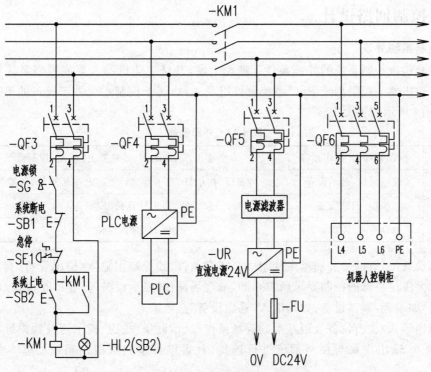

图 4-89　主电路紧急分断电路分析

（2）由于没有其他的运动部件，所以，安全回路上只需重点考虑工业机器人的本体驱动电源的分断。

（3）开机时，钥匙电源锁 SG 闭合，按下系统上电按钮 SB2，接通 KM1 线圈电源，然后通过 KM1 的常开辅助触点自保持，KM1 的主触点接合，以给工业机器人及 24 V 直流电源供电。

（4）用于紧急分断的主令元件是急停按钮 SE1。当急停按钮拍下后，断开接触器 KM1 的常开辅助触点，从而切断接触器线圈电源，进而断开工业机器人及 24 V 直流电源。

（5）这种急停分断电路安全等级只能够是 B 级。由于没有冗余接触器，当 KM1 出现故障时，拍下急停按钮后有可能无法分断工业机器人及 24 V 直流电源的电源而可能引发事故。

（6）为解决这个问题，如前所述，可以利用工业机器人 ES 双安全回路进行处理。具体做法是在急停开关增加两对常闭模块，并将常闭触点串接入工业机器人的 ES 双安全回路中。当拍下急停按钮后，强制断开工业机器人电源及断开工业机器人控制柜内驱动板到工业机器人本体的驱动电源。

（7）PLC 的输出电路由外部 24 V 直流电源供电，同时急停开关另一组常闭触点接入 PLC 的强制停止输出的输入点上。当急停开关拍下时，PLC 组件供电不断开，但 24 V 直流电源供电被切断。一方面 24 V 直流电源直接断开了 PLC 的输出，另一方面 PLC 得到信号，启动紧急停止程序，强制输出端口的输出，也形成了一个冗余安全措施。

（8）根据以上的分析，安全方面可以得到保障。

三、控制回路设计

1. 控制系统外设

外设是构成控制系统的外部条件。理论上说,凡是工业机器人集成控制系统所需要的不属于工业机器人控制柜及 PLC 系统硬件组成的,均属于控制系统外部设备的范畴。外设包括表 4-14 所示的 4 大类。

表 4-14　外部设备

外部设备	控制用输入/输出设备	各类开关、电磁阀、接触器、传感器、控制器等
	现场操作/显示设备	按钮、指示灯、显示器、显示仪表、文本单元、触摸屏等
	编程/调试设备	编程器、通用计算机、EPROM 写入器等
	数据输入/输出设备	打印机、存储卡等

外部设备中,有的是实现基本控制所必需的条件,如控制用输入/输出设备;有的是部分控制系统为满足特殊的控制要求所需要的,如现场操作/显示设备等;有的是编程、调试所需要的工具,如编程/调试设备、数据输入/输出设备等。

控制用输入/输出设备及最基本的现场操作/显示设备(按钮、指示灯及触摸屏等),只需要通过输入/输出模块与控制系统进行连接,并可以直接利用控制系统的基本指令进行编程。

控制系统专用软件的计算机等这些设备虽然也可以对工业机器人集成控制系统进行操作与显示,甚至其功能比文本单元、触摸屏等现场操作/显示设备更强大,但是,它们仅用于系统的编程、调试、维修等,一般不安装在生产现场。

系统操作/显示设备多种多样,根据不同的使用要求,可以分为控制现场使用设备与编程调试、诊断设备两类。

2. 控制系统的分工

当外部设备比较多或工业机器人控制柜无法满足外部设备的输入输出控制或显示需求时,添加 PLC 或上位机是一种比较合理的做法。工业机器人系统中配置 PLC 或上位机时,就会存在多个 CPU 控制单元。在设备规划时,必须考虑控制系统的分工。控制系统的分工原则是安全、有效、直接。尽量简化信号的传递路线,提高安全性和可靠性。

本例中,使用工业机器人本身的控制系统控制手部气爪的电磁阀及接收手部工具上磁感应开关、接近开关的信号。PLC 系统负责其他外设的执行、监视及显示工作。PLC 与工业机器人控制柜间通过以太网通信来横向交互。这样的分工有如下特点:

(1)当串在工业机器人双安全回路上的外部急停开关被拍下,工业机器人系统失效或工业机器人程序出错中断时,工业机器人自带输出板的输出信号要么保持之前的状态,要么变为初始默认值。具体执行是怎样的结果,需要事先在工业机器人控制器上进行设定。如对于 ABB 工业机器人的输入/输出 DSQC652 板,如果没有在系统中设置,其默认工业机器人系统失效或急停时信号无变化(具体设置方法请自行查阅相关的工业机器人资料)。这样的话,工业机器人可直接决策其手部工具在紧急事件时的处理机制。

(2)手部气爪的电磁阀线圈接头及手部工具上磁感应开关、接近开关的信号直接接入工业机器人控制器的 I/O 板,可以让工业机器人在运动过程中自行决策手部工具的动作以协调工业机器人本体的动作。

(3)当工业机器人异常或外部控制系统异常时,通过以太网通信线上的信号变化来体现。相关控制系统进入紧急情况处理程序。

3. 控制回路类别

在常见的控制系统中,控制回路一般有 AC 220 V(或 AC 230 V)与 DC 24 V 两种,其组成与作用如下。

1)AC 220 V(或 AC 230 V)控制回路

工业机器人集成控制系统中的 AC 220 V(或 AC 230 V)控制回路,一般包括以下线路:

(1)用于电气控制系统的 AC 220 V(或 AC 230 V)安全电路,如紧急分断电路、安全门控制电路、夹具"双手"控制电路。

注意:根据国外相关安全标准的规定(如欧共体的 EN 418 标准),用于控制系统紧急分断、安全防护门控制、夹具"双手"控制等的特殊电路,均有具体、明确的要求。如线路必须通过机电式的结构元件执行,使用的控制元件触点必须满足强制执行条件,设计的电路必须具有冗余,操作元件必须具有保护等。

(2)电气控制装置、电机、设备的启动/停止控制线路。

(3)回路中的 AC 220 V(或 AC 230 V)接触器的通断控制回路。虽然大部分 PLC 的输出可以直接驱动 AC 220 V(或 AC 230 V)的负载,但考虑到系统的安全、可靠性以及线路互锁的需要,一般情况下,主电路的接触器通断仍然以 AC 220 V(或 AC 230 V)控制回路进行控制的场合居多。

(4)各种驱动装置、控制装置的 AC 220 V(或 AC 230 V)辅助控制回路等。

2)DC 24 V 控制回路

工业机器人集成控制系统中的 DC 24 V 控制回路,一般包括以下控制线路:

(1)DC 24 V 辅助继电器/接触器接点控制回路。

(2)用于电气控制系统的 DC 24 V 紧急分断电路与安全电路。

(3)DC 24 V 电磁阀、电磁离合器等执行元件的驱动、控制线路。

(4)DC 24 V 制动器、防护门联锁控制线路等。

4. 控制回路设计原则

控制回路设计的基本要求与最高准则是必须保证系统运行的安全、可靠。控制回路的设计不仅要考虑设备的正常运行情况,更要考虑到当设备中的机械部件、电气元件发生故障以及出现误操作、误动作等情况下的紧急处理。无论出现何种情况,控制回路必须能保证设备的安全、可靠停机,并且不会对操作、维修者与设备造成伤害。

在保证安全、可靠的前提下,控制回路的动作设计应尽可能简洁、明了,方便操作与维修。

电路中的元器件选择应尽可能统一、规范,生产厂家不宜过多,以方便采购供应与维修服务。控制回路的控制电压应符合标准规定,电压种类不宜过多,以降低生产制造成本,提高系统可靠性。

5. 控制回路安全设计

在工业机器人集成控制系统硬件设计中,控制系统的 I/O 连接设计是控制回路中最简单的部分,它只需要根据输入/输出的规定进行连接即可。但是,控制系统的外围电路设计往往是影响系统运行安全性、可靠性，决定系统成败的关键。PLC、工控机及工业机器人控制主机是专门为工业环境设计的控制装置，其本身的安全性、可靠性已经得到了良好的保证。但是，如果外部条件不能满足控制系统的基本要求，同样可能影响系统的正常运行，造成设备运行的不稳定，甚至危及设备与人身安全。因此，在系统设计时必须始终将安全性、可靠性放在十分重要的位置。

安全触点的使用：

电气控制系统中用于安全回路的主令元件（如分断按钮、超程保护开关等）的触头元件，必须满足 EN 60947-5-1（IEC 947-5-5）标准的规定。

应特别注意标准中的强制释放要求，即安全触点必须依靠形位配合，不得靠弹簧零件使其动作。也就是说，用于紧急分断（急停）、超程保护的按钮、开关必须使用由操作件或手动直接作用的常闭触点，而不可以使用常开触点。采用常闭触点的优点是：即使触点发生熔焊，也可以通过直接作用力产生的机械变位有效断开熔焊，保证安全回路的正常动作。否则局部停电了或者控制回路断线了，就无法起到急停的作用。

标准还规定用于紧急分断的操作件必须能保持在操作（紧急分断）的位置上，只有使用手或者工具直接作用于紧急分断操作电器上，才能解除操作。也就是说，不允许使用自动复位的普通按钮和限位开关。

简而言之，用于设备紧急停止的按钮、超程保护开关等，只能使用常闭触点，而且必须具有自锁功能，即应用具有安全功能的行程开关、旋转复位或拉/压复位的急停按钮。

6. 工业机器人紧急停止与安全停止

工业机器人紧急停止的定义：紧急停止优先于任何其他工业机器人控制操作，它会断开工业机器人电机的驱动电源，停止所有运转部件，并切断由工业机器人系统控制且存在潜在危险的功能部件的电源。紧急停止状态意味着断开了工业机器人中除手动制动器释放电路外的所有电源。要返回到正常操作，必须执行恢复步骤。

工业机器人安全停止定义：安全停止仅断开工业机器人电机的电源。因此不需要执行恢复步骤。只需重新连接电机电源，就可以从安全停止状态返回正常操作。

安全停止状态有以下两种形式（在工业机器人系统配置中选择）：

(1)非受控停止——断开工业机器人电机的电源，立刻停止工业机器人运行。

(2)受控停止——停止工业机器人运行，但为了保留工业机器人路径，不断开工业机器人电机电源。操作完成后，电源断开。

受控停止可最小化工业机器人额外的、不必要的磨损，以及使工业机器人返回生产状态的必要操作，因此应优先考虑。请参阅工业机器人说明文档，了解工业机器人系统的配置方法。

7. 双手操作电器的使用

机械设备中存在有可能对人体产生伤害与危险的部件，在电气控制系统设计中，必须采用双手操作的电器与控制回路，用于确保操作人员能将自己的双手远离危险区域，降低操作人员由于反复操作机械设备而引发的工伤事故。双手操作电器遵循 EN 574 和 ISO 13851，应用于压力机、剪切机、铡刀设备等（冶金厂、汽车锻压、涂装等）。

双手操作的电路设计应达到以下要求：只有通过双手同时操作（见图 4-90），使得两个按钮的触点同时接通并保持 0.5 s 以上，才能使得信号输出动作；释放任意一个（或者两个）按钮,即可以使得输出中断。同时,只有在释放了两个按钮后,才允许进行再次输出,从而使得操作者使用单手或单臂操作不仅不允许,而且不可能。

双手操作一般都需要特殊的双手操作控制继电器,按钮可以根据标准要求进行布置。如采用 SIEMENS 公司的 SIGCIARI33SB38 系列双手操作按钮与急停按钮的组合产品。用于双手操作控制的继电器典型产品有 SIEMENS 公司的 3TK2811/3TK2834 双手接触器安全组合装置、Pilz 公司的 F2HZX 系列双手操作控制继电器等。

当安全等级较低,对人员伤害的可能性不大,或设备夹具只是用来预防人工误操作及意外触动操作开关(低位开关,物品掉落触动)而引起不良的场合,可以使用两个串联的开关(或一个开关与多个开关串联)来形成双手操作形式的联动开关。在这种情况下,两个开关的距离可以设计得比较近且可以不设置安全护罩。在设计时,应把这两种不同性质及形式的"双手操作"区分对待。如图 4-91 所示,"双手"操作按钮按下时,再分别按下"打开"、"升销"或"夹紧"按钮才能分别作用。

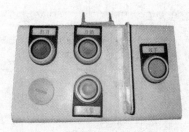

图 4-90 双手操作电器的使用 1   图 4-91 双手操作电器的使用 2

8. 控制线路的互锁

当两个(只)电气执行元件(如电机正/反转控制接触器)同时动作可能引起电源短路、机械部件损伤时,为了保证控制系统工作可靠性,在继电器-接触器控制系统中,需要通过触点进行电气互锁。

在使用 PLC 控制的系统中,如果这些执行元件是通过 PLC 的输出进行控制的,那么在设计时不仅要在 PLC 程序中保证这些执行元件不可能同时动作,而且还必须同时通过线路中的电磁执行机构(或机械联锁装置)进行电气(或机械)互锁,保证这些执行元件不存在同时动作的可能性,如图 4-92 所示。

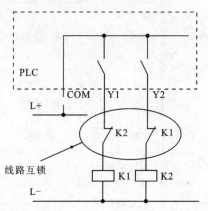
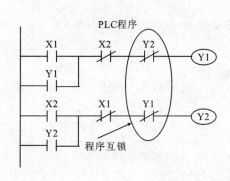

图 4-92 控制线路的互锁

9. 控制回路元件选型

依功能结构表及各厂家的选型资料(可以在厂家官网下载或向供应商索要)对控制\输入输出回路元件进行选型。本书不再赘述选型过程。表 4-15 所示为控制回路元件选型结果。

表 4-15 控制回路元件选型结果

品　名	品　牌	型　号	单　位	数　量	使用位置	备　注
接近开关	欧姆龙	E2E-S04SR8-WC-B1 2M	个	1	手部手指夹具	PNP型,三线制。工作电流 50 mA
电磁阀	SMC	SY3120-5D-C6	个	1	手部手指夹具	两位三通阀,最大工作电流 50 mA
磁感应开关	SMC	D-M9P	个	2	手部手指夹具	P型,三线制,工作电流 80 mA
触摸屏	威纶	MT6070iH	块	1	主控制柜面板	
带灯按钮(绿色)	施耐德	XB2BW33B1C	个	1	主控制柜面板	工业机器人程序启动
按钮(红色)	施耐德	XB2BA42C	个	1	主控制柜面板	工业机器人程序停止工作申请
带灯按钮(黄色)	施耐德	XB2BW35B1C	个	1	主控制柜面板	工业机器人程序暂停
按钮(黄色)	施耐德	XB2BA51C	个	1	主控制柜面板	工业机器人程序暂停后恢复运行
按钮(蓝色)	施耐德	XB2BA61C	个	1	主控制柜面板	报警复位
三色报警灯	施耐德	XVG-B3SW	个	1	柜顶安装	用于报警。最大工作电流 50 mA(每层)
指示灯(绿色)	施耐德	XB7EVB3LC	个	1	主控制柜面板	工业机器人在原点位置指示
PLC 电源	欧姆龙	CJ1W-PA205C	块	1	主控制柜内	25 W
PLC CPU	欧姆龙	CJ1M-CPU13	块	1	主控制柜内	
PLC Ethernet/IP 单元	欧姆龙	CJ1W-EIP21	块	1	主控制柜内	

品 名	品 牌	型 号	单 位	数 量	使 用 位 置	备 注
PLC 输入模块	欧姆龙	CJ1W-ID232	块	1	主控制柜内	32 点
PLC 输出模块	欧姆龙	CJ1W-OD233	块	1	主控制柜内	32 点
PLC 端子块连接电缆	欧姆龙	XW2Z-150K	根	2	主控制柜内	
PLC 端子块转换单元	欧姆龙	XW2B-40G4	块	2	主控制柜内	
直流电源	明纬	DR-120-24	块	1	主控制柜内	120 W,DC 24 V
电源滤波器	中宇豪	ZYH-BEM-6	个	1	主控制柜内	AC 220 V
以太网交换机	西门子	SCALANCE XB005	台	1	主控制柜内	
中间继电器及底座	施耐德	RXM2AB1BD/RXZE1M2C	个	5	主控制柜内	
安全光栅及连接电缆	邦纳	LS2LP30-1050Q88	套	2	工位一及工位二入口处	发射器 50 mA,接收器 90 mA。双安全通道,PNP 输出,手动复位
带灯按钮（绿色）	施耐德	XB2BW33B1C	个	2	现场控制盒	料仓一或料仓二上料完成
按钮（黄色）	施耐德	XB2BA51C	个	2	现场控制盒	取消上料
急停按钮	施耐德	XB2BS542C 配 3 个 ZB2BE102C 触点模块	个	1	现场控制盒	
按钮（蓝色）	施耐德	XB2BA61C	个	1	现场控制盒	复位用
指示灯（黄色）	施耐德	XB7EVB5LC	个	2	现场控制盒	缺料指示
接近开关	欧姆龙	E2B-S08KS01-WP-B1 2M	个	2	工位一或工位二料仓固定底架	三线制,P 型。工作电流 200 mA。检测料仓是否安置到位

10. 主要元件技术参数

选型的同时必须了解各器件的主要性能参数、安装尺寸、接线原理(图)。通常,这些信息都可以在产品使用手册或选型手册上查询得到。主要性能参数用于评价器件是否能达到设备的使用要求,安装尺寸用于为柜内元件的布置提供数据依据,接线原理图用于电路设计。有了足够的信息,才能着手控制回路的详细设计及完善。下面列出部分主要器件的技术参数。

1)PLC 部分

PLC 单元组成如图 4-93 所示。

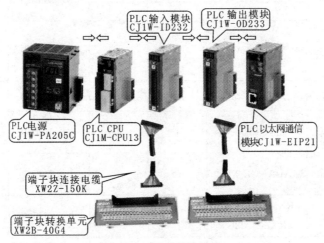

图 4-93   PLC 单元组成

PLC 电源单元 CJ1W-PA205C 如表 4-16 所示。

表 4-16   PLC 电源单元 CJ1W-PA205C

电源电压	输出容量		总功率
	DC 5 V 电源输出容量	DC 24 V 电源输出容量	
AC 100～240 V	5 A	0.8 A	25 W

PLC 单元组成外形尺寸图如图 4-94 所示。

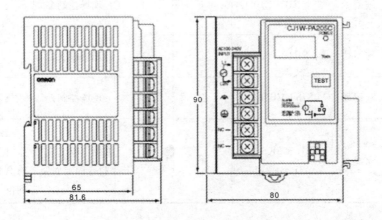

图 4-94   PLC 单元组成外形尺寸图

PLC CPU 单元 CJ1M-CPU13 如表 4-17 所示。

表 4-17　PLC CPU 单元 CJ1M-CPU13

项　　目	规　　格
I/O 点和可安装单元的最大数量	最多 640 个 I/O 点和 20 个单元(最多 1 个扩展装置)
程序容量	20K 步
数据区域存储容量	32 KB。DM:32 KB。EM:无
执行时间	基本指令:0.10 μs(最小值) 专用指令:0.15 μs(最小值)
5 V 系统电流消耗	0.58 A
安装方式	DIN 导轨(无法进行螺钉安装)
任务数	288(循环任务:32。中断任务:256),可以将中断任务定义为循环任务(称为"额外循环任务")
文件存储器	存储卡:可使用小型闪存卡(MS-DOS 格式)
周期时间监控	支持(如果周期过长,单元将停止操作)10~40 000 ms
负载 OFF 功能	CPU 单元以 RUN、MONITOR 或 PROGRAM 模式运行时,可关闭(OFF)输出单元中的所有输出
串行通信	内置外围端口:编程设备(包括编程器)连接、上位机链接、NT 链接。 内置 RS-232C 端口:编程设备(不包括编程器)连接、上位机链接、无协议通信、NT 链接、串行网关

CPU 单元附件如表 4-18 所示。

表 4-18　CPU 单元附件

项　　目	规　　格
电池	CJ1W-BAT01
端盖	CJ1W-TER01(需要安装在 CPU 装置右端)
终端板	PFP-M(2pcs)
串行端口(RS-232C)连接器	用于串行端口连接的连接器集(D 型 9 针公连接器)

CPU 外形尺寸图如图 4-95 所示。

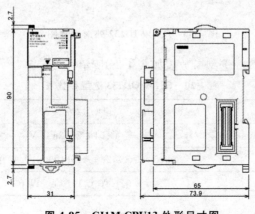

图 4-95　CJ1M-CPU13 外形尺寸图

输入模块 CJ1W-ID232 选型参数表如表 4-19 所示。

表 4-19　CJ1W-ID232 选型参数表

I/O 点	32 点 DC 输入单元
额定输入电压	DC 24 V
额定输入电压范围	DC 20.4～26.4 V
输入阻抗	5.6 kΩ
输入信号类型	可以将 DC 24 V 连接到具有 NPN 或 PNP 输出的设备,无须选择极性,但是同样信号类型的公用点使用同样的极性
输入电流	在 DC 24 V 时典型值为 4.1 mA
ON 电压/ON 电流	DC 19 V 以上/3 mA 以上。确保输入电源的电压大于 ON 电压(19 V)加上传感器的残留电压(约 3 V)。如果连接了最小负载电流为 5 mA 或以上的传感器,需连接分流电阻,使输入电流达到 3 mA 及以上
OFF 电压/OFF 电流	DC 5 V 以下/1 mA 以下
ON 响应时间	最大值 8.0 ms(可以设定为 0～32 ms 之间的值。由于内部元件延迟,即使将响应时间设定为 0 ms,ON 响应时间的最大值为 20 μs)
OFF 响应时间	最大值 8.0 ms(可以设定为 0～32 ms 之间的值。由于内部元件延迟,即使将响应时间设定为 0 ms,OFF 响应时间的最大值为 400 μs)
回路数	32(2 组回路,16 点使用一个公用点)
内部电流消耗	90 mA 以下

CJ1W-ID232 外形尺寸图如图 4-96 所示。

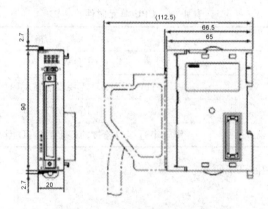

图 4-96　CJ1W-ID232 外形尺寸图

输出单元 CJ1W-OD233 选型参数表如表 4-20 所示。

表 4-20　CJ1W-OD233 选型参数表

额定电压	DC 12～24 V
操作负载电压范围	DC 10.2～26.4 V
最大负载电流	0.5 A(点),2.0 A(公用),4.0 A(单元)
最大冲击电流	4.0 A(点),10 ms 以下

续表

漏电流	0.1 mA 以下
残留电压	1.5 V 以下
ON 响应时间	0.1 ms 以下
输出信号类型	漏型输出,PLC 接电源负极(接低电平)
OFF 响应时间	0.8 ms 以下
绝缘电阻	外部端子和 GR 端子间 20 MΩ(DC 100 V)
耐电压	外部端子和 GR 端子间 1 min AC 1000 V,漏电流 10 mA 以下
回路数	32(2 组回路,16 点使用一个公用点)
内部电流消耗	(DC 5 V)140 mA 以下
保险丝	无
外部电源	DC 12~24 V,30 mA(最小值)

CJ1W-OD233 外形尺寸图同 CJ1W-ID232。

2)以太网通信 Ethernet/IP 单元 CJ1W-EIP21

以太网通信 Ethernet/IP 单元 CJ1W-EIP21 如表 4-21 所示。

表 4-21　以太网通信 Ethernet/IP 单元 CJ1W-EIP21

通信电缆	通信功能	每个 CPU 单元的单元数	分配的单元号数	5 V 系统电源消耗
双绞屏蔽(STP)电缆类别:100 Ω(5、5e)	Tag 数据链接功能、消息通信功能	最大 8 个	1	0.41 A

CJ1W-EIP21 外形尺寸图如图 4-97 所示。

3)邦纳安全光栅 LS2LP30-1050Q88 及连接电缆

安全光栅如图 4-98 所示。

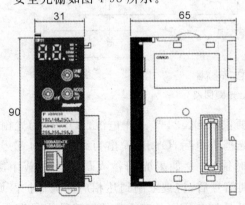

图 4-97　CJ1W-EIP21 外形尺寸图

图 4-98　安全光栅

邦纳安全光栅电缆选型如图 4-99 所示。

EZ-SCREEN二级光幕电缆

需要配套2根8针的M12Euro型电缆，当然用户也可使用自己的连接电缆

型号	长度	线径(mm²)	终端	邦纳电缆 端口/颜色代码			欧洲M12 技术参数*			连接器 (孔式出线图)
8针QD接插件的接收器和发射器										
QDE-815D QDE-825D QDE-850D QDE-875D QDE-8100D	5m(15′) 8m(25′) 15m(50′) 23m(75′) 30m(100′)	22 gauge	8针Euro型一端 为插口式连接器 可截长度	1 2 3 4 5 6 7 8	棕 橙/黄 橙 白 黑 蓝 绿/黄 紫	+24VDC EDM#2 EDM#1 OSSD#2 OSSD#1 0VDC 地线/底盘 重置	1 2 3 4 5 6 7 8	白 棕 绿 黄 灰 粉 蓝 红	+24VDC EDM#2 EDM#1 OSSD#2 OSSD#1 0VDC 地线/底盘 重置	

图 4-99　邦纳安全光栅电缆选型

外部设备监控（EDM）：2 个。

输出信号转换装置（OSSD）：2 个 PNP，有短路保护，交叉线路监控。

11. 各控制回路图示

在遵守设计准则及安全规范的前提下，根据元件的选型结果，确定各控制回路的结构图。

（1）安全光栅 DC 24 V 回路示意图（见图 4-100）。

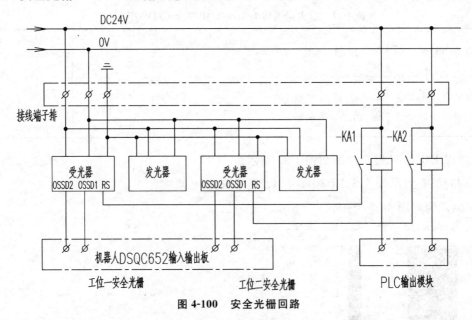

图 4-100　安全光栅回路

每套安全光栅由受光器与发光器组成。需要供给 DC 24 V 工作电源。OSSD 为光栅的输出（双 PNP 型输出，OSSD1 及 OSSD2）。当光栅上电后，OSSD 输出为高电平（24 V），并给工业机器人输入信号（OSSD1 及 OSSD2 同时输出）。如果光栅被人员进入遮蔽中断，OSSD 输出保持为低电平信号。工业机器人收到信号后，将被限制到达相应的被保护区域。如果想让机器人恢复进入该区域工作，必须由 PLC 通过 RS 点进行复位以确认人员退出危险区域（实现方法：人员上料完成后，退出被保护区域，按下工位上料按键，在条件满足上料完成的前提下，PLC 输出复位信号）。

OSSD1 及 OSSD2 双输出方式为冗余输出。当光栅出现故障或线路松动,机器检测不到 OSSD1 及 OSSD2 同时为高电平时,认为相应的区域为不安全状态,并限制进入该区域工作,以保证安全。

PLC 输出类型为漏型(PLC 接通后,输出点为电源负极),需用中间继电器 KA1 及 KA2 来转换。使 RS 端输入为高电平,以能复位。

利用接线端子排来分配 24 V 电源给各支路,如图 4-101 所示,同时也可以作为信号的接入点,方便安装与调试。通过桥接件,可以搭接或跨接相近的线路。

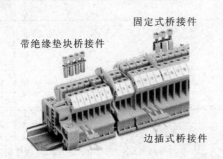

图 4-101   端子排分配 24 V 电源

(2)现场操作盒 DC 24 V 回路示意图(见图 4-102)。

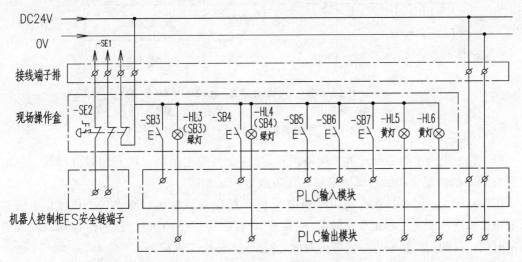

图 4-102   现场操作盒 DC 24 V 回路示意图

急停开关 SE2 为蘑菇头急停开关(拍下后,需旋转复位)。带三组常闭触点模块,其中两组与主柜上的急停开关串联后接入工业机器人控制柜内的 ES 双回路安全链中。剩下一组与 SE1 的一组常闭触点串联后(图示未表明)进入 PLC 的输入点上。当拍下时,三组触点分离,工业机器人安全链被断开,工业机器人进入急停状态,同时给 PLC 信号,强制 PLC 停止输出。PLC 停止输出的意义在于:停止信号输出及给主线停止信号。工业机器人的双回路安全机制是保证工业机器人在两组触点都接通时,机器才能正常工作。反过来说就是,当拍下这个急停开关时,如果开关故障,接工业机器人的两组触点开关只要有一组能分断,就会使工业机器人急停。

HL3 为带灯按钮 SB3 上的指示灯。同理，HL4 为带灯按钮 SB4 上的指示灯。现场操作盒上的灯及按钮依功能分别接入 PLC 的输入或输出触点上。指示灯的功率较小(DC 24 V，0.5 W)，工作状态通过电流小于 50 mA。PLC 的输出模块允许通过电流为 500 mA。所以可以使用 PLC 的输出点来直接点亮指示灯。

(3)主控制柜 DC 24 V 回路示意图(见图 4-103)。

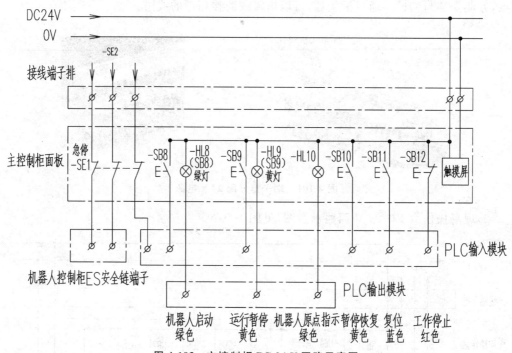

图 4-103　主控制柜 DC 24 V 回路示意图

SE1 为主电路中的急停开关。如前所述，在这个开关上附加三组常闭触点模块。它们分别与 SE2 的三组常闭触点模块串联。其功能与 SE2 相同。

主控制柜上的灯及按钮依功能分别接入 PLC 的输入或输出触点上。工作停止申请按钮采用常闭型按钮。为防止意外触动，应在 PLC 程序中进行两次检测，两次检测间隔要有一定时长。目的是按钮要有一定断开时间，才能进入停止工作状态。

(4)继电器及三色报警灯 DC 24 V 回路示意图(见图 4-104)。

KA3 线圈接入 PLC 输出模块触点。其两组常开触点串接入工业机器人控制柜中的 AS 双安全回路中。如前文所述，AS 安全回路是在工业机器人处于自动运行状态时有效。当系统上电时，PLC 先于工业机器人控制器运行，并输出高电平，使这组常开触点闭合。工业机器人程序启动并自动运行过程中，PLC 监测到外部出现异常或收到主线故障信号时，通过以太网通信传给工业机器人报警信号，让工业机器人做出相应的动作。如果网络故障且工业机器人无法感知到这个信息或 PLC 产生程序混乱，PLC 使 KA3 线圈断电，从而断掉工业机器人的 AS 安全链，工业机器人进入急停状态。通过这样的方式增加了电路安全性。

KA4 及 KA5 为备用继电器，用于可能的设备增加或应对功能变更。各触头全部接入接线端子排，方便扩展接线。

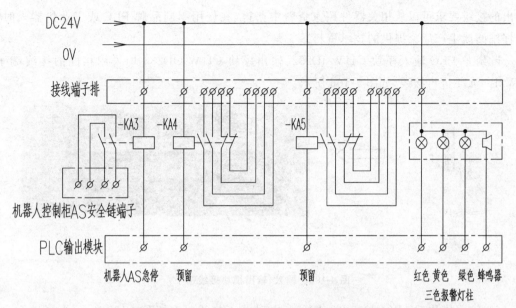

图 4-104 继电器及三色报警灯 DC 24 V 回路示意图

三色报警灯柱为声光报警器,选共阳极报警器。灯塔为三层显示:红、绿、黄。内置一个蜂鸣器。每一层或蜂鸣器的工作电流不大于 50 mA。直接使用 PLC 输出模块驱动。

(5)DC 24 V 工业机器人手部工具、料仓监控、以太网交换机及气体压力开关回路示意图(见图 4-105)。

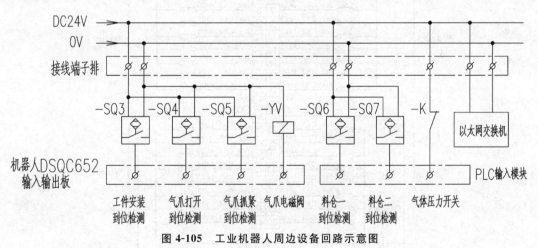

图 4-105 工业机器人周边设备回路示意图

SQ3 为手部工具上的工件安装到位检测开关;SQ4、SQ5 为手部工具气爪上的位置检测磁性开关;YV 为控制气爪的气动电磁阀。它们均由工业机器人的 I/O 板监测或控制。

四、输入输出电路设计

本例中,输入输出电路主要指 PLC 输入模块 CJ1W-ID232、输出模块 CJ1W-OD233 及工业机器人控制柜中的输入输出模块 DSQC652。输入输出的电路依据为这些模块的接线要求及上述 DC 24 V 控制线路中的各种信号输入输出原理。将它们一一对应连接即可。输入输出的接线要求可以从相关器件厂家资料中获得（在使用不同品牌 PLC 或工业机器人时，请仔细阅读生产厂家提供的技术资料）。

欧姆龙 PLC 输入模块 CJ1W-ID232、输出模块 CJ1W-OD233 均采用相同的接线端子 XW2B-40G4 进行接线，如图 4-106 所示。

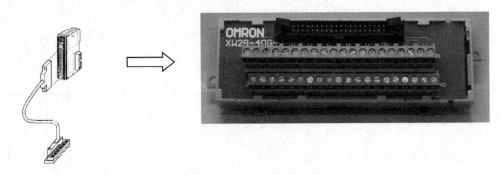

图 4-106 输入、输出模块接线端子

（1）输入模块 CJ1W-ID232（32 点输入）接线端子接线要求如图 4-107 所示。

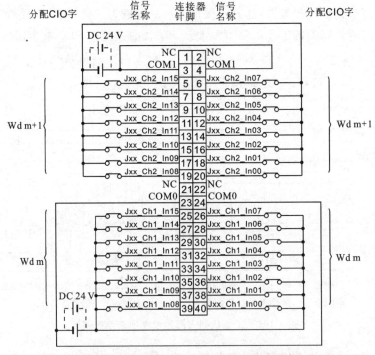

图 4-107 CJ1W-ID232 接线端子接线要求

输入模块 CJ1W-ID232 不区分源型输入和漏型输入，无须选择极性（NPN 或 PNP 输出的传感器或设备）。但是同样信号类型的每一组公用点使用同样的极性。

如图 4-107 所示，当 DC 24 V 电源"＋"极接入 COM1 点时（实线所示的接法），则同使用公共 COM1 点的各输入点（端子号 5～20）需使用开集电极的 NPN 型传感器输入（传感器接通后，将 PLC 的相应输入端子接低电平）。相反，如 DC 24 V 电源"－"极接入 COM1 点时

（虚线所示的接法），则同使用公共 COM1 点的各输入点（端子号 5～20）需使用开集电极的 PNP 型传感器输入（传感器接通后，将 PLC 的相应输入端子接高电平）。

输入模块 CJ1W-ID232 的其他要求：

确保同时对 23 和 24 端子（COM0）布线，并在这两个端子上设定相同的极性。

确保同时对 3 和 4 端子（COM1）布线，并在这两个端子上设定相同的极性。

（2）输出模块 CJ1W-OD233 接线端子接线要求如图 4-108 所示。

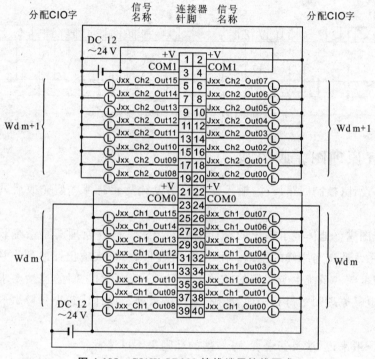

图 4-108　CJ1W-OD233 接线端子接线要求

输出模块 CJ1W-OD233 为 32 点晶体管漏型输出。驱动时，输出点与电源负极接通。

布线时，请注意外部电源 DC 24 V 的正负极。如果正负极接反，会导致负载操作错误。

确保同时对 23 和 24 端子（COM0）布线。

确保同时对 3 和 4 端子（COM1）布线。

确保同时对 21 和 22 端子（＋V）布线。

确保同时对 1 和 2 端子（＋V）布线。

（3）工业机器人控制柜中的输入输出模块 DSQC652 接线要求如图 4-109 所示。

DSQC652 板的 X1、X2 端子台为输出点，各 8 个点。X3、X4 端子台为输入点，各 8 个点。共计 16 进、16 出。输出为源型输出（高电平输出），输入为源型输入（高电平输入）。使用外部 DC 24 V 电源供电。

注意：如前所述，当电路中任意一个急停开关拍下或自动运行状态中 PLC 激活 AS 急停回路时，X1、X2 端子的输出将保持目前状态或恢复到默认状态。这取决于事先在工业机器人控制器里对 DSQC652 板的属性设置。

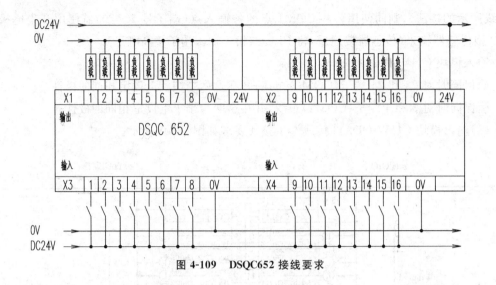

图 4-109　DSQC652 接线要求

五、电气原理图完成绘制

在主电路设计、控制回路设计、输入输出回路设计及元器件选型完成后，就可以完成电气原理图的绘制。

电气原理图完整地体现了系统的设计思想与要求。电气原理图是系统软件设计、安装与连接设计、系统调试与维修的基础。主电路、控制回路、输入输出回路的设计，属于电气控制原理设计的范畴。系统中所使用的任何电气元件以及它们之间的连接要求、主要规格参数等，均应在电气原理图上得到全面、准确、系统的反映。设计应遵循国际、国家或行业的标准与规范。

国际上，一般来说，涉及安全性、可靠性的准则决不可违背。

原理图的绘制（如图纸幅面、项目代号、端子号及导线号等的编制）应满足相关标准。具体可以再参阅项目 2 的相关内容，这里不再赘述。

其他方面在尽量满足相关标准的要求下绘制。当不能满足时，需灵活应用。如图形符号的表示方法可能因绘制的便利而略有变化；图纸上的标注方式、开关元件的布置方位等也常常因图面原因有所变动。

对于出口的设备，应注意采用相关国外标准进行绘图。

需要注意的是，元器件的型号可用小号字体注在其电气原理图中的图形符号旁边。

对于新手，可以参照以上设计过程，自主查阅相关技术资料（包括各元件厂家的选型手册及使用说明书），绘制或设计图纸一两套。通过不断反复练习，达到理解和熟练的程度。

【任务实施】

绘制电气原理图的平台是各种制图工具软件，在专业的电气制图软件中加载标准的图框（一般电气原理图采用 A4 图框），根据滤清器滤芯筒机器人搬运项目的相关信息设计并填写电气原理图的标题栏，按照电气驱动及控制原理对专业电气制图软件中的电气图形符号进行布局、连线、标注。可参考本任务中的相关电气原理图。

【归纳总结】

绘制电气原理图的过程:第一,进行认真构思,对绘制的步骤及所要表达的内容和布局做到心中有数;第二,对整个图面进行布局,把所要表达的全部内容(不能遗漏),按其正确位置、主次及繁简划定实际所占图面大小;第三,确定基准线,包括水平栅格线和垂直栅格线;第四,按自左至右、自上而下、先主后次、先一次后二次、先图形后文字的顺序绘图;第五,经认真、详细检查,确认无误,注写文字;第六,认真、详细检查确认。

【拓展提高】

在完成一个工业机器人项目的电气原理图设计后,我们往往通过人工进行图纸的审核和校对。随着专业电气制图软件的发展,相关专业电气制图软件的功能越来越强大,请利用一款制图软件对自己所绘制的滤清器滤芯筒机器人搬运项目电气原理图进行电气检查。

◀ 任务 4-4 绘制项目电气元件布局图 ▶

【任务介绍】

为了方便滤清器滤芯筒机器人搬运项目实施时的元件安装以及后期设备的维护检修,在进行该项目设计的过程中要对该项目的电气元件的布局进行规划,所以本任务要求结合滤清器滤芯筒机器人搬运项目的电气原理图中相关元件的种类、数量及其关系绘制电气元件布局图。

【任务分析】

绘制电气元件布局图是以电气安装板为基础进行电气元件的布局规划,电气安装板的大小需要进行预估。将项目中需要安装到电气安装板上的元件按照真实物理安装尺寸在制图软件中进行粗略布局,确定安装板的尺寸。确定好安装板的尺寸后,以该尺寸电气安装板为蓝本将所有需要安装在电气安装板上的电气元件按照安装尺寸要求和布局规范标准进行布局绘图。

【相关知识】

电气元件布局图是某些电气元件按一定原则的组合。电气元件布局图的设计依据是电气原理图、部件原理、组件的划分情况等。设计时应遵循以下原则:

(1)同一组件中电气元件的布局应注意将体积大和较重的电气元件安装在电气安装板的下面,而发热元件应安装在电气控制柜的上部或后部,但热继电器宜放在其下部,因为热继电器的出线端直接与电机相连便于出线,而其进线端与接触器直接相连,便于接线并使走线最短,且宜于散热。

(2)强电、弱电分开并注意屏蔽,防止外界干扰。

（3）需要经常维护、检修、调整的电气元件的安装位置不宜过高或过低，人力操作开关及需经常监视的仪表的安装位置应符合人体工程学原理。

（4）电气元件的布局应考虑安全间隙，并做到整齐、美观、对称，外形尺寸与结构类似的电器可安放在一起，以利于加工、安装和配线；若采用行线槽配线方式，应适当加大各排电器间距，以利于布线和维护。

（5）各电气元件的位置确定以后，便可绘制电气元件布局图。电气元件布局图是根据电气元件的外形轮廓绘制的，即以其轴线为准，标出各元件的间距尺寸。每个电气元件的安装尺寸及其公差范围，应按产品说明书的标准标注，以保证安装板的加工质量和各电器的顺利安装。大型电气柜中的电气元件，宜安装在两个安装横梁之间，这样可减轻柜体重量，节约材料，另外便于安装，所以设计时应计算纵向安装尺寸。

（6）在电气元件布局图设计中，还要根据本部件进出线的数量、采用的导线规格及出线位置等，选择进出线方式及接线端子排、连接器或接插件，并按一定顺序标上进出线的接线号。

【任务实施】

在绘制电气元件布局图时，除了上文提到的确定电气安装板的尺寸之外，确定电气元件的安装尺寸也十分重要，所有的电气元件都配套有电气安装技术手册，在元件的电气安装技术手册中会详细标注该元件的安装尺寸以及该元件的布局要求和规范。在相关制图软件中绘制出以安装尺寸为外形尺寸的元件安装轮廓图，结合每个元件的电气安装技术手册中对其安装布局的要求绘制电气元件布局图。

【归纳总结】

电气元件的平面布局图绘制流程可总结为：检索元件电气安装技术手册—获取元件安装尺寸及布局要求—绘制元件安装轮廓图—进行粗略布局，确定电气安装板规格—布局电气元件—标注标准元件的安装尺寸—备注关键安装工艺。

【拓展提高】

本任务我们绘制的是电气元件的二维平面布局图，二维平面布局图虽然可以规划电气元件的安装位置，但是由于二维平面布局图的局限性，不能反映三维安装的情况，请利用专业的电气制图软件对本项目中的任意一个按钮按布局规划进行三维的安装图绘制，并展示出相关线缆的安装情况。

◀ 任务4-5　绘制项目电气接线图 ▶

【任务介绍】

为了帮助电气装配工人快速、高效、准确地完成电气系统的连接，在电气项目设计中绘制电气接线图是一种有效的指导电气安装接线的方法。电气接线图直观描述了项目中电气元件的接线关系,使进行电气安装的人员在一定程度上抛开了对电气原理图的理解,能快速进行电气连接作业。本任务要求绘制滤清器滤芯筒机器人搬运项目的电气接线图以指导电气装配工人进行电气装配。

【任务分析】

电气接线图是根据电气设备和电气元件的实际位置和安装情况绘制的,只用来表示电气设备和电气元件的位置、配线方式和接线方式,而不明显表示电气动作原理。主要用于安装接线、线路的检查维修和故障处理。电气接线图一般包含如下内容:电气设备和电气元件的相对位置、文字符号、端子号、导线号、导线类型、导线截面、屏蔽和导线绞合等。本任务中绘制的电气接线图包含上述要点即可。

【相关知识】

电气接线图是根据部件电气原理及电气元件布局图绘制的,它表示成套装置的连接关系,是电气安装、维修、查线的依据。电气接线图应按以下原则绘制:

(1)接线图和接线表的绘制应符合相关标准的规定。电气接线图应能准确、完整、清晰地反映系统中全部电气元件相互间的连接关系,能正确指导、规范现场生产与施工,为系统的安装、调试、维修提供帮助。

(2)所有电气元件及其引线应标注与电气原理图相一致的文字符号及接线号。

(3)与电气原理图不同,在接线图中同一电气元件的各个部分(触头、线圈等)须画在一起。

(4)电气接线图一律采用细线条绘制。走线方式分板前走线及板后走线两种,一般采用板前走线。对于简单电气控制部件,电气元件数量较少,接线关系又不复杂的,可直接画出元件间的连线;对于复杂部件,电气元件数量多,接线较复杂的情况,一般是采用走线槽,只需在各电气元件上标出接线号,不必画出各元件间的连线。柜内接线示意图如图 4-110所示。

图 4-110 柜内接线示意图

(5)接线图中应标出配线用的各种导线的型号、规格、截面积及颜色要求等。

(6)导线的颜色及标志:根据国家标准 GB/T 7947—2010、GB/T 13534—2009 等,为便于识别成套装置中各种导线的作用和类别,明确规定各类导线的颜色标志,如表 4-22 所示。

表 4-22 导线的颜色及标志

导 线 颜 色	使 用 场 合	字 母 代 码
黑色	装置和设备的内部布线	BK
棕色	直流电路的正极，半导体三极管的集电极，半导体二极管、整流二极管、晶闸管的阴极	BN
黄色	交流三相电路的第一相、半导体三极管的基极、晶闸管和双向晶闸管的门极	YE
绿色	交流三相电路的第二相	GN
红色	交流三相电路的第三相	RD
蓝色	直流电路的负极，半导体三极管的发射极，半导体二极管、整流二极管、晶闸管的阳极	BU
淡蓝色	交流三相电路的零线或中性线，直流电路的接地中线	BU
黄绿双色	安全用接地线	GNYE
白色	双向晶闸管的主电极，无指定用色的半导体电路	WH
红、黑色并行	用双芯导线或双绞线连接的交流电路	RD+BK

注：1. 三相电路采用同一颜色红色做相线时必须在电缆两端加颜色标识。颜色标识：A 相（L1）黄色热缩套管；B 相（L2）绿色热缩套管；C 相（L3）红色热缩套管。

2. 在美国、加拿大、日本，使用白色或自然灰色作为中性线的识别色。

3. 在同一部件上使用的颜色组合，将不同颜色的字母代码相连表示。例如黄绿双色线颜色代码：GNYE。

4. 不同部件的不同颜色标志在代码之间用"＋"隔开，如红、黑双芯导线颜色代码：RD＋BK。

（7）部件与外电路连接时，大截面导线、进出线宜采用连接器连接，其他应经接线端子排连接。

【任务实施】

参考相关资料，绘制滤清器滤芯筒机器人搬运项目的电气接线图。

【归纳总结】

电气接线图是根据电气设备和电气元件的实际位置和安装情况绘制的，只用来表示电气设备和电气元件的位置、配线方式和接线方式，而不明显表示电气动作原理，主要用于安装接线、线路的检查维修和故障处理。电气设备使用的电气接线图是用来组织排列电气设备中各个零部件的端口编号以及该端口的导线电缆编号，同时还整理编写接线端子排的编号，以此来指导合理接线安装设备以及便于日后维修电工尽快查找故障。

【拓展提高】

电气接线图是以连线来描述设备间的电气连接，这些连线的实际意义就是对应各式各样的电气电缆，请将滤清器滤芯筒机器人搬运项目中会使用到的电气电缆整理成电气项目电缆规格表。

◀ 任务4-6 技术交底实践 ▶

【任务介绍】

工业机器人系统集成项目技术交底是让项目实施人员了解项目设计意图、项目技术质量要求、关键技术实施方法、项目实施风险等内容的重要手段。请结合上述滤清器滤芯筒机器人搬运项目的设计技术文件以小组的形式开展技术交底会议，并将技术交底会议记录整理成文。

【任务分析】

技术交底会议需要由对项目设计及实施要点熟悉的人员主持进行，在会议中要对技术交底的要点、意义做出说明；技术交底会议纪要中要包含议题、时间、地点、交底人、参加人员、详细会议记录和参加会议人员签名等内容。

【相关知识】

1. 技术交底

技术交底即设计图纸交底。这是在建设单位主持下，由设计单位向各实施单位（土建实施单位与各设备专业实施单位）进行的交底。主要交代生产物的功能与特点、设计意图与要求等。是在某一项目或一个分项项目开工前，由技术主管向参与实施的人员进行的技术性交代，其目的是使实施人员对项目特点、技术质量要求、实施方法与措施等方面有一个较详细的了解，以便于科学地组织实施，避免技术质量事故等的发生。各项技术交底记录也是项目技术档案资料中不可缺少的部分。

实施技术交底一般是由实施单位组织，在管理单位专业项目师的指导下，主要介绍实施中遇到的问题和经常性犯错误的部位，要使实施人员明白该怎么做，规范上是如何规定的等。

实施技术交底的内容如下：

(1)实施范围、项目量、工作量和实施进度要求；

(2)实施图纸的解说；

(3)实施方案措施；

(4)操作工艺和保证质量安全的措施；

(5)工艺质量标准和评定办法；

(6)技术检验和检查验收要求；

(7)增产节约指标和措施；

(8)技术记录内容和要求；

(9)其他实施注意事项。

2. 现场调试

现场调试是检查、优化控制系统硬件、软件设计，提高控制系统可靠性的重要步骤。为了防止调试过程中可能出现的问题，确保调试工作的顺利进行，现场调试应在完成控制系统的安装、连接、用户程序编制后，按照调试前的检查、硬件调试、软件调试、空运行试验、可靠性试验、实际运行试验等规定的步骤进行。

在调试阶段，一切均应以满足控制要求和确保系统安全、可靠运行为最高准则，它是检验硬件、软件设计正确性的唯一标准，任何影响系统安全性与可靠性的设计，都必须予以修改，绝不可以遗留事故隐患，以免导致严重后果。

【任务实施】

技术交底会议纪要模板如下，参考样例模板召开技术交底会议并书写技术交底会议纪要。

××项目技术交底会议纪要

议题：滤清器滤芯筒机器人搬运项目技术交底

时间：

地点：

交底人：张三

参加人员：李四、王五……

会议记录：

1.×××××××

2.×××××××

3.×××××××

与会人员签名：

【归纳总结】

项目技术交底实为一种项目实施方法，系统集成中的技术交底是指在某一单位工程开工前，或一个分项工程施工前，由相关专业技术人员向参与施工的人员进行技术性交代，其目的是使施工人员对工程特点、技术质量要求、施工方法与措施和安全等方面有一个较详细的了解，以便于科学地组织施工，避免技术质量事故等的发生。各项技术交底记录也是工程技术档案资料中不可缺少的部分。

【拓展提高】

作为项目的实施方，需要参与甲方或总包方的技术交底，请作为滤清器滤芯筒机器人搬运项目的设备安装方对技术交底中相关说明的不明确或者不理解处提出书面技术咨询。

◀ 任务4-7　编写系统操作说明书 ▶

【任务介绍】

在完成一个工业机器人系统集成项目的设计安装及调试后，设备在交付给客户后，客户需要了解该系统的使用方法，所以所有的工业机器人系统集成项目都必须配备基本的系统操作说明书,用来指导操作人员进行系统的操作使用。请根据系统设计相关文件编写滤清器滤芯筒机器人搬运项目操作说明书。

【任务分析】

编写系统设备操作说明书的依据是系统的基本功能和实现这些功能的方法。同时对于系统的相关软硬件的常见故障应有应对方法。这些内容都需要从系统的设计技术文件中获得,所以编写系统设备的操作说明书需要以系统的功能结构表、电气原理图、电气接线图、电气元件布局图、机械零件设计图等设计资料为蓝本,提取有效资料进行组织。

【相关知识】

在设备安全、可靠性得到确认后,设计人员可以着手进行系统技术文件的编制工作。如修改电气原理图、电气接线图,编写设备使用操作说明书,备份用户程序,调整记录,设定参数等。

文件的编写应正确、全面,必须保证图与实物一致,电气原理图、用户程序、设定参数必须为调试完成后的最终版本。文件的编写应规范、系统,尽可能为设备使用者以及今后的维修工作提供方便。

最后交付给用户方的技术文件通常包含以下内容:

(1)设备安装、调试、操作(操作规程)的说明。

(2)设备的气动(液压)和电气原理图、PLC 梯形图、接线图。

(3)设备机械装配图。

(4)易损件清单和图纸。

(5)主要气动和电气元件清单、供应厂商联系方式。

(6)主要外购件的说明资料(含合格证)。

(7)安全操作注意事项。

(8)关键润滑点说明图示资料。

(9)设备常见故障排除指导资料。

【任务实施】

系统操作说明书的主要内容有:①型号、规格、使用电压、功率等的介绍;②性能、用途的介绍;③安装图、运输安装注意事项;④开机、停机的程序、步骤;⑤试机、验收程序、步骤;⑥正确使用方法、注意事项;⑦维护保养要求及知识介绍;⑧安全使用要求及严禁进行的工作提示;⑨其他有必要让用户知道的事项,如可到哪儿修理、购买零件等。

【归纳总结】

不同的工业机器人项目对应的操作说明存在着差异性,如何掌握一种编写系统操作说明书的通用技能,可以参考说明书编写标准 GB/T 9969—2008《工业产品使用说明书 总则》。标准详细描述了工业产品使用说明书的编写规范。

【拓展提高】

系统的操作说明书是项目验收交底文件的一部分,项目验收交底文件还包括常见备件及易损件清单,请制作滤清器滤芯筒机器人搬运项目备件及易损件清单。

可靠性设计及控制柜设计布线

控制系统的可靠性与供电系统、接地系统、安装连接等诸多因素有关。设备的可靠性是关系到设计成败的关键,设计人员务必引起足够的重视。

◀ 任务 5-1　常见供电系统抗干扰元件功能表制作 ▶

【任务介绍】

工业机器人应用系统一般由交流电网供电。负荷变化、系统设备开断操作、大负荷冲击、短路和雷击等原因都会在电网中引起电压较大波动、浪涌。另外,大量电力电子设备、电弧炉、感应炉、电气化铁道机车等的使用,使电网中存在大量的谐波,从而造成波形畸变。以上这些因素都是电源系统的干扰源。如果这些干扰进入工业机器人应用系统,就会影响系统的正常工作,造成控制错误、设备损坏,甚至整个系统瘫痪。因此,借助抗干扰元件对电源的质量进行优化对于工业机器人应用的稳定性尤为重要。请通过检索供电系统的常见抗干扰元件,将这些抗干扰元件的功能和性能参数列表展示。

【任务分析】

交流供电系统中的常见干扰包括过电压、欠电压、三相不平衡、高频谐波、电压波动和闪变等,通过网络检索抵御这些干扰的常见元件,以及这些元件的相关参数。将收集到的元件与对应的功能及其基本的电气参数整理成表即可。

【相关知识】

1. 三相 380 V 供电电源

1)交流供电要求

如前所述,工业机器人控制系统对电源品质有所要求。为了保证工业机器人控制系统(包含工业机器人主控制器或系统中所可能配置的 PLC 或上位机,以下描述的工业机器人控制系统同)的正常工作,抑制线路干扰,对于工业机器人控制系统交流供电,有如下的要求:

(1)工业机器人控制系统的输入电源、I/O 电源与设备的其他电源,原则上应分开布线,各电源回路应具有独立的保护电路。

(2)采用隔离变压器时,隔离变压器到工业机器人控制系统电源之间的连线应尽可能短,以减小线路中的干扰。

(3)工业机器人控制系统的电源连接线应有足够的线径,以减小线路的压降。

(4)DC 回路与 AC 回路应尽可能分开布线。

(5)当输入/输出连线无法与动力线分开敷设时,输入/输出尽可能采用屏蔽电缆,并在工业机器人控制系统侧将屏蔽层接地。

(6)当输入电源可能存在较大的干扰时,应采取必要的抗干扰措施。

2)干扰及其预防

为了防止线路中的干扰对工业机器人控制系统可靠性的影响,可以根据如下不同情况采取相应的措施。

(1)电源干扰。电源干扰主要来自外部线路中的雷击、设备内部的大功率负载的启动/停止、接触器的通断等。防止电源干扰的对策是在工业机器人控制系统电源的进线安装隔离变压器(见图 5-1)、浪涌吸收器,以吸收线路的干扰电压;同时将工业机器人控制系统与设备的连线利用接地良好的金属软管等予以保护。

图 5-1　隔离变压器

(2)高频干扰。高频干扰主要来自控制系统或其他设备中的高频装置。防止高频干扰的措施是在电源进线安装高频滤波器,并对电源线进行绞接处理。

(3)接地干扰。接地干扰主要由不正确的地线或接地不良引起。使用控制系统的设备进线应有接地良好的地线,并且对于设备的各控制部分应采用独立的接地方式,不能使用公共地线。

(4)感性负载通断干扰。解决感性负载通断引起的干扰的方法是在感性负载的两端安装过电压吸收器。对于交流感性负载,可以采用 RC 抑制器与压敏电阻;对于直流感性负载,可以安装二极管、压敏电阻、RC 抑制器等。

(5)电磁干扰。对于大功率负载的启/停、开/关引起的电弧所产生的电磁干扰,应通过对开关安装金属屏蔽罩等措施进行磁屏蔽。

(6)如电源干扰有可能影响工业机器人的正常工作,则应在电源输入回路加入隔离变压器、浪涌吸收器或者采取稳压措施。工业机器人控制系统输入电源要与设备动力电源、交流控制回路电源、交流输出电源分离配线,并具有独立的保护回路与独立的隔离变压器。当未配置隔离变压器时,对于电网达不到要求时,也可以考虑配置交流输入电抗器。

3)交流输入电抗器的作用

(1)削弱冲击电流。电源侧短暂的尖峰电压可能引起较大的冲击电流。例如,在电源侧投入补偿电容(用于改善功率因数)的过渡过程中,可能出现较高的尖峰电压等。交流输入电抗器将能起到缓冲作用。

(2)降低输入高次谐波造成的漏电流。

(3)用于平滑滤波,降低瞬变电压,削弱三相电源电压不平衡的影响。

(4)接在变频器电源输入端时,可提高功率因数(变频器是容性无功功率)。

2. 工业机器人控制系统直流 DC 24 V 供电

原则上应采用稳压电源供电。一般不能使用仅通过单相桥式整流的直流电源直接对工业机器人控制系统进行供电。

工业机器人控制系统输入电源要与设备直流动力电源、直流控制回路电源、直流输出电源分离配线,并具有独立的保护回路。在系统组成较复杂时,应使用独立的稳压电源单独对工业机器人控制系统进行供电。

当系统采用模块化结构时,电源模块的容量应保证满足工业机器人控制系统对电源容量的要求,电源模块的额定输出容量应大于系统中全部组成模块所消耗的功率总和,并且留有 $20\%\sim30\%$ 的余量。

I/O 外部电源是指用于工业机器人控制系统输入模块、工业机器人控制系统输出模块、输入传感器(如接近开关等)、输出执行元件的电源。

用于工业机器人控制系统输入信号的外部电源一般为 DC 24 V。由于输入信号的电压波动可能直接影响到工业机器人控制系统输入状态的变化,故对其要求较高,以防止输入信号采样的错误。

用于工业机器人控制系统输出信号的外部电源与工业机器人控制系统的输出形式及负载要求有关,可以是交流,也可以是直流。特别在采用继电器接点输出时,电源要求完全决定于负载。通常情况下,工业机器人控制系统输出电源的要求要低于输入电源,如对于直流 24 V 中间继电器、电磁阀类负载。当工业机器人控制系统的输出需要作为系统其他控制装置(如 CNC 等)的输入时,必须根据后者的要求选择输出电源。

3. 工业机器人控制系统总供电系统基本设计原则

(1)系统中,与工业机器人控制系统有关的全部电源,均可以通过设备的总电源开关进行分断,实现与电网的隔离。

(2)工业机器人控制系统中包含 PLC 时,作为系统主要外设控制装置,原则上应在系统上电接通后,无须其他启动操作即可立即投入工作,以便 PLC 系统对控制对象实施有效的监控。工业机器人控制柜启动需要时间。在进入自动运行状态时,需要给予指令。

(3)对于同时使用基本单元与扩展单元的控制系统,扩展单元的电源应先于基本单元或与基本单元同时接通,以便基本单元对扩展单元实施有效的监控。

(4)对于工业机器人控制系统输入信号的外部电源,可以与工业机器人控制系统基本电源共用,但回路中必须安装独立的保护器件(如断路器、熔断器等)。

(5)当用于工业机器人控制系统输入信号的外部电源独立设置时,此电源应在设备总电源接通后,立即投入工作,以便工业机器人控制系统通过输入信号对设备的现行状态实施有效的监控。

(6)用于工业机器人控制系统输出信号的外部电源,可以与输入电源共用或进行独立设置。对于组成复杂、执行元件较多的控制系统,根据需要可设置多个电源。

(7)当工业机器人控制系统输出使用公用外部电源时,应根据输出对象的不同,分类设置多路保护,且每一类输出的电源接通次序应有所区别。设计应保证工业机器人控制系统的各类输出电源的通断受强电控制回路互锁条件的约束与控制。

(8)系统中的其他控制回路用电源,在电压相同时(如 DC 24 V 控制回路)可以与工业机器人控制系统的输入或输出电源共用,但必须安装有独立的保护元件。

(9)原则上,工业机器人控制系统的 I/O 连接线不应超过 20 m,当大于此长度时,应采取必要的措施,防止干扰与线路压降的增大。

(10)扩展单元的电缆是容易受到干扰的部位,连接时应保证它与动力线的距离在 30～50 mm。

【任务实施】

参照表 5-1 所示的常见电源抗干扰元件表(样例),完成关于检索常见抗干扰元件及其性能并制作成表的任务。

表 5-1　常见电源抗干扰元件表(样例)

元 件 名 称	主 要 参 数	功 能 作 用
电 抗 器		
滤 波 器		
隔离变压器		
浪涌吸收器		

【归纳总结】

针对工业机器人系统的电源质量的优化,我们不但要熟悉常见的抗干扰电气元件的作用和性能,了解电气系统安装布线的规范,更重要的是分析判断工业机器人项目现场的电源本身的质量,从而有针对性地进行电源质量优化设计和安装。可以通过现场测量或咨询甲方了解电源基本情况,同时结合工业机器人项目工艺特性分析系统对电源的干扰及系统对电源质量的要求,综合评估电源质量,优化方案。

【拓展提高】

在常见的电气系统中,除选择针对性的抗干扰元件进行电源质量优化之外,电气安装对于系统电源的质量影响也很大。请检索资料,看除去增加优化电源质量的元件和设备之外,在进行电气系统安装时,有哪些操作方法和安装方式可以减少对电源系统的干扰、提高电源质量。

◀ 任务5-2　制作接地规范作业手册 ▶

【任务介绍】

某汽车车身零件冲压厂即将投产一条由 10 台机器人及冲床组成的全自动冲压生产线,作为甲方的技术人员,为了保证项目后期的稳定性,项目安装过程的接地作业十分关键。请结合检索到的工业机器人系统集成项目接地规范和全自动工业机器人冲压线的设备及线缆组成编写《工业机器人全自动汽车零件冲压生产线项目接地规范作业手册》。

【任务分析】

在国家标准中有关于接地的详细的要求,结合具体的工业机器人全自动冲压生产线项目的接地要求和规范以及该项目的设备组成,参照国家标准中的接地作业的对应要求,明确每一个项目组成设备和元件的接地处理规范方法。将上述针对具体的对象的接地规范作业要求进行整合即形成了《工业机器人全自动汽车零件冲压生产线项目接地规范作业手册》。

【相关知识】

1. 电气设备接地的部分术语

(1)接地体:与大地紧密接触并与大地形成电气连接的一个或一组导体。

(2)外露可导电部分:电气设备能触及的可导电部分。正常时不带电,故障时可能带电,通常为电气设备的金属外壳。

(3)主接地端子板:一个建筑物或部分建筑物内各种接地(如工作接地、保护接地)的端子和等电位连接线的端子的组合。如成排排列,则称为主接地端子排。

(4)保护线(PE):将上述外露可导电部分、主接地端子板、接地体以及电源接地点(或人工接地点)任何部分作电气连接的导体。对于连接多个外露可导电部分的导体称为保护干线。

(5)接地线:将主接地端子板或将外露可导电部分直接接到接地体的保护线。对于连接多个接地端子板的接地线称为接地干线。

(6)等电位连接:指各外露可导电部分和装置外导电部分的电位实质上相等的电气连接。

2. 接地系统的基本要求

设备、控制系统良好接地,不仅是保证操作人员人身安全所需的电击防护措施,而且是抑制干扰、减小电磁干扰、提高系统可靠性的重要手段,在设计、施工阶段必须予以重视。

工业机器人控制系统对接地的一般要求如下:

(1)系统接地必须良好,对于控制系统,信号接地电阻应小于 4 Ω。

(2)接地线必须有足够大的线径,独立安装的工业机器人控制系统基本单元(工业机器人控制柜)应使用 2.5 mm² 以上的黄绿线与系统保护接地线连接。

(3)模块化结构的工业机器人控制系统,一般可以通过模块本身的接地连接端使得各模块与机架间保持良好的接地,但机架与系统保护地之间应保证接地良好,应使用 2.5 mm² 以上的黄绿线与系统保护接地线连接。

(4)系统中的其他控制装置(如驱动器、变频器等)的接地必须同样符合规范,并独立接地。按照 DIN、EN 标准规定,各控制装置的接地线的线径如表 5-2 所示。表中"通过固定的连接"是指控制装置通过导电基座与良好接地的电气柜(元件安装板)进行接地连接时的要求。

表 5-2　各控制装置的接地线

额定电流	保护接地线线径	通过固定的连接
≤20 A	与主回路线径相同	至少 2 个 M6 螺钉
≤25 A	≥2.5 mm²	
≤32 A	≥4 mm²	至少 2 个 M8 螺钉或 4 个 M6 螺钉
≤63 A	≥6 mm²	
>63 A	≥10 mm²	至少 4 个 M8 螺钉

（5）系统中的各类屏蔽电缆的屏蔽层、金属软管、走线槽（管）、分线盒等均必须保证接地良好。

（6）在有些工业机器人的技术资料中，明确要求采用 D 种接地类型。D 种接地是指相对电压为 300 V 以下的电器外壳接地，接地电阻为 100 Ω 以下。常见于常用的电子电气设备。接地电阻是用来衡量接地状态是否良好的一个重要参数，是电流由接地装置流入大地再经大地流向另一接地体或向远处扩散所遇到的电阻，它包括接地线和接地体本身的电阻、接地体与大地之间的接触电阻，以及两接地体之间大地的电阻或接地体到无限远处的大地电阻。接地电阻大小直接体现了电气装置与"地"接触的良好程度，也反映了接地网的规模。可以使用仪表对接地电阻进行测量。

3. 各类不同接地的处理

1）在电源供电接地设施中接地

接地分为两种：一种是工作接地，就是将电器的带电部分与大地连接起来的接地，比如三相电变压器低压点中性线的接地；一种是保护接地，就是防止电器的绝缘层损坏而使外壳带电或其他不带电工作的金属部件带电伤人而作的接地。

电气装置的下列金属部分均应接地或接零：

（1）电机、变压器、电器、携带式或移动式用电器具等的金属底座和外壳。

（2）电气设备的传动装置。

（3）屋内外配电装置的金属或钢筋混凝土构架以及靠近带电部分的金属栅栏和金属门。

（4）配电、控制、保护用的屏（柜、箱）及操作台等的金属框架和底座。

（5）交、直流电力电缆的接头盒、终端头和膨胀器的金属外壳以及电缆的金属护层、可触及的电缆金属保护管和穿线的钢管。穿线的钢管之间或钢管和电气设备之间有金属软管过渡的，应保证金属软管段接地畅通。

（6）电缆桥架、支架和井架。

（7）装在配电线路杆上的电力设备。

（8）承载电气设备的构架和金属外壳。

（9）发电机中性点柜外壳、发电机出线柜、封闭母线的外壳及其他裸露的金属部分。

（10）电热设备的金属外壳。

（11）铠装控制电缆的金属护层。

（12）互感器的二次绕组。

电气装置的下列金属部分可不接地或不接零：

（1）在木质、沥青等不良导电地面的干燥房间内，交流额定电压为 400 V 及以下或直流额定电压为 440 V 及以下的电气设备的外壳；但当有可能同时触及上述电气设备外壳和已接地的其他物体时，则仍应接地。

（2）在干燥场所，交流额定电压为 127 V 及以下或直流额定电压为 110 V 及以下的电气设备的外壳。

（3）安装在配电屏、控制屏和配电装置上的电气测量仪表、继电器和其他低压电器等的外壳，以及当发生绝缘损坏时，在支持物上不会引起危险电压的绝缘子的金属底座等。

（4）安装在已接地金属构架上的设备，如穿墙套管等。

（5）额定电压为 220 V 及以下的蓄电池室内的金属支架。

（6）由发电厂、变电所和工业、企业区域内引出的铁路轨道。

（7）与已接地的设备、机座之间有可靠电气接触的电机和电器的外壳。

需要接地的直流系统的接地装置应符合下列要求：

（1）能与地构成闭合回路且经常流过电流的接地线应沿绝缘垫板敷设，不得与金属管道、建筑物和设备的构件有金属的连接。

（2）在土壤中含有在电解时能产生腐蚀性物质的地方，不宜敷设接地装置，必要时可采取外引式接地装置或改良土壤的措施。

（3）直流电力回路专用的中性线和直流两线制正极的接地体、接地线不得与自然接地体有金属连接；当无绝缘隔离装置时，相互间的距离不应小于 1 m。

（4）三线制直流回路的中性线宜直接接地。

2）电缆桥架接地

当沿电缆桥架（见图 5-2）敷设铜绞线、镀锌扁钢，以及利用沿桥架构成电气通路的金属构件（如安装托架用的金属构件）作为接地干线时，电缆桥架接地时应符合下列规定：

图 5-2　电缆桥架

（1）电缆桥架全长不大于 30 m 时，不应少于 2 处与接地干线相连；

（2）全长大于 30 m 时，应每隔 20～30 m 增加与接地干线的连接点；

（3）电缆桥架的起始端和终点端应与接地网可靠连接；

（4）电缆桥架连接部位宜采用两端压接镀锡铜鼻子的铜绞线跨接，跨接线最小允许截面积为 4 mm^2；

（5）镀锌电缆桥架间连接板的两端不跨接接地线时，连接板每端应由不少于 2 个有防松螺帽或防松垫圈的螺栓固定。

3）在工业机器人控制系统中接地

工业机器人控制系统中主要有以下几种与接地有关的常用"地"，需要根据不同的情况分别进行处理。

（1）数字信号地。

数字信号地是指系统中各种开关量（数字量）的 0 V 端，如接近开关的 0 V 线、工业机器人控制系统输入的公共 0 V 端、晶体管输出的公共 0 V 端等。在控制系统中，原则上只需要按照工业机器人控制系统规定的输入/输出连接方式进行连接即可，无须另外考虑专门的地线，也不需要与 PE 线进行连接。

（2）模拟信号地。

模拟信号地是指系统中各类模拟量的 0 V 端，如用于驱动器（变频器）的速度给定电压输出、测速反馈输入、传感器输入等，这些信号通常均采用差动输入/输出，各信号间的 0 V 端各自独立，不允许进行相互间的连接，通常也不允许与系统的 PE 线进行连接。

用于模拟量输入/输出的连接线，原则上应使用带有屏蔽的双绞电缆，屏蔽电缆的屏蔽层必须根据不同的要求与系统的 PE 线连接。

（3）保护地。

保护地是指系统中各控制装置、用电设备的外壳接地，如电机、驱动器的保护接地等。这些保护地必须直接与电柜内的接地母线（PE 母线）连接，不允许控制装置、用电设备的 PE 线进行"互连"。

（4）直流电源地。

系统直流电源地是指除工业机器人控制系统内部电源以外的外部直流电源的 0 V 端（工业机器人控制系统内部直流电源的 0 V 端一般与工业机器人控制系统的数字信号地共用）。可以分以下几种情况进行处理：

①当工业机器人控制系统输入/输出直流电源分离时，用于工业机器人控制系统输入的直流电源的 0 V 端必须与工业机器人控制系统的 0 V 公共线进行连接。用于工业机器人控制系统输出的直流电源根据需要可以不与工业机器人控制系统的 0 V 公共端连接。

②当工业机器人控制系统输入/输出直流电源共用时，直流电源的 0 V 端必须与工业机器人控制系统的 0 V 公共线连接。用于工业机器人控制系统输入/输出的直流电源 0 V 端与系统接地（PE）线之间，根据系统的实际需要，可以连接也可以不连接。

③单独用于工业机器人控制系统执行元件的直流电源 0 V 端，原则上不与工业机器人控制系统的 0 V 端连接，但一般需要与系统的接地（PE）线进行连接。

（5）交流电源地。

交流电源地是指系统中使用的交流电源的 0 V 端（或 N 线），如 220 V 控制回路的 0 V 端及交流照明电路、交流指示灯的 0 V 端等。在交流控制回路使用隔离变压器时，出于电击防护等方面的考虑，为了让变压器起到隔离作用，原则上不应将交流电源的 0 V 端与系统接地（PE）线相连。

从抗干扰的角度考虑，控制系统的 PE 线原则上也不应与电网的 N 线相连。但在某些进口设备上，也有使用特殊的短接端将交流电源的 0 V 端、N 线与接地（PE）线进行连接的情况。

【任务实施】

《工业机器人全自动汽车零件冲压生产线项目接地规范作业手册》是一本企业内部针对具体项目的规范化作业标准，因此该手册的相关描述必须要形象具体，不能以抽象文字描述作业要求，需要针对具体对象的图片、示意图、施工图等内容描述接地作业要求。

【归纳总结】

在工业机器人系统集成项目中规范良好的接地是保证系统高效稳定工作的前提之一。在日常项目设计或实施时一定要按照国家标准中的规范进行接地相关作业，通过具体项目中的具体工况和国家标准中的抽象接地文字描述的对应加深对接地规范的理解，从而更好地进行规范化项目接地作业，保证系统的稳定性。

【拓展提高】

在一个具体的项目中，一般不允许多点接地，一般采用的接地方法是单点接地。那么多点接地和单点接地的区别是什么？为什么在电气系统中不允许多点接地？

◀ 任务5-3 工业机器人安装作业指导手册 ▶

【任务介绍】

某汽车车身零件冲压厂即将投产一条由10台机器人及冲床组成的全自动冲压生产线，作为甲方的技术人员，为了保证项目后期的稳定性，项目安装过程的机器人安装作业十分关键。请结合检索到的工业机器人系统集成项目中的工业机器人安装规范和全自动工业机器人冲压线的设备及线缆组成编写《工业机器人全自动汽车零件冲压生产线项目工业机器人安装规范作业手册》。

【任务分析】

工业机器人的安装规范包括：工业机器人系统的安装场地要求、工业机器人系统安装定位吊装要求、工业机器人连线布线要求、与外围设备连接的相关要求。这些要求都是通用的工业机器人系统集成项目的机器人系统安装的要求，针对本工业机器人全自动汽车零件冲压生产线项目的工业机器人安装会有针对性的要求，结合现场工况和工业机器人系统安装的通用要求编写《工业机器人全自动汽车零件冲压生产线项目工业机器人安装规范作业手册》。

【相关知识】

工业机器人控制系统虽然是可靠性很高的工业控制装置，但作为计算机控制装置的一种，为了提高其工作可靠性，它对安装环境条件与使用仍然有一定的要求。特别是工业机器人控制系统的外部连线、电缆的布置，对工业机器人控制系统的工作稳定性与可靠性有较大的影响，在设计阶段就必须予以重视。

1. 接线施工的常用手工工具

(1)线鼻子压线钳(见图5-3)，用于 0.25～6 mm² 针式线鼻子与线之间的压制。

图5-3 线鼻子压线钳

(2)手动液压压线钳(见图5-4)，用于 4 mm² 以上线鼻子与线之间的压制。

(3)剥线钳(见图5-5)，可以按定长尺寸将线头部的橡皮、塑料绝缘层剥掉。

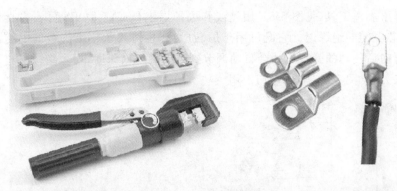

图 5-4　手动液压压线钳

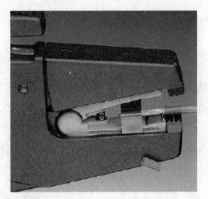

图 5-5　剥线钳

（4）斜口钳（见图 5-6），斜口钳的刀口可用来剖切软电线的橡皮、塑料绝缘层、塑料扎带及切断细导线（最粗 2.5 mm² 左右）。

图 5-6　斜口钳

当线径比较粗或为异形时，应使用专用的切线钳，如图 5-7 所示。

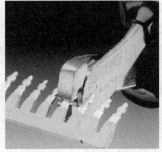

图 5-7　专用切线钳

(5)绝缘层剥离工具(见图 5-8),用剥线和去护层工具 CYCLOPS 可剥去直径至 11 mm 的单芯和多芯电缆的绝缘层。它既可用于屏蔽电缆,也可用于不带屏蔽的电缆。它的操作极其简单:可向后移动的弹簧刀片会自动调节到需要的切入深度,切入绝缘层。

(6)美工刀(见图 5-9),多用途切割用。

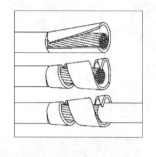

CYCLOPS

图 5-8　绝缘层剥离工具

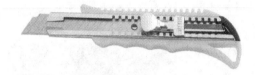

图 5-9　美工刀

(7)螺丝刀(见图 5-10),每一种端子都有尺寸合适的螺丝刀与之相配。螺丝刀尺寸系列适合 0.4 mm×2.5 mm、0.6 mm×3.5 mm、0.8 mm×4 mm 和 1 mm×5.5 mm 的一字槽螺钉。

(8)DIN 导轨切割器(见图 5-11),用于 DIN 导轨或其他型材的切割。

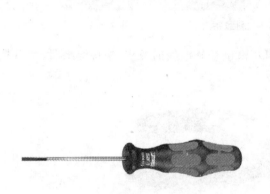

图 5-10　螺丝刀

图 5-11　DIN 导轨切割器

2. 安装环境的基本要求

不同厂家生产的工业机器人控制系统,其安装环境的要求有所区别,但总体来说,工业机器人控制系统的安装都应遵循如下的共同原则:

(1)安装必须牢固,避免在设备使用与运输过程中的跌落与振动。

(2)安装有工业机器人控制系统的电气柜,应尽量避免布置在有强烈振动与冲击的场所。

(3)避免在周围有腐蚀性气体、可燃气体的场所安装。

(4)避免在周围有灰尘、导电粉尘、油雾、烟雾、盐雾的场所安装。

(5)避免在高温、高湿的场所或者低温的环境安装。

(6)尽量避免工业机器人控制系统与高压(3000 V 以上)电气设备布置于同一电气柜内。

(7)尽量避免工业机器人控制系统与容易产生干扰的电气设备布置于同一电气柜内。使用同一电源,在不可避免时,应采取必要的措施。

(8)避免在周围有强磁场、强电场的场所安装工业机器人控制系统。

3. 对温度、湿度、振动、冲击的要求

工业机器人控制系统对使用环境的温度、湿度、振动、冲击方面的基本要求一般如下:

(1)温度。工业机器人控制系统使用时的环境温度一般应在 5~50 ℃(保存时的温度为−20~70 ℃),同时应防止在阳光直接照射的场合使用。

当环境温度无法满足以上要求时,应采取相应的措施,如在电气柜上安装空调等,保证工业机器人控制系统的环境温度在允许的范围内。

(2)湿度。工业机器人控制系统使用的环境相对湿度一般允许为 20%~90%。应避免温度变化过快所造成的结露。当环境湿度无法满足以上要求时,应采取安装自动除湿装置等措施。特别是冬天,在供暖装置有可能停止工作的场合,应采取必要的措施,防止温度变化造成的结露。

(3)振动。工业机器人控制系统对安装环境的振动有一定的要求,而且抗振动性能与工业机器人控制系统的型号(结构形式)及安装方式等因素有关。在结构上,一般来说 I/O 点固定的一体化工业机器人控制系统,或是基本单元加扩展型工业机器人控制系统的基本单元,其抗振动的性能要优于模块化结构的工业机器人控制系统。在安装方式上,利用螺钉安装的工业机器人控制系统,其抗振动的性能要优于导轨安装的工业机器人控制系统。

通常情况下,利用螺钉安装的 I/O 点固定的一体化工业机器人控制系统,或是基本单元加扩展型工业机器人控制系统的基本单元,允许的振动强度为 $19.6 \text{ m/s}^2 (2g)$ 左右,采用导轨安装时为 $9.8 \text{ m/s}^2 (1g)$ 左右。利用螺钉安装的模块化工业机器人控制系统,允许的振动强度为 $9.8 \text{ m/s}^2 (1g)$ 左右,采用 35 mm 标准导轨安装时为 $4.9 \text{ m/s}^2 (0.5g)$ 左右。

(4)冲击。工业机器人控制系统对安装环境的冲击同样有一定的要求,而且冲击性能与安装方式等因素有关。

通常情况下,利用螺钉安装的工业机器人控制系统,允许的冲击强度为 $(15\sim30)g(147\sim294 \text{ m/s}^2)$,采用导轨安装时为 147 m/s^2 左右。

在具有强烈振动与冲击的场合,应采取必要的防震措施。

4. 安装空间的要求

工业机器人控制系统安装空间直接影响到工业机器人控制系统的散热。工业机器人控制系统对安装空间的一般要求如下:

(1)工业机器人控制系统与其他电器间一般应保证垂直方向大于 100 mm、水平方向大于 50 mm 的空间距离,并保证通风良好。

(2)工业机器人控制系统与其他电器或者电气柜门间的前后空间距离一般应保证在50 mm以上,并保证通风良好。

(3)在工业机器人控制系统的下部,应避免直接布置强发热元件(如加热器、变压器、能耗电阻等)。

(4)尽量采用垂直安装的方式安装工业机器人控制系统,水平布置会直接影响到工业机器人控制系统的散热。

(5)工业机器人控制系统不应安装在电气柜的门、顶面、底面、侧面等部位。

(6)必须保持工业机器人控制系统通风窗的畅通,在使用前一定要取下通风窗的保护纸。

5.连接的基本要求

正确的连接是保证工业机器人控制系统正常工作的前提条件。连接错误或不良不仅影响到工业机器人控制系统工作的可靠性与稳定性,而且还可能引起机械设备、工业机器人控制系统硬件的误动作、故障甚至损坏,引发火灾等安全性事故,必须予以重视。

由于控制系统对象与工业机器人控制系统模块规格、型号的不同,工业机器人控制系统的连接可能有所区别,但总体来说,工业机器人控制系统的连接应遵循如下的共同原则:

(1)工业机器人控制系统的全部连接必须正确无误,尤其对于电源电压、控制电压的种类、电压、极性等必须仔细检查,确保正确。

(2)工业机器人控制系统的连接必须保证牢固、可靠、符合规范。

(3)连接导线的绝缘等级、线径必须与负载的电压、电流相匹配,导线的颜色必须符合标准的规定。

(4)工业机器人控制系统的连接作业必须在断电的情况下,由具备相应专业资格的人员负责实施。

(5)工业机器人控制系统模块、连接电缆的插/拔应在工业机器人控制系统断电的情况下,按照规定的方法与步骤进行。

(6)接触工业机器人控制系统前,应通过接触接地金属部件,放掉人体上的静电。当打开机器人控制柜时,为防止静电放电击穿工业机器人控制柜内的元件,应使用柜内的腕带。

6.连接线的布置

合理布置工业机器人控制系统连接线,可以减少、消除线路中的干扰,提高可靠性。工业机器人控制系统的连接线、电缆等最好根据电压等级与信号的类型进行分类敷设。

电缆敷设采用分层敷设,在走线槽外部,通过金属屏蔽外壳予以密封隔离,这样可以起到有效防止电磁干扰的作用,如图 5-12 和图 5-13 所示。

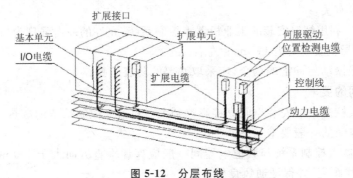

图 5-12　分层布线

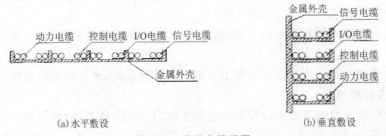

(a)水平敷设　　　　　　　　　　　　　　　(b)垂直敷设

图 5-13　分层布线详图

当然,在实际使用时,考虑成本等方面的因素,要完全按照工业机器人控制系统要求布置可能会有一定的困难。即使如此,对于动力电缆、控制电缆、信号电缆还是以分开敷设为宜,在电气柜内,也尽可能予以分槽布置。

7. 电柜内电气元件的连接要求

设备、电气控制柜、操纵台上的各电气元件的布置、安装位置以及安装方法,应在电气元件的布局图上予以明确,其总体设计要求、应贯彻的有关标准与其他电气控制系统基本相同。

连接线、电缆原则上应根据电压等级与信号的类型采用分层敷设等方法进行隔离,通过金属屏蔽密封。当输入/输出连线无法与动力线分层敷设时,应尽可能采用屏蔽电缆,并将屏蔽层接地;同时,输入信号线与输出信号线不宜布置在同一电缆内,应采用单独的连接电缆。应尽量避免在同一接线端子排、同一插接件上连接不同电压、不同类型的信号线、动力线;在无法避免时,应通过备用端子、备用引脚将其隔离,以防止连接线间的短路并减小线路间的相互干扰。

用于系统模拟量输入/输出、脉冲输入/输出的连接线必须采用屏蔽双绞线。在有条件的场合,最好使用双绞双屏蔽的电缆进行连接。双绞双屏蔽线结构如图 5-14 所示。

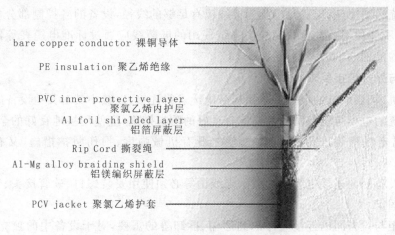

图 5-14 双绞双屏蔽线结构

实际工程应用如图 5-15 所示。

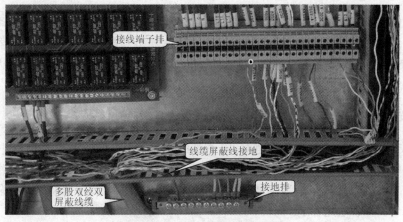

图 5-15 工程双绞双屏蔽线使用

在图纸中,双绞双屏蔽线的绘制方法如图 5-16 所示。

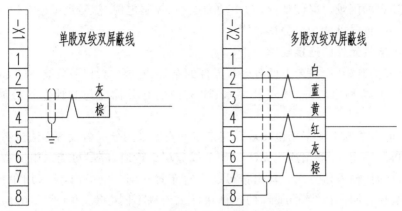

图 5-16　双绞双屏蔽线绘制方法

工业机器人控制系统的电源连接线应有足够的线径,以减小线路的压降;工业机器人控制系统的电源进线应进行绞接处理,防止高频干扰。PLC 系统扩展单元的电缆是容易受到干扰的部位,应保证它与动力线的距离在 30～50 mm。

接地系统必须完整、规范、合理,连接线应有足够的线径,设备的各控制部分应采用独立的接地方式,不能使用公共地线。控制系统使用的屏蔽线应通过标准电缆夹等器件将屏蔽层进行良好的接地。

8. 电柜与外部连接要求

变频电机、伺服电机的电枢应采用屏蔽电缆进行连接,以减小其对其他设备的干扰。

控制系统的电柜与设备间的连线应有良好的防护措施,应使用接地良好的金属软管、屏蔽电缆、金属走线槽等进行外部防护,使之既有机械强度、损伤防护措施,又有良好屏蔽作用。

电柜与设备间的连接电缆、走线管、走线槽等必须使用安装螺钉、软管接头、管夹等部件进行良好的固定。

系统电柜与设备间的连接应考虑到运输、拆卸等的需要,对于设备中的独立附件,应通过安装插接件、分线盒等措施,保证这些独立附件与主机间分离的需要。

【任务实施】

不同的机器人系统的安装要求不一样,项目采用的是 ABB6640 机器人,在编写该项目工业机器人系统的安装作业指导手册时,相关的具体规范和要求应结合该款机器人的安装指导文件,所以在制作项目的工业机器人安装作业指导手册时可参考该款机器人的安装指导文件。

【归纳总结】

在制作工业机器人安装作业规范时,除了要按照厂家提供的标准作业规范进行之外,还要结合工业机器人的工况、负载、场地、现场的环境等诸多因素综合考虑才行。结合厂家给出的安装指导文件以及现场的温湿度、水气电走向、机器人末端操作器特性、现场布局图、人流物流走向等因素综合考虑。

【拓展提高】

结合工业机器人在项目中的安装规范,请联系所学习的工业机器人的相关软硬件知识总结安装工业机器人末端操作器的流程和规范。

◀ 任务 5-4　绘制电气控制柜机械图 ▶

【任务介绍】

在自动化项目中所使用的电气控制柜有很大一部分是非标定制的,针对实际项目对电气安装板安装空间的要求非标设计电气控制柜是一种常见的项目设计工作。请结合项目 4 中滤清器滤芯筒机器人搬运系统的详细设计文件中的电气元件布局图设计对应的电气控制柜,并绘制电气控制柜机械图。

【任务分析】

电气控制柜的机械设计依据包含两个方面:国家针对电气柜的规范标准、项目现场的实际情况。其中,国家相关标准可参考 GB 50254—2014《电气装置安装工程　低压电器施工及验收规范》、GB/T 4208—2017《外壳防护等级(IP 代码)》等,项目基本情况包括项目元件安装控件需求、现场安装进出线方式与方向、现场环境、客户个性化需求等。

【相关知识】

1. 电气控制柜概述

电气控制装置通常都需要制作单独的电气控制柜、箱或操作台。控制柜、操作台的机械结构设计,控制柜、操作台的电气元件布置设计,电气布置连接设计属于安装与连接设计的范畴。设计的目的是用于指导、规范现场生产与施工,为系统安装、调试、维修提供帮助,并提高系统的可靠性与标准化程度。

根据标准 GB/T 22764.2—2008,推荐的电气柜尺寸如下:

高度系列:1600 mm、1800 mm、2000 mm、2200 mm。

宽度系列:400 mm、600 mm、800 mm、1000 mm、1200 mm。

深度系列:600 mm、800 mm、1000 mm、1200 mm。

推荐组合(宽×高×深)为:600×1600×400、600×1800×400、600×2200×600、800×1800×400、800×2200×600、1000×2200×600。

关于板材厚度,业内一般要求:标准的机柜板材厚度立柱 2.0 mm、侧板及前后门 1.2 mm(行业对侧板的要求是 1.0 mm 以上,因侧板不起承重作用,故板材可以稍微减薄以节约能源)、固定托盘 1.2 mm。

目前市场上最流行的低压柜型号大致有以下几种:GGD、GCK、GCS、MNS。GGD 是固定柜,GCK、GCS、MNS 是抽屉柜,如图 5-17 所示。GCK 柜和 GCS、MNS 柜抽屉推进机构不同。GCS 柜只能做单面操作柜,柜深 800 mm,GCS 原始设计最大电流只能做到 4000 A。

MNS柜可以做双面操作柜,柜深1000 mm,可做到6300 A。

在工业机器人系统控制柜的选择使用上,尽量使用标准机柜(见图5-18,可选择威图电控柜、施耐德电控柜等)。在不能满足需求时,可以非标(准)设计适用的电控柜体。

(a)固定式柜体　　　　(b)抽屉式柜体

图 5-17　控制柜类型

图 5-18　标准机柜

2. 控制柜的设计

电气柜、操作台(包括分线盒、走线槽、电缆夹等加工件)的设计以机械图为主,其总体设计要求与应贯彻的有关标准与其他电气控制系统基本相同。此外,在设计电气柜、操作台时,应根据工业机器人控制系统对安装环境的要求进行,并重点注意以下事项:

(1)安装空间。

电气控制柜、操作台设计首先应保证内部有足够的安装与维修空间,确保工业机器人控制系统与其他电器间的空间距离,保证安装部位通风良好。根据操作需要及控制面板、箱、柜内各种电气元件的尺寸确定电气箱、柜的总体尺寸及结构形式,非特殊情况下,应使电气控制柜总体尺寸符合结构基本尺寸与系列。

电气控制柜、操作台的安装高度、操作高度、内部电气元件的绝缘间距、电气防护措施等必须执行国际、国家以及行业的有关标准,并且符合人机工程学原理。

经常操作的开关、按键、指示灯等应布局在0.5~1.8 m高度之间;紧急操作件0.8~1.6 m;指示仪表及醒目标志等应布局在与视平线上下夹角30°范围内;测试点、调整点、连接器应便于识别与维修操作;工作开口的尺寸、方向、位置应使维修人员以比较合适的姿势进行操作,尽可能减少跪、蹲、卧、趴等易于疲劳的操作姿势;单人搬动的机件重量不应大于16 kg,双人搬动的机件重量不应大于32 kg;重量超过5 kg的模块应有把手,重量超过32 kg的机件上方应有吊装吊环,底部应有可供叉车搬运的高度或在箱体底部设计活动轮。

(2)密封与隔离。

电气控制柜、操作台原则上应进行密封,电气控制柜、操作台的密封处理需要同时考虑到密封后的散热空间要求。在箱体适当部位设计通风孔或通风槽,必要时应在柜体上部设计强迫通风装置与通风孔。在工作环境较恶劣的场合,最好安装空调或热交换器,以帮助散热。

当系统中使用高压设备、强干扰设备(如大功率晶闸管、高频感应加热器、高频焊接设备等)时,工业机器人控制系统原则上不应与以上设备安装在同一电气柜内。实在无法避免时,应通过高压防护、电磁屏蔽等措施,在电气柜内部进行隔离。

（3）根据电气控制柜总体尺寸及结构形式、安装尺寸，设计箱内安装支架，并标出安装孔、安装螺栓及接地螺栓尺寸，同时注明配作方式。柜、箱的材料一般应选用柜、箱专用型材。

（4）根据现场安装位置、操作、维修方便等要求，设计电气控制柜的开门方式及形式。

（5）根据以上要求，应先勾画出电气控制柜箱体的外形草图，估算出各部分尺寸，然后按比例画出外形图，再从对称、美观、使用方便等方面进一步考虑调整各尺寸比例。

（6）对于工业机器人集成商来说，如果电控柜的生产制造不是本企业自行进行的，则其绘制非标控制柜体的功能图纸就足够了，最主要是为了表明使用意图，如图 5-19 所示。

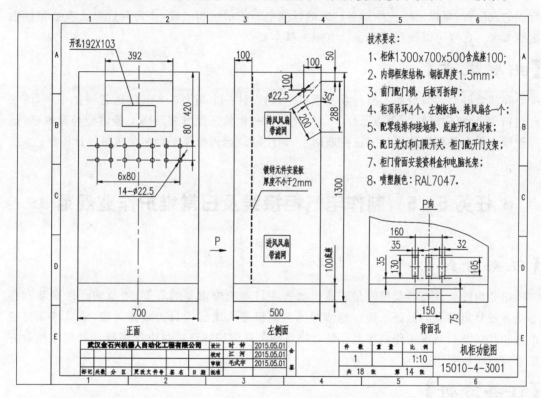

图 5-19 机柜功能图

专业机柜生产企业在收到功能图后，再按上述要求根据本企业的生产条件，进行控制柜各部分结构的详细完善设计，包括各面门、控制面板、底板、安装支架、装饰条等零件，并注明加工要求。再视需要为电气控制柜选用适当的门锁。最后，还要根据各种图纸，对电气控制柜需要的各种零件及材料进行综合统计，按类别列出外购成品件的汇总清单表、标准件清单表、主要材料消耗定额表及辅助材料定额表等，以便采购人员、生产管理部门按设备制造需要备料，做好生产准备工作，也便于成本核算。电气控制柜实物图如图 5-20 所示。

当然，电气柜的造型结构各异，在柜体设计中应注意吸取各种形式的优点。对非标准的电气安装零件，应根据零件设计要求，绘制其需要的安装及配合尺寸，并说明加工要求。

图 5-20 机柜实物图

【任务实施】

结合对电柜相关标准的学习和项目情况的分析对电柜进行设计，可利用机械三维制图软件进行钣金建模，对电气元件进行模拟安装，验证设计的合理性，然后将三维模型导出成工程图并标注尺寸及相关加工要求。

【归纳总结】

非标设计需要经验的积累才能设计出满足实际需求的电柜，作为工业机器人系统集成行业的入门者，可以借鉴一些知名厂家的标准电柜的结构和组成，作为设计自己项目非标电柜的参考。这样可以快速掌握设计电柜的基本要点。

【拓展提高】

在滤清器滤芯筒机器人搬运系统项目中，请设计一个高为 1.2 m 的远程操作平台，该平台包括一个急停按钮、一个指示灯、一对双手按钮，相关元件可在网络上检索型号和规格，该远程操作平台采用膨胀螺丝固定在地面上，请绘制该远程操作平台相关机械设计图纸。

◢ 任务5-5　制作电气柜接线及日常维护作业规范 ◣

【任务介绍】

电柜内的元件安装及接线是工业机器人项目实施中重要的环节，规范的元件安装和接线是系统稳定可靠的保证。请以滤清器滤芯筒机器人搬运项目为具体对象，编写该项目的电气柜接线及日常维护作业规范。结合项目细节详细描述该项目电气柜接线的规范作业方法和日常维护要求。

【任务分析】

制作滤清器滤芯筒机器人搬运项目的电气柜接线和日常维护作业规范，可以参考国标 GB 50054—2001《低压配电设计规范》中的详细描述，针对电气柜的日常维护需要，结合项目现场的情况选择主要的维护项目。

【相关知识】

1. 元器件安装一般规范

（1）前提：所有元器件应按制造厂规定的安装条件进行安装。

（2）对于手动开关的安装，必须保证开关的电弧对操作者不产生危险。

（3）组装前首先看明图纸及技术要求。

（4）检查产品型号、元器件型号、规格、数量等与图纸是否相符。

（5）检查元器件有无损坏。

（6）必须按图安装（如果有图）。

（7）元器件组装顺序应从板前视，由左至右，由上至下。

（8）同一型号产品应保证组装一致性。

（9）面板、门板上的元件按预先开孔安装。如未预留开孔，则安装的中心线高度应符合规定：

指示仪表、指示灯：0.6～2.0 m。

电能计量仪表：0.6～1.8 m。

控制开关、按钮：0.6～2.0 m。

紧急操作件：0.8～1.6 m。

（10）组装产品应符合以下条件：操作方便，元器件在操作时，不应受到空间的妨碍，不应有触及带电体的可能；维修容易，能够较方便地更换元器件及维修连线；各种电气元件和装置的电气间隙、爬电距离应符合相关规定；保证一、二次线的安装距离。

（11）组装所用紧固件及金属零部件均应有防护层，对螺钉过孔、边缘及表面的毛刺、尖锋应打磨平整后再涂敷导电膏。

（12）对于螺栓的紧固应选择适当的工具，不得破坏紧固件的防护层，并注意相应的扭矩。

2. 布线规范

当一次线侧电流比较大时（大于 100 A），一次配线应尽量选用矩形铜母线（铜排）。当用矩形母线难以加工或电流小于等于 100 A 时可选用绝缘导线。各相铜排套不同颜色的热缩管，以区分相线。二次配电分区如图 5-21 所示。

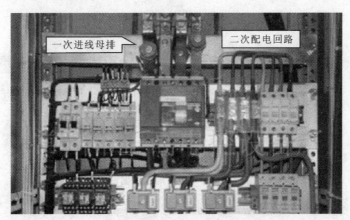

图 5-21 二次配电分区

接地铜排的截面面积＝电柜进线母排单相截面面积×1/2，如图 5-22 所示。

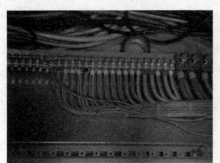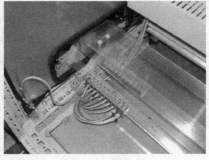

图 5-22 接地铜排要求

汇流母线应按设计要求选取。

主进线柜和联络柜母线按汇流选取：分支母线的选择应以自动断路器的脱扣器额定工作电流为准。如断路器不带脱扣器，则以其开关的额定电流值为准。对断路器以下有数个分支回路的，如分支回路也装有断路器，仍按上述原则选择分支母线截面。如没有断路器，比如只有刀开关、熔断器、低压电流互感器等则以低压电流互感器的一侧额定电流值选取分支母线截面。如果这些都没有，还可按接触器额定电流选取。如接触器也没有，最后才是按熔断器熔芯额定电流值选取。

使用汇流排的主回路如图 5-23 所示。

图 5-23　使用汇流排的主回路

汇流排示意图如图 5-24 所示。

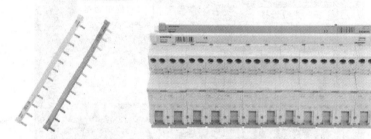

图 5-24　汇流排示意图

分支回路的汇流排的错误接法（圆圈处）如图 5-25 所示。

聚氯乙烯绝缘导线在线槽中，或导线成束状走行时，或防护等级较高时应考虑线间影响热积累的问题。铜母线载流量选择需查询有关文档。

母线应避开飞弧区域。

当交流主电路穿越形成闭合磁路的金属框架时，三相母线应在同一框孔中穿过。

电缆与柜体金属有摩擦时，需加橡胶垫圈以保护电缆（见图 5-26）。

图 5-27 所示未对导线进行防护，为错误接法。

电缆连接在面板和门板上时，需要加塑料管和安装线槽（见图 5-28）。柜体出线部分为防止锋利的边缘割伤绝缘层，必须加塑料护套。

图 5-29 所示为错误接法。

图 5-25 分支回路的汇流排的错误接法

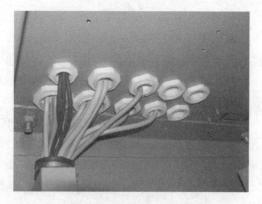

图 5-26 加橡胶垫圈保护电缆

图 5-27 未对导线进行防护的错误接法

图 5-28 塑料管和安装线槽

当需要外部接线时,其接线端子及元件接点距结构底部不得小于 200 mm,且应为连接电缆提供必要的空间。

提高柜体屏蔽功能,如需要外部接线、出线时,需加电磁屏蔽衬垫。如果需要在电柜内开通风窗口,交错排列的孔或高频率分布的网格比狭缝好,因为狭缝会在电柜中传导高频信号。柜体与柜门之间的走线必须加护套,否则容易损坏绝缘层。

螺栓紧固标识(见图 5-30):生产中紧固的螺栓应标识蓝色,检测后紧固的螺栓应标识红色。

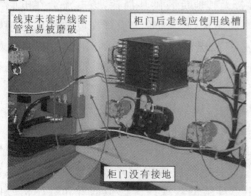

图 5-29 未加塑料管和安装线槽

图 5-30 螺栓紧固标识

注意装配铜排时应戴手套。

板前明线手工布线时（非模型、模具配线），应符合平直、整齐、紧贴敷设面、走线合理及接点不得松动、便于检修等要求。

一个电气元件接线端子上的连接导线不得超过两根，每节接线端子板上的连接导线一般只允许连接一根。

导线截面积不同时，应将截面积大的放在下层，截面积小的放在上层。

确保传动柜中的所有设备接地良好，使用短和粗的接地线连接到公共接地点或接地母排上（见图 5-31）。连接到变频器的任何控制设备（比如一台 PLC）要与其共地时，同样也要使用短和粗的导线接地，最好采用扁平导体（例如金属网），因其在高频时阻抗较低。

图 5-31　传动柜中设备接地

对电柜低压单元、继电器、接触器使用熔断器加以保护。当对主电源电网的情况不了解时，建议最好加进线电抗器。

确保传动柜中的接触器有灭弧功能。交流接触器采用 RC 抑制器，直流接触器采用飞轮二极管装入绕组中。飞轮二极管指的不是特殊二极管，而是针对其用途而言。对一般的直流电感性负载（如直流马达、继电器等），因其电流储能特性，在导入电压时其电流会逐渐上升，相对地，切断电源时其电流逐渐下降，此时若无其他负载供其消耗，该电流会在电感上产生高压电（电弧），易造成开关器损毁、绝缘破坏甚至爆炸。飞轮二极管在电源作用时刚好为逆向，故不导通。但在电源切断后，因为与电感释放电流成顺向而导通，因此可提供电感释放电流。又因二极管顺向偏压极低，故不至于产生高压电弧。压敏电阻抑制器也是很有效的。图 5-32 所示为接触器上的反向二极管。

如果设备运行在一个对噪声敏感的电源环境中，可以采用 EMC 滤波器（见图 5-33）减小辐射干扰。同时为达到最优的效果，确保滤波器与安装板之间有良好的接触。

信号线最好只从一侧进入电柜。信号电缆的屏蔽层双端接地。如果非必要，避免使用长电缆。控制电缆最好使用屏蔽电缆。模拟信号的传输线应使用双屏蔽的双绞线。低压数字信号线最好使用双屏蔽的双绞线，也可以使用单屏蔽的双绞线。模拟信号和数字信号的传输电缆应该分别屏蔽和走线。不要使 DC 24 V 和 AC 115/230 V 信号共用同一条电缆槽。在屏蔽电缆进入电柜的位置，其外部屏蔽部分与电柜嵌板都要接到一个大的金属台面上。

图 5-32 接触器上的反向二极管

图 5-33 EMC 滤波器

电机电缆应独立于其他电缆走线,其最小距离为 500 mm。同时应避免电机电缆与其他电缆长距离平行走线。如果控制电缆和电源电缆交叉,应尽可能使它们按 90°角交叉。同时必须用合适的夹子将电机电缆和控制电缆的屏蔽层固定到安装板上。

为有效抑制电磁波的辐射和传导,变频器的电机电缆必须采用屏蔽电缆,屏蔽层的电导率必须至少为每相导线芯的电导率的 1/10。

中央接地排组(见图 5-34)和 PE 导电排必须接到横梁上(金属到金属连接)。它们必须在电缆压盖处正对的附近位置。中央接地排还要通过另外的电缆与保护电路(接地电极)连接。屏蔽总线用于确保各个电缆的屏蔽连接可靠,它通过一个横梁实现大面积的金属到金属连接。

不能将装有显示器的操作面板安装在靠近电缆和带有线圈的设备旁边,例如电源电缆、接触器、继电器、螺线管阀、变压器等,因为它们可以产生很强的磁场。机柜功能模组分类如图 5-35 所示。

图 5-34 中央接地排组

图 5-35 机柜功能模组分类

功率部件(变压器、驱动部件、负载功率电源等)与控制部件(继电器控制部分、可编程控制器)必须要分开安装。但是并不适用于功率部件与控制部件设计为一体的产品。变频器和相关的滤波器的金属外壳,都应该用低电阻与电柜连接,以减少高频瞬间电流的冲击。理想的情况是将模块安装到一个导电良好的金属板上,并将金属板安装到一个大的金属台面上。喷过漆的电柜面板、DIN 导轨或其他只有小的支撑表面的设备都不能满足这一要求。图 5-36 所示便为一个电柜的基本布局。

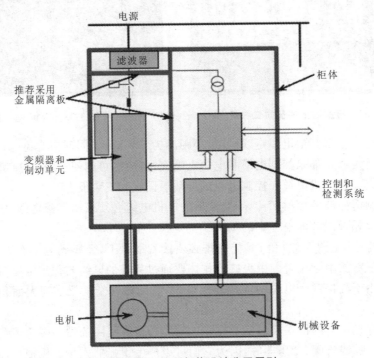

图 5-36　控制柜体设计分区原则

设计控制柜体时要注意区域原则。把不同的设备规划在不同的区域中。每个区域对噪声的发射和抗扰度有不同的要求。区域在空间上最好用金属壳或在柜体内用接地隔板隔离。并且考虑发热量,一般发热量大的设备安装在靠近出风口处,进风风扇一般安装在下部,出风风扇安装在柜体的上部。

根据电柜内设备的防护等级,需要考虑电柜防尘以及防潮功能,一般使用的设备主要为空调、风扇、热交换器、抗冷凝加热器。同时根据柜体的大小选择合适的不同功率的设备。关于风扇的选择,主要考虑柜内正常工作温度、柜外最高环境温度(求得一个温差),以及风扇的换气速率、柜内空气容量。已知三个数据——温差、换气速率、空气容量后,求得柜内空气更换一次的时间,然后通过温差计算求得实际需要的换气速率,从而选择实际需要的风扇。因为一般夜间温度下降,故会产生冷凝水,依附在柜内电路板上,所以需要选择相应的抗冷凝加热器以保持柜内温度。

主回路上的元器件,一般电抗器、变压器需要接地,断路器不需要接地。图 5-37 所示为电抗器接地。

对于发热元件(例如管形电阻、散热片等)的安装应考虑其散热情况,安装距离应符合元件规定。额定功率为 75 W 及以上的管形电阻器应横装,不得垂直地面竖向安装。

所有电气元件及附件,均应固定安装在支架或底板上,不得悬吊在电器及连线上。

接线面每个元件的附近有标牌,标注应与图纸相符。除元件本身附有供填写的标志牌外,标志牌不得固定在元件本体上。接线排标示如图 5-38 所示。

 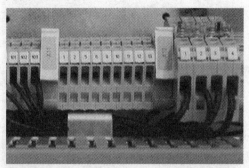

图 5-37 电抗器接地 图 5-38 接线排标示

标号应完整、清晰、牢固。标号粘贴位置应明确、醒目。元件标号如图 5-39 所示。

安装于面板、门板上的元件,其标号应粘贴于面板及门板背面元件下方,如下方无位置可贴于左方,但粘贴位置尽可能一致。元件标号与背板标号如图 5-40 所示。

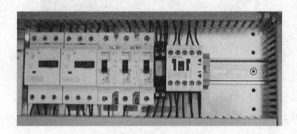 

图 5-39 元件标号 图 5-40 元件标号与背板标号

保护接地连续性利用有效接线来保证。

柜内任意两个金属部件通过螺钉连接时,如有绝缘层,均应采用相应规格的接地垫圈(见图 5-41)并注意将垫圈齿面接触零部件表面(见图 5-42),或者破坏绝缘层。

图 5-41 接地垫圈

图 5-42　接地垫圈安装

安装因振动易损坏的元件时，应在元件和安装板之间加装橡胶垫（见图 5-43）减震。对于有操作手柄（见图 5-44）的元件应将其调整到位，不得有卡阻现象。

图 5-43　减震橡胶垫　　　　　　　　　　　　　图 5-44　操作手柄

要把母线或元件上预留接线用的螺栓拧紧。

二次线的连接（包括螺栓连接、插接、焊接等）均应牢固可靠，线束应横平竖直，配置坚牢，层次分明，整齐美观。同一合同的相同元件走线方式应一致。柜内走线如图 5-45 所示。

图 5-45　柜内走线

二次电源线接线要求如下：

（1）二次电源线截面积要求：单股导线不小于 $1.5~\text{mm}^2$，多股导线不小于 $1.0~\text{mm}^2$，弱电回路不小于 $0.5~\text{mm}^2$，电流回路不小于 $2.5~\text{mm}^2$，保护接地线不小于 $2.5~\text{mm}^2$。

（2）所有连接导线中间不应有接头。

(3)每个电气元件的接点最多允许接2根线。每个端子的接线点一般不宜接2根导线,特殊情况时如果必须接2根导线,则连接必须可靠。

(4)二次线应远离飞弧元件,并不得妨碍电器的操作。电流表与分流器的连线之间不得经过端子,其线长不得超过3 m。电流表与电流互感器之间的连线必须经过试验端子。二次线不得从母线相间穿过。

带电阻的现场总线插头的连接要求如下:

(1)仅一根电缆连接时,则导线与第一个接口连接并推动开关置于"ON"位置,如图5-46所示。编织屏蔽带准确地放置在金属导向装置上。

(2)用于两根电缆连接时,连接的两根导线在插头之内串联并推动开关置于"OFF"位置,如图5-47所示。编织屏蔽带准确地放置在金属导向装置上。

 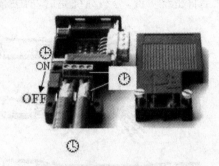

图5-46 仅一根电缆连接现场总线插头　　图5-47 两根电缆连接现场总线插头

不带电阻的现场总线插头的连接要求如下:编织屏蔽带准确地平放在金属导向装置上。导向装置中的两根红绿线放置在刀口式端子上,如图5-48所示。

回拉式弹簧端子(见图5-49)的连接要求如下:导线的剥线长度:10 mm。导线插入端子口中,直到感觉到导线已插到底部。

图5-48 不带电阻的现场总线插头连接　　图5-49 回拉式弹簧端子

屏蔽电缆的连接要求如下:搓拧屏蔽线成股,至约15 mm长为止;用线鼻子把导线与屏蔽线压在一起;将压过的线回折在绝缘导线外层上,然后用热缩管固定导线连接的部分,如图5-50所示。

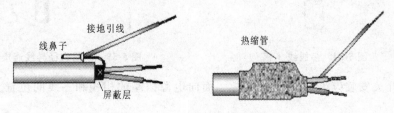

图5-50 屏蔽电缆的连接

当需要临时接线或无法使用端子接线时，对于 4 mm² 及以下的单股连接可采用绞接法：

（1）导线直线单股连接时，将两线互相交叉，用双手同时把两芯线互绞两圈后，将两个线芯在另一个线芯上缠绕 5 圈，剪掉余头，如图 5-51 所示。

图 5-51　导线直线单股连接

（2）导线直线多股连接时，按图 5-52 所示操作。

（3）T 形分支单股连接时，用分支线路的导线往干线上交叉，先打好一个圈结以防止脱落，然后再密绕 5 圈，分线缠绕完后，剪去余线，如图 5-53 所示。

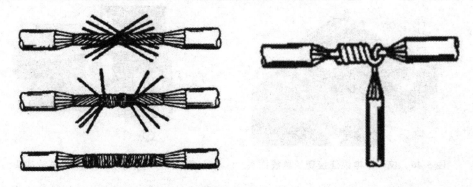

图 5-52　导线直线多股连接　　　　**图 5-53　T 形分支单股连接**

（4）多股线 T 接时，将分支线端破开劈成两半后与干线连接处中央相交叉，将分支线向干线两侧分别紧密缠绕后，余线按阶梯形剪断，长度为导线直径的 10 倍，如图 5-54 所示。

（5）不同直径导线连接时，如果是独根（导线截面小于 2.5 mm²）或多芯软线时，则应先进行刷锡处理，再将细线在粗线上距离绝缘层 15 mm 处交叉，并将线端部向粗线（独根）端缠绕 5～7 圈，将粗线端折回压在细线上，如图 5-55 所示。

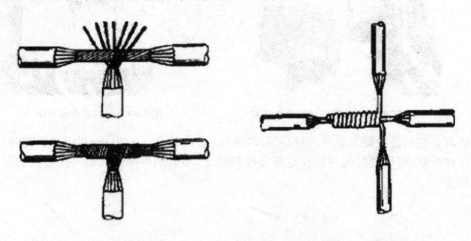

图 5-54　多股线 T 接　　　　　　**图 5-55　不同直径导线连接**

插座、开关安装应牢固，四周无缝隙。面向电源插座的相线和零线的位置为"上地左零右火"。

插座离地面应不低于 200 mm,应采用有防触电保护措施的插座。

线盒内导线应留有余量,长度宜为 150 mm。

3. 电柜的日常维护和检修

(1)检查电柜周围环境,利用温度计、湿度计、记录仪检查周围温度、湿度以及是否冻结。

(2)检查全部装置是否有异常振动、异常声音。

(3)检查电源电压、主回路电压是否正常。

(4)有变频器时,拆下变频器接线,将端子 R、S、T、U、V、W 一齐短路,用 DC 500 V 级兆欧表测量它们与接地端子间的绝缘电阻,应在 5 MΩ 以上。加强紧固件,观察元件是否有发热的迹象。

(5)检查端子排是否有损伤,导体是否歪斜,导线外层是否破损。

(6)检查滤波电容器是否有液体泄漏,是否膨胀,用容量测定器测量静电容,应在定额容量的 85% 以上;检查继电器动作时是否有声音,触点是否粗糙、断裂;检查电阻器绝缘物是否有裂痕,确认是否有断线。

(7)检查变频器运行时,各相间输出电压是否平衡;进行顺序保护动作试验,确认保护显示回路无异常。

(8)检查冷却系统是否有异常振动、异常声音,连接部件是否有松脱。

4. 安装与连接检查

控制系统的安装与连接与现场施工质量密切相关。为了保证工业机器人控制系统的可靠性,设计人员不仅要保证所设计的图纸质量,而且还需要经常深入现场指导、检查实际施工。应根据系统设计规定的要求,认真对照系统、设备的设计要求与图纸进行各方面的检查。尽可能排除设备在安装、制造过程中存在的各类问题,改正控制系统在安装、连接等过程中可能存在的不合理、不正确因素。

安装与连接检查大致包括如下内容。

1)外部条件检查

应检查系统安装的外部条件,确认以下几点:

(1)设备的进线电源电压及频率、接地线、接地电阻是否满足设备要求。

(2)设备的工作环境(温度、湿度等)是否满足工业机器人控制系统工作条件;电气柜、操作台等部件的安装位置是否受到阳光的直射。

(3)设备的周围是否有强烈振动,或者其他强电磁干扰设备。如果有,是否已经对设备采取了有效的减震、电磁屏蔽与防护措施。

(4)设备的周围是否有足够的维修空间。

2)部件安装检查

应检查系统的部件安装情况,确认以下几点:

(1)电气柜安装、固定、密封是否良好;是否能够有效防止切削液或粉末进入柜内;空气过滤器(如果安装)清洁状况是否良好。

(2)电气柜内部的风扇、热交换器等部件是否可以正常工作;工业机器人控制系统上的防尘罩(防尘纸)是否已经取下。

(3)电气柜内部的工业机器人控制系统模块、其他控制装置的表面、内部是否有线头、螺钉、灰尘、金属粉末等异物进入。

（4）控制系统各模块、部件的数量是否齐全，模块、部件的安装是否牢固、可靠。

（5）系统的总线、扩展电缆是否已经正确连接，连接器插头是否完全插入、拧紧；模块地址的设置（如需要）是否正确。

（6）系统操作面板上的按钮有无破损，安装是否可靠，设定位置是否正确。

（7）继电器、电磁铁以及电动机等电磁部件的噪声抑制器是否已经按照要求安装。

3）部件连接检查

部件连接检查通常包括如下内容：

（1）电气柜与设备间的连接电缆是否有破损，电缆拐弯处是否有破裂、损伤现象。

（2）电源线与信号线布置是否合理；电缆连接是否正确、可靠。

（3）电源进线是否可靠接地；接地线的规格是否符合要求。

（4）信号屏蔽线的接地是否正确；端子板上的接线是否牢固、可靠；系统接地线是否连接可靠。

（5）确认工业机器人控制系统全部低压（如 DC 24 V）输入端与高压（如 AC 220 V）控制回路间无短路或不正确的连接。

（6）确认全部工业机器人控制系统的输出无短路现象。

【任务实施】

在参考电气柜接线的国家标准中的相关规定后，针对滤清器滤芯筒机器人搬运项目需要安装到电气柜中的对象进行详细描述，每一安装在柜内的元件的安装作业方法和注意事项在《滤清器滤芯筒机器人搬运项目电气柜接线及日常维护作业规范》中进行详细的描述；结合客户现场的项目运行环境和客户设备的开机率，在上述规范中罗列需要进行检查的项目和需要进行清理的对象，并备注检查和清理周期。

【归纳总结】

将滤清器滤芯筒机器人搬运项目关于电气柜接线及日常维护的规范整理完毕后，可以对照标准总结在通用工业机器人项目中的柜内相关元件的安装规律，形成一套通用的适用性更强的电气柜内元件安装及日常维护规范。

【拓展提高】

在本任务中，我们总结了电气柜内的相关元件的安装规范，针对外部电缆的安装规范请结合相关标准进行总结。

通 信 基 础

在工业机器人控制系统中,根据对象的不同,工业机器人控制系统通信可分为工业机器人主控制器与外部设备间的通信、工业机器人控制器之间的通信、工业机器人控制器与 PLC 以及 PLC 与 PLC,PLC 与外部设备之间的通信等。为了便于阅读,一般而言,除基础知识外,在本项目中所指的"工业机器人系统"为包含工业机器人主控制器、PLC 或上位机的系统,而"工业机器人"指工业机器人主控制器。

◀ 任务6-1 制作工业机器人系统通信名词闪卡 ▶

【任务介绍】

闪卡是印有美观画面、表面闪闪发亮的小卡,主题多为卡通人物,而背面则多为有关卡通人物的小资料(如角色个人档案)。为了建立对通信的基本认识,首先需要对通信的相关名词的含义有准确的认识,请制作关于工业机器人系统通信相关名词的闪卡,并通过闪卡相互测试对这些名词的熟悉程度。

【任务分析】

通信相关的名词均是定义通信类型、数据结构、通信媒介、通信结构、通信编码、通信数据组成等相关属性的。通过网络检索或者学习本项目内容可以获得对常见通信相关名词的介绍;结合闪卡的样式将上述名词解释填写到闪卡指定位置即可。

【相关知识】

1. 工业机器人系统通信分类

工业机器人系统通信从设备的范围划分,可分为工业机器人与外部设备的通信及工业机器人与系统内部设备之间的通信两大类。根据通信对象的不同,具体又可以分以下几种情况。

1)工业机器人与外部设备的通信

工业机器人与通用外部设备之间的通信是指工业机器人与具有通用通信接口的外部设备之间的通信。工业机器人系统与打印机,工业机器人系统与条形码阅读器,工业机器人系统与文本操作、显示单元的通信等,均属于此类通信的范畴。

2)工业机器人与系统内部设备之间的通信

工业机器人与控制系统内部其他控制装置之间的通信一般可以分如下四种情况。

(1)工业机器人与远程 I/O 之间的通信。这种通信实质上只是通过通信的手段,对工业机器人的 I/O 连接范围进行的延伸与扩展。通过使用通信,可省略大量的、在工业机器人与远程 I/O 之间的、本来应直接与工业机器人 I/O 模块连接的电缆。

(2)工业机器人与其他内部控制装置之间的通信。这是指工业机器人通过通信接口与系统内部的、不属于工业机器人范畴的其他控制装置之间的通信。在工业机器人系统中，工业机器人与变频调速器、伺服驱动器的通信，工业机器人与各种温度自动控制和调节装置、各种现场控制设备的通信等均属于此类通信的范畴。

（3）工业机器人与工业机器人之间的通信。它主要应用于工业机器人网络控制系统。通过通信连接，可以使得众多独立的工业机器人有机地连接在一起，组成工业自动化系统的"中间级"。这一"中间级"通过与 PLC 或上位计算机的连接，可以组成规模大、功能强、可靠性高的综合网络控制系统。

（4）工业机器人与计算机之间的通信。在工业机器人系统中，工业机器人与编程、监控、调试用计算机或图形编程器之间的通信，工业机器人与网络控制系统中上位机的通信等，均属于此类通信的范畴。

由于工业机器人控制系统内部的设备众多，通常情况下需要通过工业机器人现场总线系统将各装置连接成网络的形式，以实现集中与统一的管理。

2. 基本名词解释

通信：计算机与外部设备间的数据交换称为通信。

通信协议：对通信双方必须共同遵守的数据格式、同步方式、传输速率、纠错方式、控制字符等进行的约定，也称为通信控制规程或传输控制规程。

通信介质：数据传送的载体，也称通信线路或传输介质。在控制系统中，通信介质一般有双绞屏蔽电缆、同轴电缆、光缆等。

常用传输介质的性能比较如表 6-1 所示。

表 6-1　常用传输介质的性能比较

性能参数	双绞电缆	同轴电缆	光缆
传输速率	9.6 Kb/s～2 Mb/s	1～450 Mb/s	10 Mb/s～1 Gb/s
网络连接方式	点到点、多点	点到点、多点	点到点
无中继器时的最大传输距离	1.5 km	10 km（宽带） 1.3 km（基带）	50 km（宽带）
传输信号	数字信号、调制信号、模拟信号	数字信号、调制信号（基带），声音、图像、数字信号（宽带）	调制信号（基带），声音、图像、数字信号（宽带）
网络拓扑类型	星型、环型	总线型、环型	总线型、环型
抗干扰性	好	很好	最好

波特率（baud rate）：也称通信速率或传输速率，它是指通信线路中每秒钟传送的二进制位（bit）数据的个数，基本单位为 b/s，也可以是 Kb/s、Mb/s 等。

为了保证各种通信设备的互连性，波特率有统一的标准值可供选择，一般不可以设定、选择其他值。国际标准规定的、常用的波特率有：300 b/s、600 b/s、1200 b/s、1800 b/s、2400 b/s、4800 b/s、9600 b/s、19 200 b/s、38 400 b/s 等。在网络高速通信中，还可以选择 2.5 Mb/s、5 Mb/s、10 Mb/s、20 Mb/s、50 Mb/s、100 Mb/s 甚至 1 Gb/s 的高速传输。

在通信上，根据传统的习惯，传输速率在 4800 b/s 以上的称为高速；1200～2400 b/s 的称为中速；1200 b/s 以下的称为低速。但它不适用于网络系统，在网络系统中，所谓的高速、中速的传输速率要远远高于以上定义值。

比特（bit）：比特是计算机数据处理与运算的基本单位，它代表二进制的 1 个位（"1"或"0"）。同样，比特也是信息传输的最基本的单位。为了实现数据的发送与接收，在数据传输过程中,任何字符都只能用计算机能够识别的二进制位的形式进行表示,而每一个二进制的位,称为 1 个比特。

字符编码:为了使得计算机能够识别不同的字符,需要通过若干二进制位的组合来代表不同的字符。例如,可以通过 4 位二进制数来代表十进制数 0~9,这种编码方式就是人们熟知的 BCD(binary coded decimal)编码。

在数据通信中,常用的编码方式有 ASCII(American strandard code for information interchange,美国标准信息交换编码)与 EBCD(extended binary coded decimal,扩展 BCD 编码),前者是利用 7 位二进制数来代表 1 个字符,为最常用的编码方式;后者利用 8 位二进制数来代表 1 个字符,常用于同步通信。

帧(frame):字符传输的基本单位。为了保证接收方能够可靠识别传送方所发送的数据,实现发送与接收的同步,数据传输时需要有传输起始标志、字符编码数据、传输结束标志等部分。其中,传输起始标志与结束标志分别放在每组信息的起始与结束位置,代表字符数据传输的开始与结束,目的是保证发送与接收的同步;中间部分为字符编码信息或者数据。这样完整的一组传输信息,在网络与通信中称为 1 帧。

根据通信方式(同步通信与异步通信)、通信协议等的不同,帧的大小与格式有所区别,具体可以参见后述内容。

基带与宽带:基带与宽带实质上是两种不同的信号传送方式。基带是直接以电平的形式传送二进制数据"0"与"1"的传送方式,信号为脉冲串。宽带是通过调制与解调器,将代表二进制数据"0"与"1"的电平转换为等幅异频或同频异幅、同频异相的信号进行传送的方式,传送的信号为调频、调幅、调相信号。

3. 通信的基本类型

1)并行通信与串行通信

并行通信与串行通信是两种不同的数据传输方式,如图 6-1 所示。所谓并行通信,是将一个数据(8 位、16 位、32 位二进制数据)的每一个二进制位,均采用单独的导线(电缆)进行传输,并将发送方与接收方进行并行连接;一个数据的各二进制位可以在同一时间里一次性进行传送。

所谓串行通信,是通过一对连接导线,将发送方与接收方进行连接,传输数据(8 位、16 位、32 位数据)的每一个二进制位,按照规定的顺序,在同一连接导线上,依次进行发送与接收。

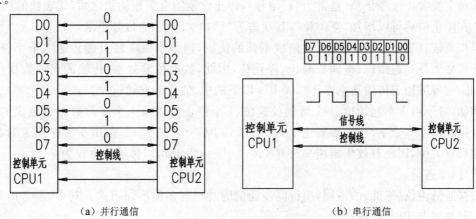

(a)并行通信　　　　　　　　　　　　　(b)串行通信

图 6-1　并行通信与串行通信

并行通信的特点是一个传送周期里，可以一次传输多位数据。且发送方与接收方的每一数据位都一一对应，因此，传输速度快、发送与接收控制容易、传送可靠性高。其缺点是需要的连接电缆数多，通信线路(硬件)成本高，特别是在数据位数多、通信距离长时，将会大大增加系统硬件成本。因此，通常用于近距离、高速传送设备中(如打印机等)，在工业控制现场使用较少。串行通信相对并行通信而言，虽然存在传送速度慢、控制较复杂的缺点，但由于需要的连接电缆少，通信线路(硬件)成本低，特别是在多位、长距离通信时，其优点更为突出，因此，被广泛应用于工业控制的现场。

2)异步通信与同步通信

异步通信与同步通信也称为异步传送与同步传送，这是串行通信的两种基本信息传送(通信)方式。在串行通信中，虽然在理论上发送方与接收方都具有相同的传输速率，但实际上总不可能完全一致。在传输信息过程中，由于传输速度高，数据信号保持的时间短，这些细微的速度差别也可能引起数据的错位或者积累，导致传输的错误与失败。

因此，必须对进行通信的字符数据加上起始标志、结束标志等(即以"帧"的形式传输数据)，才能保证接收方能够正确区分不同的字符。

异步传送与同步传送的主要区别在于同步方式的不同，除数据处理、硬件线路等方面的区别外，从使用者的角度上说，最主要的是两种通信方式的"帧"的格式有所不同。其特点分别如下。

(1)异步通信。

串行异步通信"帧"的格式构成为：起始位(1位)＋数据位(5～8位)＋奇偶校验位(1位)＋停止位＋空闲位(不限位)。

异步通信的特点如下。

①每1帧中总计有10～12个二进制位数据。

②每1帧含1个起始位(通常为"0"信号)，作为"帧"的起始标志。

③每1帧含1个字符的数据，字符数据位数为5～8位。

④每1帧含1个奇偶校验位，奇偶校验位紧随字符数据位之后。

增加奇偶校验位的目的是使得每一字符信息中，二进制"1"状态的个数固定为奇数或偶数，以便大致判断信息传送的正确性。

⑤每1帧含1个停止位(通常为"1"信号)，停止位紧随奇偶校验位之后，代表帧的结束。

⑥在停止位后可以增加"空闲位"，其状态为"1"，"空闲位"的位数不限。

异步通信具有硬件结构简单、通信成本低的优点，但由于每1帧只能传送1个字符，且每一字符必须具有起始位、奇偶校验位、停止位，因此，数据传输效率(传输的有效数据位比例)较低，一般适用于传输速率在19 200 b/s以下的中、低速数据通信。

例如，对于由1个起始位、1个奇偶校验位、1个停止位以及7个字符数据位组成的帧，当每秒钟传送120个字符时，传输速率为120×10 b/s＝1200 b/s。但由于实际传送的有效数据位只有7位，因此有效传输速率只有120×7 b/s＝840 b/s，传输效率仅为70%。

(2)同步通信。

根据通信协议(标准)的不同，串行同步通信的"帧"有多种不同格式。其中，最常用的有HDLC帧格式与PPP帧格式。

HDLC(high-level data link control，高级数据链路控制)的帧格式如图6-2所示。

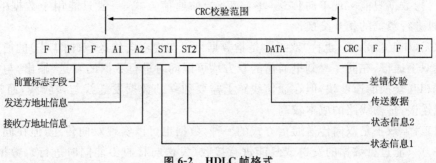

图 6-2　HDLC 帧格式

图中各字段代表的意义如下：

F：前置标志字段（也称标志场或前置码），长度为 1 字节（8 位二进制码），格式一般规定为 0111 1110。

A1、A2：发送方与接收方地址（也称地址场），长度一般为 2 字节，为发送方与接收方的二进制地址标识。

ST1、ST2：通信状态信息（也称控制场），长度一般为 2 字节，为以二进制位表示的通信双方工作状态信息。

DATA：需要传送的数据（也称信息场），可以是多个字符的编码数据。

CRC：16 位循环冗余校验（cyclic redundancy check）标志（也称校验场），CRC 校验的范围为标志字段 F 结束到 CRC 校验标志开始部分内容。

有关 HDLC 帧格式的详细内容，可以参见相关资料。

与串行异步通信比较，同步通信的"帧"具有以下的结构特点。

（1）每 1 帧中包含多位二进制数据，帧中的有效数据长度要远远大于串行异步通信。

（2）帧的起始标志需要多位，一般为 1 字节。

（3）每 1 帧均包含发送方与接收方地址的数据，因此可以进行多点传送，地址数据一般为 2 字节。

（4）每 1 帧均包含通信状态信息，状态信息一般为 2 字节。

（5）每 1 帧可以包含多个字符的数据，数据长度原则上无限制。

（6）数据的校验采用了循环冗余校验方式，循环冗余校验码 CRC 既为校验码又作为帧的结束标志，其长度一般为 2 字节（16 位）。

循环冗余校验是数据校验方式的一种，校验码 CRC 需要通过规定的算法生成。算法的要点是将传输的数据视为一个连续的二进制数据，然后通过移位、除以"生成多项式"（一般为 $X^{16}+X^{15}+X^2+1$，即二进制数 1100 0000 0000 0101）等处理，最后得到的余数即为循环冗余校验码 CRC。在校验时，通过将发送的数据、校验码通过规定的运算，再除以"生成多项式"，如果能够整除，视为数据正确。

以上帧的格式中，由于每帧只需要使用一组辅助数据（前置标志字段、发送方与接收方地址、通信状态信息、循环冗余校验标志）就可以发送不受限制的字符数据，因此有效数据的比例可以很高，故同步通信具有传输效率、实际传输速率高的优点，但其硬件成本也远高于异步通信，一般用于传输速率在 20 000 b/s 以上的高速数据通信。

3）单工、双工与半双工

单工、双工与半双工是通信中用来描述数据传送方向的专用名词，其意义如下。

单工:指数据只能实现单向传送(单向工作)的通信方式,一般只能用于数据的输出传送,不可以进行数据的相互交换。

全双工(full duplex):也称"双工",是指数据可以实现双向传送(双向工作)的通信方式。采用双工通信,在同一时刻里通信的双方均可以同时进行数据的发送(输出)与接收(输入),数据相互交换的速度快,但在通信线路上需要独立的数据发送线与接收线,通常需要2对双绞线连接,传输线路的成本较高。

半双工:半双工是双向传送通信方式的一种,数据也可以实现双向传送,但在同一时刻,通信的一方只能进行数据的发送或只能进行接收(发送与接收不能同时进行),数据相互交换的速度是双工的一半,故称为半双工。采用半双工的优点是通信线路中的数据发送线与接收线可以共用,因此,通常只需要1对双绞线连接,传输线路的成本比全双工低。

4)调制与解调

在通信中为了保证数据传输的正确性,有时(特别是远距离通信时)需要对传输信号进行必要的转换与处理,这种信号的转换与处理称为调制与解调。

在计算机运算与处理中,二进制的状态"1"与"0"一般均以不同的电平(如 5 V 与 0 V)或电流(如 20 mA 与 0 A)进行表示。

在数据通信中,如果传输距离较短,可以直接利用电平信号进行发送,这一方式称为直接传输。

为了提高数据传输的正确性,对信号的"0"与"1",可以按照规定的方法重新进行编码处理,如保证数据位的"中点"位置为信号电平的上升/下降沿的曼彻斯特编码法、差分曼彻斯特编码法、密勒编码法等,具体可以参见相关参考书籍。

当传输距离较长时,由于传输线路分布电容、电感的影响与线路的衰减,可能会引起信号的畸变,从而导致数据传送的错误。

为了提高数据传输的正确性,在发送端一般需要对数字信号进行必要的转换,将用来表示二进制状态"1"与"0"的电平转换为其他更为可靠的形式进行发送,这一过程称为信号的调制。实现信号状态转换的装置称为调制器。同样,在接收端,需要将发送端发送的调制信号,重新恢复为计算机处理可以使用的、以电平形式表示的二进制状态"1"与"0",这一过程称为信号的解调。实现信号重新恢复的装置称为解调器。

FSK(frequency shift keying,移频键控)是一种常用的调制方式,它可以将二进制的状态"1"与"0"调制为幅值相等、频率不同的交流模拟信号进行发送,其工作原理如图 6-3所示。

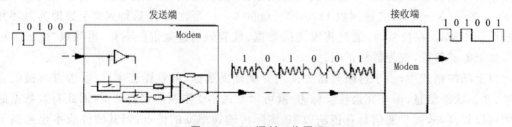

图 6-3 FSK 调制工作原理

同样,在数据的接收侧,也需要通过频率解调器重新将这一交流模拟电压恢复为代表二进制状态的"1"与"0"的电平信号。

此外,在通信中还经常使用调相(包括绝对相位调制、二相相对调制等)、调幅(幅移键控)等调制方式,限于篇幅,本书不再一一说明,具体可以参见相关参考书籍。

【任务实施】

如图 6-4 所示,参照样例格式将检索到的工业机器人系统通信相关名词解释制作成闪卡。

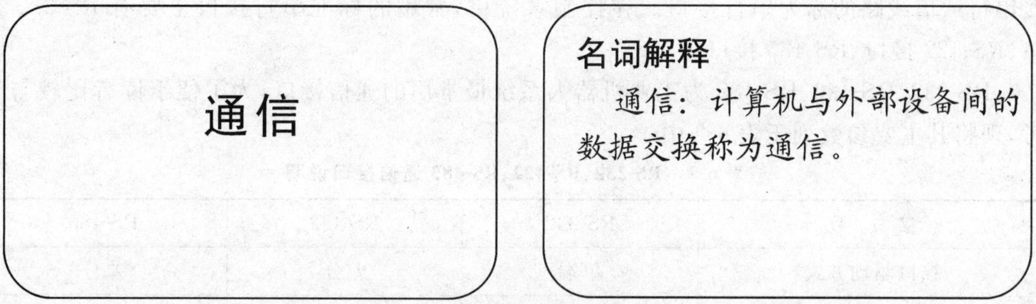

通信

名词解释

通信: 计算机与外部设备间的数据交换称为通信。

图 6-4 通信名词闪卡(样例)

【归纳总结】

通信名词闪卡将枯燥的通信名词解释借助活泼的形式展现,增加趣味性。同时可以借助闪卡开展小游戏,加深对工业机器人系统通信相关名词的理解。

【拓展提高】

将制作的工业机器人系统通信名词闪卡依据该名词的属性类别进行分类,通过总结分类进一步理解这些通信名词的含义和这些名词代表的通信特性在通信系统中的作用,为进一步学习工业机器人系统通信打下基础。

任务 6-2　常见工业机器人应用系统设备通信硬件接口分类表

【任务介绍】

在控制系统中,常见的标准串行接口主要有 RS-232 接口、RS-422 接口、RS-485 接口等。结合在工业机器人系统集成项目中具有通信功能的硬件模块和设备,按照通信硬件接口种类进行分类,并按照通信硬件接口分类,将具有相同的通信硬件接口的设备填写到常见工业机器人应用系统设备通信硬件接口分类表。

【任务分析】

常见的工业机器人应用系统中具有通信功能的电气硬件包括 PLC、工业机器人、变频器、伺服驱动器、触摸屏、工控机、工业智能相机、焊接电源、分布式 I/O 模块、智能化仪表等。

当然,不同型号的同一种硬件对应的通信接口也不同,所以在制作表格时,填入表格的硬件要求给出具体的型号。

【相关知识】

1. 串行接口概要

用于通信线路连接的输入/输出线路称为接口,连接并行通信线路的称为并行接口,连接串行通信线路的称为串行接口。在控制系统中,常用的标准串行接口主要有 RS-232 接口、RS-422 接口、RS-485 接口等。

RS-232、RS-422、RS-485 为工业机器人系统最常用的通信接口,为了便于读者比较与参考,现将其主要参数列于表 6-2 中。

表 6-2　RS-232、RS-422、RS-485 通信接口说明

参　　数	RS-232	RS-422	RS-485
接口驱动方式	单端	差分	差分
通信节点数	1 发、1 收	1 发、10 收	1 发、128 收
最大传输电缆长度(无 Modem)	15 m	50 m(三菱 PLC)	50 m(三菱 PLC)
最大传输速率	20 Kb/s	10 Mb/s	10 Mb/s
驱动电压	$-25\sim+25$ V	$-0.25\sim+6$ V	$-7\sim+12$ V
带负载时最小输出电平	$-5\sim5$ V	$-2\sim+2$ V	$-1.5\sim+1.5$ V
空载时最大输出电平	$-25\sim+25$ V	$-6\sim+6$ V	$-6\sim+6$ V
驱动器共模电压	—	$-3\sim+3$ V	$-1\sim+3$ V
负载阻抗	$3\sim7$ kΩ	100 Ω	54 Ω
接收器最大允许输入电压	$-15\sim+15$ V	$-10\sim+10$ V	$-7\sim+12$ V
接收器输入门槛电压	$-3\sim+3$ V	$-200\sim+200$ mV	$-200\sim+200$ mV
接收器输入阻抗	$3\sim7$ kΩ	$\geqslant4$ kΩ	$\geqslant12$ kΩ
接收器共模电压	—	$-7\sim+7$ V	$-7\sim+12$ V

2. RS-232 接口

RS-232(recommended standard 232)接口是一种最为常见的 EIA 标准串行接口,接口的主要参数可以参见表 6-3。接口一般使用 9 芯或 25 芯连接器,使用的信号名称、代号、引脚的意义如表 6-3 所示。

表 6-3　RS-232 接口主要参数

PLC 侧引脚	信 号 名 称	信 号 作 用	信 号 功 能
1	CD 或 DCD(Data Carrier Detect)	载波检测	接收到 Modem 载波信号时 ON
2	RD 或 RXD(Received Data)	数据接收	接收来自 RS-232 设备的数据
3	SD 或 TXD(Transmitted Data)	数据发送	发送传输数据到 RS-232 设备
4	ER 或 DTR(Data Terminal Ready)	终端准备好(发送请求)	数据发送准备好,可以作为请求发送信号

续表

PLC 侧引脚	信 号 名 称	信 号 作 用	信 号 功 能
5	SG 或 GND(Signal Ground)	信号地	
6	DR 或 DSR(Data Set Ready)	接收准备好 （发送使能）	数据接收准备好,可以作为数据发送 请求回答信号
7	RS 或 RTS(Request to Send)	发送请求	请求数据发送信号
8	CS 或 CTS(Clear to Send)	发送请求回答	发送请求回答信号
9	RI	呼叫指示	只表示状态

RS-232 的外部连接可以采用以下 3 种通用的连接方式(注意,即使是通用连接方式,在不同的外部设备中也可能略有区别)。

1)完全连接方式

这是一种使用 RS-232 全部信号的连接方式。9 芯或 25 芯线连接如图 6-5 所示。

图 6-5　完全连接方式

2)不使用控制信号的连接方式

这是一种仅使用最基本信号的连接方式,如图 6-6 所示,它仅使用 RD(RXD)、SD(TXD)、SG(GND)三条连接线。这种连接方式用于不需要回答信号的通信设备,它把双方都当作数据终端设备看待,不使用控制信号,双方随时都可以进行发送与接收。

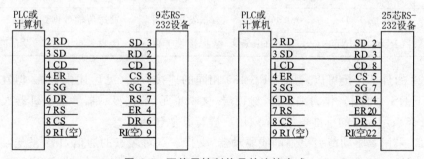

图 6-6　不使用控制信号的连接方式

3)短接控制信号的连接方式

这是一种仅使用最基本信号的连接方式,如图 6-7 所示,实际连接仅使用 RD(RXD)、SD(TXD)、SG(GND)三条连接线,但需要短接控制信号。这种连接方式适用于需要回答信号的通信设备,但它把双方都当作已经准备好的设备看待,直接回答控制信号,双方随时可以进行发送与接收。

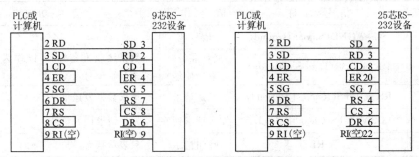

图 6-7　短接控制信号的连接方式

由于 RS-232 接口采用单端非差分驱动方式,信号共地连接,因此,不能消除线路中的共模干扰,通常适用于 15 m 以内的短距离通信,如 PLC 与编程器、触摸屏等外设之间的通信。

RS-232 在短距离(≤15 m)通信时,可以不加调制解调器(Modem),使用"不使用控制信号的连接方式"或"短接控制信号的连接方式",即可实现全双工工作方式进行串行异步通信。在远距离通信时,需要增加调制解调器,并且采用完全连接方式连接。

3. RS-422 接口

RS-422(recommended standard 422)接口是一种计算机、PLC 控制系统等中常见的 EIA 标准串行接口,称为"平衡电压数字接口"。

RS-422 接口一般使用 9 芯连接器,通常使用的信号名称、代号、引脚的意义如表 6-4 所示。

表 6-4　RS-422 接口主要参数

PLC 侧引脚	信 号 名 称	信 号 作 用	信 号 功 能
1	SG 或 GND(signal ground)	信号地	
2	SDB 或 TXD－(transmitted data)	数据发送－端	发送传输数据到 RS-422 设备
3	RDB 或 RXD－(received data)	数据接收－端	接收来自 RS-422 设备的数据
5	SG 或 GND(signal ground)	信号地	
6	SDA 或 TXD＋(transmitted data)	数据发送＋端	发送传输数据到 RS-422 设备
7	RDA 或 RXD＋(received data)	数据接收＋端	接收来自 RS-422 设备的数据

RS-422 的外部连接可以采用与 RS-485 相同的连接方式(见后述内容)。但在 PLC 中,通常情况下 RS-422 用来作为编程器、触摸屏、文本单元、数据显示器等工业机器人标准外设的接口,大都采用配套的标准电缆,无须用户进行其他连接。

RS-422 采用了驱动能力更强的线驱动器,支持一点对多点的通信,1 个发送端(master)最多可以连接 10 个接收端(salve),但在接收设备间不能进行相互通信。在使用调制解调器后,RS-422 的最大传输距离可以达到 1204 m 左右,最大传输速率为 10 Mb/s。但是,RS-422 的传输速率与传输线的长度成反比,在最大距离时,传输速率不能超过 100 Kb/s;在 100 m 传输距离时,最大传输速率为 1 Mb/s;而在最大传输速率为 10 Mb/s 时,传输距离一般仅为 12 m 左右。

RS-422 接口采用了单独的发送与接收通道,可以实现全双工通信,不需要控制数据方向,通信设备间的信号交换一般通过 XON/XOFF 软件握手协议实现。

由于 RS-422 接口采用平衡差分驱动方式,输出为互为反相的差分信号,因此,可以消除线路中的共模干扰,可以适用于远距离传输。接口能实现一点到多点连接(1 个发送端、10 个接收端)。

4. RS-485 接口

RS-485(recommended standard 485)接口是在 RS-422 基础上发展起来的一种 EIA 标准串行接口,同样采用了平衡差分驱动方式。接口满足 RS-422 的全部技术规范,可以用于 RS-422 通信。接口一般使用 9 芯连接器或接线端子连接,使用的信号名称、代号、引脚的意义与 RS-422 相同。

RS-485 的外部连接,可以采用 2 对双绞线连接(也称"双对子布线")与 1 对双绞线连接(也称"单对子布线")两种连接方式,都需要连接终端电阻。连接终端电阻是为了消除在通信电缆中的信号反射。在通信过程中,有两种原因导致信号反射:阻抗不连续和阻抗不匹配。

阻抗不连续,信号在传输线末端突然遇到电缆阻抗很小甚至没有,信号在这个地方就会引起反射。这种信号反射的原理与光从一种媒质进入另一种媒质要引起反射是相似的。消除这种反射的方法,就是在电缆的末端跨接一个与电缆的特性阻抗同样大小的终端电阻,使电缆的阻抗连续。由于信号在电缆上的传输是双向的,因此,在通信电缆的另一端可跨接一个同样大小的终端电阻。

引起信号反射的另一个原因是数据收发器与传输电缆之间的阻抗不匹配。这种原因引起的反射,主要表现在通信线路处在空闲方式时,整个网络数据混乱。

要减弱反射信号对通信线路的影响,通常采用噪声抑制和加偏置电阻的方法。在实际应用中,对于比较小的反射信号,为简单方便,经常采用加偏置电阻的方法。

在设备少、距离短的情况下不加终端负载电阻,整个网络能很好地工作(即一般在 300 m 以下不需终接电阻),但随着距离和负载数量的增加,性能将降低。一般终端匹配应在总线电缆的开始和末端都并接终端电阻。终接电阻在 RS-485 网络中取 120 Ω,相当于电缆特性阻抗的电阻,因为大多数双绞线电缆特性阻抗在 100~120 Ω。这种匹配方法简单有效,但有一个缺点,匹配电阻要消耗较大功率,对于功耗限制比较严格的系统需要考虑功率影响。

当 RS-485 采用两对双绞线连接时,可以按照图 6-8 所示进行连接。采用单独的发送与接收通道,可以实现全双工通信。

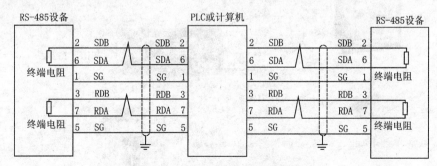

图 6-8 RS-485 采用两对双绞线连接

当 RS-485 采用一对双绞线连接时,连接方式如图 6-9 所示。发送与接收通道共用传输线,只能实现半双工通信。

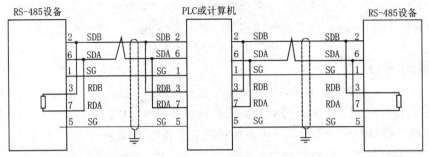

图 6-9　RS-485 采用一对双绞线连接

RS-485 的传输终端(两端的终点)一般只需要在 RDA、RDB 上加终端电阻。在三菱 PLC 的 RS-485 接口中,此电阻为 110 Ω/0.5 W;在 RS-422 接口中,此电阻为 330 Ω/0.5 W。在短距离传输时(300 m 以内),有时也可以不连接终端电阻。

RS-485 采用了与 RS-422 同样的线驱动器,支持一点对多点的通信,1 个发送端最多可以连接 32 个接收端,采用最新器件可以连接 128 个接收端。在接收设备间同样不能进行相互通信。

RS-485 与 RS-422 的区别主要在于接收器的共模电压不同,RS-485 的共模电压为 $-7\sim +12$ V,RS-422 的共模电压为 $-7\sim +7$ V。因此,RS-485 对应接收侧的输入阻抗为 12 kΩ,而 RS-422 对应接收侧的输入阻抗为 4 kΩ。

5. 串口通信实际应用

图 6-10 所示为三菱 FX3G 系列 PLC 的串口通信应用接线示意。FX3G 系列基本单元内置一个 RS-422 接口、一个 USB 接口。编程计算机可以使用这两个接口之中的一个进行连接。但是需要配置专用的数据线。当使用触摸屏的时候,可以使用内置的 RS-422 接口。需要注意的是,有些 PLC 不提供内置 USB 接口,当触摸屏占用内置的 RS-422 接口时,编程计算机的接入比较麻烦。在这种情况下,应选配通信扩展板来扩展通信口。图 6-10 中,选配了两块不同的通信扩展板(FX3G-485-BD 及 FX3G-232-BD)来扩展,扩展后可以接入更多的串口通信设备,如图中的其他 PLC、条形码阅读器等。

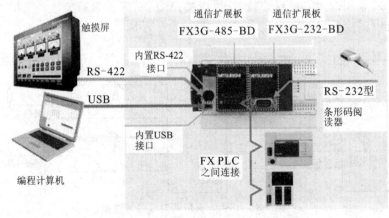

图 6-10　串口通信应用

三菱 FX3G 系列基本单元上可追加的通信扩展板有三种,如图 6-11 所示。

FX3G-485-BD 中内置了终端电阻,可以通过终端电阻切换开关来选定终端电阻的阻值,如图 6-12 所示。

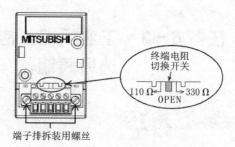

图 6-11 三菱 FX3G 可追加的通信扩展板   图 6-12 终端电阻切换开关

各设备间的连接线缆,通常可以购买市场上有售的成品电缆。但必须注意使用带屏蔽的电缆及使用连接接口为金属框的屏蔽层。当成品连接电缆不能满足实际工作需求时,可以自行制作。具体制作要求可以参阅各 PLC 厂家的技术资料(如三菱 PLC 的《FX 系列微型可编程控制器用户手册(通信篇)》)。

【任务实施】

根据任务要求检索工业机器人应用系统中的相关硬件,结合对应硬件的技术说明书,确定相关硬件的通信硬件接口类型并填入表格,表格格式参考表 6-5 所示的常见工业机器人应用系统设备通信硬件接口分类表(样例)。

表 6-5 常见工业机器人应用系统设备通信硬件接口分类表(样例)

通信硬件接口类型	典型硬件型号
RS-232	
RS-485	
RS-422	
RJ-45	

【归纳总结】

通过总结我们可知,一般小型的 PLC、变频器多支持 RS-232、RS-485、RS-422 通信硬件接口,同时日本品牌和中国台湾品牌也大多支持 RS-232 和 RS-422 硬件接口。具有 RJ-45 通信接口的硬件大多支持以太网通信,也是大多数中高端通信硬件的普遍配置。在现场级的设备多采用 RS-485、RS-232 或者 RS-422 通信接口。监控层和管理层多选用具有 RJ-45 端口的硬件进行集成。

【拓展提高】

不同的通信硬件接口对应的通信电缆的通信插头的制作方法及注意点也不一样,请根据通信硬件接口分类,总结不同通信硬件接口对应的通信电缆相关插头的制作方法和注意事项。

任务6-3 工业机器人应用项目机器人通信软硬件配置选项表制作

【任务介绍】

在工业机器人应用项目里,工业机器人中有大量的状态信息和变量数据需要传输给外部设备,因此,给机器人配置现场总线相关软硬件接口十分必要。在不同的应用项目中,工业机器人需要具备的通信能力不一样,所应用的现场总线类型也不一样。请制作ABB工业机器人、发那科工业机器人、安川工业机器人能够配置的各种总线的通信接口对应的软硬件选项代号,并制作成表。

【任务分析】

要完成该任务,需要储备两个方面的知识,其一,要了解在工业机器人应用领域用到的常见现场总线有哪些,这部分内容可以通过检索网络中工业机器人相关应用领域的介绍获得。其二,要熟悉每种品牌的机器人的各种现场总线软硬件配置附件的代号,这部分内容可以通过查看该款工业机器人的选型手册获得。

【相关知识】

1. 网络系统基本名词

控制系统网络中专用名词、术语很多,难以在有限的篇幅内一一予以介绍,但为了方便读者阅读,现将常用的专业名词简要说明如下。

站(station):在控制网络系统中,将可以进行数据通信、连接外部输入/输出的物理设备称为"站"。

主站(master station):网络系统中进行数据连接的系统控制站,主站上设置有控制整个网络的参数,每一网络系统必须有一个主站,主站的站号固定为"0"。

从站(slave station):网络中除主站以外的其他站称为从站。

远程I/O站(remote I/O station):网络系统中,仅能够处理二进制位(点)的从站,如开关量I/O模块,电磁阀、传感器接口等,它只占用1个内存站点。

远程设备站(remote device station):网络系统中,能够同时处理二进制位(点)、字的从站,如模拟量输入/输出模块、数字量输入/输出模块、传感器接口等,它占用1~4个内存站点。

本地站(local station):工业机器人网络系统中,带有GPU模块并可以与主站以及其他本地站进行循环传输或瞬时传输的站,它占用1~4个内存站点。

智能设备站(intelligent device station):网络系统中,可以与主站进行循环传输或瞬时传输的站,它占用1~4个内存站点。网络中带有CPU的控制装置,如伺服驱动器等,均可以作为智能设备站。

站数(number of station)：连接在同一个网络中，所有物理设备(站)所占用的"内存站数"的总和。

为了进行数据通信，在网络主站中需要建立数据通信缓冲区。工业机器人网络的通信缓冲区一般以 32 点输入、32 点输出，4 字读入、4 字写出为一个基本单位，这样的一个基本单位被称为一个"内存站"。

占用的内存站数(number of occupied stations)：网络系统中，一个物理从站所使用的内存站数。

根据从站性质的不同，通信所占用的内存站数大小不一，一般占用 1～4 个内存站。

模块数(number of modules)：在网络系统中，实际连接的物理设备的数量。

中继器(repeater)：用于网络信号放大、调整的网络互联设备，对传输线路中引起的信号衰减起到放大作用，从而延长网络的连接长度。

一般来说，对于通用 Ethernet，正常的传输距离为 500 m，其覆盖范围较小。但在使用了中继器以后，根据标准规定的 5-4-3 原则(一个网络可以使用 4 个中继器，连接 5 段网络，其中 3 段网络可以连接节点)，其传输距离便可以扩大到 2.5 km。

中继器工作于网络的物理层，只能处理(转发)二进制位数据(比特)，且不管帧的格式如何，它总是将一端输入的信号经过放大后从另一端输出。中继器两侧的网络类型、传输速度必须相同。同样用于延长网络连接长度的常用网络设备还有"网桥"。与中继器相比，网桥的功能更强，它工作于 OSI 模型的第二层，具有将输入的二进制位数据(比特)组织成字节或字段，并将其集成为一个完整的帧的功能。其智能化程度比中继器更高。

网桥可以通过地址的检查，当发送源与目的地分别位于网桥两侧时，允许数据通过网桥(转发功能)；当发送源与目的地位于网桥同侧时，禁止数据通过网桥(过滤功能)。

总之，网桥可以组织与转发需要转发的帧，因此，它可以用于连接不同类型、不同传输速度的网络。

当网络需要在更大范围进行连接时，还需要使用路由器、交换机等设备，其智能化程度与功能比网桥更强。它们不仅可以连接不同类型、不同传输速度的网络，还具有路径选择等更为高级的功能。

循环传输(cyclic transmission)：数据传输方式的一种，它是在同一网络内进行的周期性数据通信的方式。

扩展循环传输(extension cyclic transmission)：循环传输方式的一种，它是通过对数据进行分割，以增加每一内存站进行循环通信的实际点数(连接容量)的循环传输方式。

广播轮询方式(broad polling method)：数据传输方式的一种，它是在同一时间内，同时把数据传送给网络中所有站点的通信方式。

2. 现场总线

1)现场总线概述

现场总线是指安装在制造或过程区域的现场装置与控制室内的自动装置之间的数字式、串行、多点通信的数据总线。它是一种工业数据总线，是自动化领域中底层数据通信网络。

简单说，现场总线就是以数字通信替代了传统 4～20 mA 模拟信号及普通开关量信号的传输，是连接智能现场设备和自动化系统的全数字、双向、多站的通信系统。主要解决工业现场的智能化仪器仪表、控制器、执行机构等现场设备间的数字通信以及这些现场控制设备和高级控制系统之间的信息传递问题。

世界上存在着四十余种现场总线，如法国的 FIP、英国的 ERA、德国西门子公司的 PROFIBUS，挪威的 FINT、Echelon 公司的 LONWorks、Phoenix Contact 公司的 INTERBUS、Robert Bosch 公司的 CAN、Rosemount 公司的 HART、Carlo Gavazzi 公司的 Dupline、丹麦 ProcessData 公司的 P-NET、Peterhans 公司的 F-Mux，以及 ASI（Actuator Sensor Interface）、Modbus、SDS、ARCNET、基金会现场总线 FF（Foundation Fieldbus、WorldFIP、BITBUS、美国的 DeviceNet 与 ControlNet 等。这些现场总线大都用于过程自动化、医药、加工制造、交通运输、国防、航天、农业和楼宇等领域，大概不到 10 种的总线占有 80% 左右的市场。

工业总线网络可归为三类：485 网络、HART 网络、Fieldbus 现场总线网络。

485 网络：RS-485/Modbus 是现在流行的一种工业组网方式，其特点是实施简单方便，而且支持 RS-485 的仪表又特别多。仪表商也纷纷转而支持 RS-485/Modbus，原因很简单，RS-485 的转换接口不仅便宜而且种类繁多。至少在低端市场上，RS-485/Modbus 仍将是最主要的工业组网方式。

HART 网络：HART 是由艾默生提出的一个过渡性总线标准，主要特征是在 4～20 mA 电流信号上面叠加数字信号，但该协议并未真正开放，要加入基金会才能拿到协议，而加入基金会要一定的费用。HART 技术主要被国外几家大公司垄断，近些年国内也有公司在做，但还没有达到国外公司的水平。

Fieldbus 现场总线网络：现场总线是当今自动化领域的热点技术之一，被誉为自动化领域的计算机局域网。它的出现标志着自动化控制技术又一个新时代的开始。现场总线是连接控制现场的仪表与控制室内的控制装置的数字化、串行、多站通信的网络。其关键标志是能支持双向、多节点、总线式的全数字化通信。现场总线技术成为国际上自动化和仪器仪表发展的热点，它的出现使传统的控制系统结构产生了革命性的变化，使自控系统朝着智能化、数字化、信息化、网络化、分散化的方向进一步迈进，形成新型的网络通信的全分布式控制系统——现场总线控制系统 FCS（Fieldbus control system）。然而，现场总线还没有形成真正统一的标准，PROFIBUS、CANBUS、CC-Link 等多种标准并行存在，并且都有自己的生存空间。

现场总线逐渐在工业现场推广，不少设备不但具有传统仪表的功能，而且还具备现场总线的功能。在 DCS 中，现场总线被广泛应用。现场总线在使用中需要注意以下几个问题：

（1）通信距离。现场总线的通信距离一般有一定的要求，例如，PROFIBUS-DP 在 12 Mb/s 速率时，采用标准电缆，可以达到 200 m，如果采用 187.5 Kb/s 速率，可以达到 1000 m。通信距离有两层含义，第一个，是两个节点之间不通过中继器能够实现的距离，一般来说，距离和通信速率成反比；第二个，是整个网络最远的两个节点之间的距离。往往在厂家的介绍材料中对于此类的描述不够清楚，在实际使用中，必须考虑整个网络的范围。电磁波信号在电缆中传递是需要时间的，特别在一些高速的现场总线中，如果增大距离，就必须对一些通信参数进行修改。

（2）线缆选择。现场的环境决定现场总线的通信速度和通信介质。一般而言，现场总线采用电信号传递数据，在传输的过程中不可避免地受到周围电磁环境的影响。大多数现场总线采用屏蔽双绞线。必须注意的是,不同种类现场总线要求的屏蔽双绞线可能是不同的。现场总线的开发者一般规定一种特制的线缆,在正确使用这种线缆的条件下才能实现规定的速率和传输距离。在电磁条件极度恶劣的条件下,光缆是合理的选择,否则局部的干扰可能影响整个现场总线网络的工作。

(3)隔离。一般来说,现场总线的电信号与设备内部是电气隔离的。现场总线电缆分布在车间的各个角落,一旦发生高电压串入,会造成整个网段所有设备的总线收发器损坏。如果不加以隔离,高电压信号会继续将设备内部其他电路损坏,导致严重的后果。

(4)屏蔽。现场总线采用的屏蔽电缆的外层必须在一点良好接地,如果高频干扰严重,可以采用多点电容接地,不允许多点直接接地,避免产生地回路电流。

(5)连接器。现场总线一般没有对连接器做严格的规定,但是如果处理不当,会影响整个系统通信。例如,现场总线一般采用总线型菊花链连接方式,在连接每一个设备时,必须注意如何在不影响现有通信的条件下,实现设备插入和摘除,这对连接器就有一定的要求。

(6)终端匹配。现场总线信号和所有电磁波信号一样具有反射现象,在总线每一个网段的两个终端,都应该采用电阻匹配,第一个作用是可以吸收反射,第二个作用是在总线的两端实现正确的电平,保证通信。因此,现场总线技术是控制、计算机、通信技术的交叉与集成,它的出现和快速发展体现了控制领域对降低成本、提高可靠性、增强可维护性和提高数据采集的智能化的要求。

2)主流总线

下面就几种主流的现场总线做一简单介绍。

(1)FF 现场总线。

FF 现场总线(Foundation Fieldbus)是由现场总线基金会推荐的现场总线,也是 IEC 61158 标准推荐的类型。该总线参照 OSI 模型,由 OSI 的物理层、数据链路层、应用层与用户层组成,其特点是在应用层的基础上增加了一个用户层,设备的互换性与操作性较好,且可以即插即用。

(2)CAN(Controller Area Network,控制器局域网)。

最早由德国 Robert Bosch 公司推出,它广泛用于离散控制领域,其总线规范已被 ISO 国际标准组织制定为国际标准,得到了 Intel、Motorola、NEC 等公司的支持。CAN 协议分为两层:物理层和数据链路层。CAN 的信号传输采用短帧结构,传输时间短,具有自动关闭功能,具有较强的抗干扰能力。特别适用于开关量的控制。CAN 支持多主工作方式,并采用了非破坏性总线仲裁技术,通过设置优先级来避免冲突,通信距离最远可达 10 km(5 Kb/s),通信速率最高可达 1 Mb/s,网络节点数实际可达 110 个。已有多家公司开发了符合 CAN 协议的通信芯片。

(3)DeviceNet。

DeviceNet 是一种低成本的通信连接,也是一种简单的网络解决方案,有着开放的网络标准。DeviceNet 具有的直接互联性不仅改善了设备间的通信,而且提供了相当重要的设备级阵地功能。DeviceNet 基于 CAN 技术,传输速率为 125 Kb/s 至 500 Kb/s,每个网络的最大节点数为 64 个。其通信模式为:生产者/客户(producer/consumer)采用多信道广播信息发送方式。位于 DeviceNet 网络上的设备可以自由连接或断开,不影响网上的其他设备,而且其设备的安装布线成本也较低。DeviceNet 总线的组织结构是 Open DeviceNet Vendor

Association(开放式设备网络供应商协会,简称"ODVA")。

(4)PROFIBUS。

PROFIBUS 现场总线(process field bus)是由 SIEMENS 公司等推荐的现场总线,也是 IEC 61158 标准推荐的类型,符合欧洲 EN 50170 标准与德国 DIN 19245 标准。该总线参照 OSI 模型,由 OSI 的物理层、数据链路层、应用层组成。这是一种不依赖生产厂家的开放性现场总线,各种工业控制设备均可以通过同样的接口进行通信,在德国的工业机器人系统、数控系统(如 SIEMENS 公司)中使用广泛。

PROFIBUS 现场总线标准包括 PROFIBUS-DP(process field bus-decentralized periphery,分布式外围设备现场总线)、PROFIBUS-PA(process field bus-process automation,过程自动化现场总线)、PROFIBUS-FMS(process field bus-field bus message specification,现场总线报文规范)三部分内容。PROFIBUS-DP 用于分散外设间高速数据传输,适用于加工自动化领域。PROFIBUS-FMS 适用于纺织、楼宇自动化、可编程控制器、低压开关等。PROFIBUS-PA 用于过程自动化的总线类型,服从 IEC 1158-2 标准。PROFIBUS 支持主-从系统、纯主站系统、多主多从混合系统等几种传输方式。PROFIBUS 的传输速率为 9.6 Kb/s 至 12 Mb/s,最大传输距离在 9.6 Kb/s 下为 1200 m,在 12 Mb/s 下为 200 m,可采用中继器延长至 10 km,传输介质为双绞线或者光缆,最多可挂接 127 个站点。

(5)CC-Link。

CC-Link 是 control and communication link(控制与通信链路)的缩写,在 1996 年 11 月,由三菱电机为主导的多家公司推出,其增长势头迅猛,在亚洲占有较大份额。在其系统中,可以将控制和信息数据同以 10 Mb/s 高速传送至现场网络。最远距离可以达到 1200 m,网络可以通过中继器进行扩展,并支持高速循环通信与大容量数据的瞬时通信。具有性能卓越、使用简单、应用广泛、节省成本等优点。其不仅解决了工业现场配线复杂的问题,同时具有优异的抗噪性能和兼容性。CC-Link 是一个以设备层为主的网络,同时也可覆盖较高层次的控制层和较低层次的传感层。2005 年 7 月,CC-Link 被中国国家标准化管理委员会批准为中国国家标准指导性技术文件。

(6)INTERBUS。

INTERBUS 是德国 Phoenix Contact 公司推出的较早的现场总线,2000 年 2 月成为国际标准 IEC 61158。INTERBUS 采用国际标准化组织 ISO 的开放化系统互联 OSI 的简化模型(第一、二、七层,即物理层、数据链路层、应用层),具有强大的可靠性、可诊断性和易维护性。其采用集总帧型的数据环通信,具有低速度、高效率的特点,并严格保证了数据传输的同步性和周期性;该总线的实时性、抗干扰性和可维护性也非常出色。INTERBUS 广泛地应用到汽车、烟草、仓储、造纸、包装、食品等工业,成为国际现场总线的领先者。

3.工业网络

1)工业网络技术

工业网络系统从本质上说是计算机网络系统的一种。网络是随着计算机技术的发展而发展起来的技术。随着计算机应用范围的扩大,为了使得计算机能够在更加广大的区域内对大量的信息进行收集、交换、加工、处理、传输,人们发展了通信技术,即通过线路为计算机或外部(终端)设备提供数据交换的信号通路,实现了计算机与终端设备间的数据交换。随后,随着计算机与通信技术的同步、高速发展,通信从最初的计算机与终端,发展成为通过各种手段使得众多功能独立的计算机有机地连接在一起,组成了规模更大、功能更强、可靠性更高的综合信息管理系统,这就是计算机网络系统。

随着信息技术的迅猛发展,网络技术在社会各领域的应用越来越广泛,在工业自动化控制领域也同样如此,工业网络就是其中的代表。当前,自动控制系统正在向着集中管理、多级分散控制的方向发展。实现系统内部,或在更大范围内实现系统与外部的数据交换与资源共享,是建立现代网络系统的根本目的所在。

网络与通信的实质相同,只不过其数据交换的范围更广、更大。但为了区分,一般而言,在本书中的"通信"是指控制系统与外设之间的数据交换,而网络则是指控制系统与多台外设或主机间的相互数据交换。

2)计算机网络技术的发展

总体而言,计算机网络技术的发展可以分为以下两个阶段。

(1)面向终端的网络。

面向终端的网络(terminal-oriented network)由一台计算机与若干远程终端按照"点到点"的方式进行连接,计算机负责管理数据通信与对数据的加工处理。这种通信方式的特点是计算机负担重、线路的利用率低。随着终端的增加,通信距离的加长,为了降低线路成本,出现了公共通信线路的结构。这种结构将多个相对集中的终端,由若干低速线路集中连接到附近的集中器中,由集中器汇集信息,然后通过一条高速通信线路与主机连接,从而大大提高了高速线路的利用率,降低了通信成本。

为了提高通信速率,减轻主机的负担,后来人们又在计算机与终端间增加了前端处理器(front end processor)。前端处理器专门用于数据通信,并备有专门的通信软件,用来解决多线路的通信竞争与分配问题。

以上网络的特点为一方是计算机,另一方是终端,所以称为面向终端的计算机网络。

(2)计算机-计算机网络。

早期的计算机-计算机通信网络的构成是将分布在不同地点的多台主机(host)直接利用通信线路进行连接,以实现彼此间的数据交换,各计算机独立处理、完成各自的任务。这是一种仅以信息的传递与数据交换为主要目的的计算机通信网络互联系统。

两级计算机通信网络、公共数据通信网络(public data network)、计算机局域网(local area network)等均属于计算机-计算机网络。

3)常用的网络系统

(1)两级计算机通信网络。

计算机通信网络的发展后期,网络功能从逻辑上被分为通信处理与数据处理两大部分,网络的物理结构开始出现两级计算机通信网络(如美国国防部的 ARPA 网络等)。

两级计算机通信网络由通信子网(communication subnet)与资源子网(resource subnet)组成。通信子网为内层,主要用于通信处理,它由通信控制处理器(communication control processor,简称 CCP)以及配套的软件、高速通信线路组成,负责全网络的数据传输、转接和通信处理。资源子网为外层,主要用于数据处理,它包括网络中的全部计算机、终端与通信子网接口设备。计算机一方面负责处理各自的任务,同时向网络提供自己的资源,并且共享网络中的全部资源。通信子网与资源子网间通过专门的网络协议进行联系,两层子网并行工作;分工明确,提高了通信速率与数据处理的效率。

(2)公共数据通信网络。

公共数据通信网络是计算机-计算机网络系统的一种,其显著特点是借用了电话、电报、微波通信、卫星通信等公共通信手段,实现了计算机网络的通信联系。

公共数据通信网络的数据线路可以由多个网络共用,用户只需要将自己的网络连入数据网。这种网络的投资少,运行费用低。美国的 Telnet、加拿大的 DATAPAC、欧洲的 EURONET、日本的 DDX 都属于公共数据通信网络。

(3)计算机局域网。

计算机局域网是一种从网络的覆盖范围对计算机-计算机网络进行的定义。计算机网络技术发展主要有两大方向,一是研究远距离、大范围计算机网络,称为远程网或广域网;一是研究近距离、局部范围的计算机网络,称为局域网或局部网。

4)计算机网络系统功能

计算机网络系统一般具有如下功能。

(1)数据传送。数据传送是网络的基本功能之一,其目的是实现计算机与终端设备、计算机与计算机之间的数据交换。

(2)数据共享。计算机网络可以将大量分散的数据迅速集中,并进行分析与处理。网络中的全部计算机都能够相互交换信息,利用网络内部其他计算机的数据资源,各计算机不必再重复设置大容量的数据库,避免了重复投资。

(3)软件共享。计算机网络内的各种共享软件如语言处理程序、服务程序、应用程序可以相互调用,不必进行独立安装。

(4)硬件共享。对于特殊功能的计算机或外部设备,可以全网络共用,以减少投资,提高设备利用率。

(5)提高可靠性。计算机网络中的各计算机可以互相作为后备,当某一计算机出现故障时,可以由其他计算机来处理故障计算机的任务,以保证局部故障时,网络仍然能够正常工作。

(6)分担负荷。当网络中某一计算机负担过重时,可以将新的任务传送给其他计算机,进行分担处理,提高设备的均衡率。

(7)提供通信手段。网络为广大的范围提供了相互交换信息的公共平台,通过网络,各地用户都可以随时进行数据信息的交换。

5)局域网简介

研究近距离、局部范围的计算机网络,称为局域网或局部网。

局域网(LAN)中最为有名的是 Xerox、DEC 与 Intel 公司联合研制的 Ethernet(以太网),在工业机器人系统的信息网中一般也都使用 Ethernet 网。Ethernet 网络的主要技术参数如下:

传输速率:$10 \sim 100$ Mb/s。

拓扑结构:总线型。

通信介质:同轴电缆、双绞线、光缆。

网络访问协议:IEEE802.3、CSMA/CD。

网络层次:OSI 中的数据链路层。

传输类型:报文分组交换,分组长度 $64 \sim 1518$ B。

最大站数:1024 站。

站间的最大距离:2500 m。

6)网络的结构与组成

(1)基本名词说明。

节点与链路:从拓扑的角度,网络中的计算机、终端等称为"节点",节点间的通信线路称为"链路"(link)。

转接节点与访问节点:节点可以分为转接节点与访问节点两类。承担分组传输、存储转发、路径选择、差错处理的称为转接节点,通信处理器、中继站均为转接节点。访问节点也称端点,一般为主机。

报文与路径:信息的传送单位在网络中一般称为"报文"(message),报文发送源节点到目标节点的途径叫路径或通路、信道。

(2)网络的拓扑结构。

网络中节点与链路的连接形式称为网络拓扑结构。网络的拓扑结构主要有以下几种:

①总线型结构。总线型结构的特点是各节点利用公共传送介质——总线进行连接,所有节点都通过接口与总线相连。

总线型结构的数据传送方式一般为"广播轮询方式"(broad polling method),即一个节点发送的信息,在所有节点均可以接收,任何节点都可以发送或接收数据。这种传送方式的缺点是存在总线控制权的争用问题,从而降低传送效率。

②环型结构。环型结构的特点是网络中的各个节点都是通过点—点进行连接,并构成环状。信息传送按照点到点的方式进行,一个节点发送的信息只能传递到下一个节点,下一节点如果不是传送的目标,再传送到下一节点,直到目标节点。环型结构的缺点是当某一节点发生故障时,可能会引起信息通路的阻塞,影响正常的传输。

环型结构又可以分为单环与多环结构,单环结构的信息流一般是单向的,多环结构允许信息流在两个方向传输。环与环之间可以通过若干交连的节点互连,使网络得以进一步延伸。

③星型结构。星型结构的特点是具有中心节点,它是网络中唯一的中断节点,网络中的各节点都分别连接到中心节点上。中心节点负责数据转接、数据处理与管理,网络的可靠性与效率决定于中心节点,中心节点如果出现故障,整个网络将不能工作。

④分支(树型)结构。分支(树型)结构可以分为两种,一种是由总线型结构派生的,通过多条总线按照分支(树型)连接的结构;另一种是由星型结构派生的,按照层次延伸构成的结构,同一层次有多个中断节点(中心节点),但最高层只有一个中断节点。

⑤网状结构。网状结构的特点是各节点间的物理信道连接成不规则的形状。如果任何两节点间均有物理信道相连,则称为"全相连网状结构"。

大型网络一般需要采用上述基本结构中的若干组合。例如:通信子网的基本框架为网状结构,局部采用星型结构与总线型结构等。

7)网络的硬件组成

(1)主机。

负责数据处理的计算机称为主机,它可以是单机,也可以是多机系统。主机应具有完成成批实时与交互式分时处理的能力,并具有相关的通信部件与接口;在分布式网络中,还要考虑程序的兼容与可移植问题。

（2）通信处理器。

在主机或者终端与网络间进行通信处理的专用处理器称为接口信息处理器（interface message processor，简称 IMP），也称通信处理器。它是一种可以编程的通信控制部件，除可以进行通信控制外，还可以完成部分网络管理和数据处理任务。通信处理器的主要功能如下。

①字符处理。所谓字符处理是将字符分解成二进制位的形式，然后进行发送；同样，接收的数据，也通过通信处理器，重新组合为字符。在处理的同时，还要进行串行/并行的转换、字符的编码等。

②报文处理。报文是信息传送的长度单位。报文处理是进行报文的编辑处理，形成"报头"与"报尾"标志符号。报文处理完成后在缓冲存储器中暂存，当主机或线路存在空闲时，按照顺序进行发送。同时，通信处理器还按照一定的算法，对报文进行差错校验，出错时产生错误标记、重发报文等。

③提供网络接口。提供主机与通信处理器、通信处理器与线路的连接接口。

④执行通信协议。为了对传输过程与通信设备进行有效的控制，通信双方必须共同遵守的约定叫网络通信协议或网络协议。这些约定包括字符、报文的格式，通信线路的状态查询，通信路径的选择，信息流量的控制等。

8）工业以太网

工业以太网是应用于工业控制领域的以太网技术，其采用 Ethernet/IP 协议。Ethernet/IP 是适合工业环境应用的协议体系。它是由 ODVA（Open Devicenet Vendors Assocation）和 ControlNet International 两大工业组织推出的。与 DeviceNet 和 ControlNet 一样，它们都是基于 CIP（control and information protocol）协议的网络。Ethernet/IP 是一种面向对象的协议，能够保证网络上隐式（控制）的实时 I/O 信息和显式信息（如组态、参数设置、诊断等）的有效传输。Ethernet/IP 采用和 DeviceNet 以及 ControlNet 相同的应用层协议 CIP。因此，它们使用相同的对象库和一致的行业规范，具有较好的一致性。Ethernet/IP 采用标准的 Ethernet 和 TCP/IP 技术传送 CIP 通信包，这样通用且开放的应用层协议 CIP 加上已经被广泛使用的 Ethernet 和 TCP/IP 协议，就构成 Ethernet/IP 协议的体系结构。

工业以太网在技术上与商用以太网（计算机互联网应用，执行 IEEE802.3 标准）兼容，但是实际产品和应用却又完全不同。这主要表现为普通商用以太网的产品设计，在材质的选用、产品的强度、适用性以及实时性、可互操作性、可靠性、抗干扰性、本质安全性等方面不能满足工业现场的需要。故在工业现场应用的是与商用以太网不同的工业以太网。

工业以太网的特点：价格低廉、稳定可靠、通信速率高。

以太网是应用最广泛的计算机网络技术，几乎所有的编程语言如 Visual C++、Java、Visual Basic 等都支持以太网的应用开发。

100 Mb/s 的快速以太网已开始广泛应用，1 Gb/s 的以太网技术也逐渐成熟，而传统的现场总线最高速率只有 12 Mb/s（如西门子 PROFIBUS-DP）。显然，以太网的速率要比传统现场总线快得多，完全可以满足工业控制网络不断增长的带宽要求。

随着 Internet/Intranet 的发展，以太网已渗透到各个角落，网络上的用户已解除了资源地理位置上的束缚,在联入互联网的任何一台计算机上都能浏览工业控制现场的数据,实现"控管一体化",这是其他任何一种现场总线都无法比拟的。工业以太网网络技术实质上是计算机网络技术在工业控制领域的应用,在组成整体系统时一般可分为 3~4 层结构,如图6-13 所示。

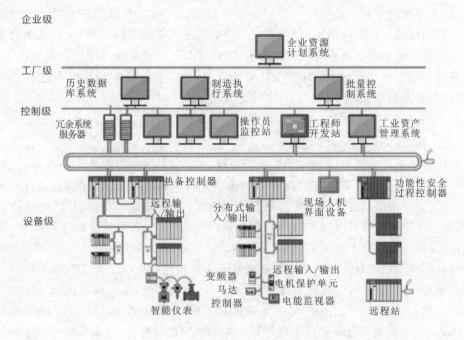

图 6-13　工业以太网

在工业机器人网络系统中,第一层的"企业级"是用于企业管理的网络,它与工厂的计算机管理系统有关,对控制系统来说,通常只需要进行信息的发送与接收,与设备的实际控制关系不是很密切;第四层的"设备级"由于传送的数据量较少,使用、连接、编程均较简单。

控制系统网络最为重要与关键的是第二层的"工厂级"与第三层的"控制级"。前者涉及控制系统的互联技术,后者涉及控制系统与各种控制设备间的连接技术,它们的使用范围最广,对系统的性能影响也最大,是工业机器人网络系统的重要内容。

系统控制网(层)是指连接生产车间内各种设备、上位控制机的网络系统。网络通过采用高速通信与大容量的连接元件,可以将生产车间的各设备有机地联系在一起,并且进行控制设备之间的实时数据传送。

系统控制网通常需要专用协议进行通信,通信速度一般可以达到 25 Mb/s。在可靠性要求高的场合,还可以采用冗余系统。

现场总线按照标准的定义是:连接"安装在设备或过程控制现场的控制装置"与"控制室内的自动控制装置",进行数字式、串行、多点通信的数据总线。现场总线网(层)是通过现场总线进行控制装置、驱动设备的互联的网络系统。"设备级"层中既含系统连接又含 I/O 连接。"设备级"层可以用开放、可扩展、全数字的双向多变量通信与高速、高可靠性的应答,代替传统的设备间所需要的复杂连线,或代替变送器、调节器、记录仪等的模拟量信号,从而使得控制系统的使用范围更广、扩展性更好。

设备内部网也称 I/O 连接网(I/O-link)或执行器-传感器网、省配线网等。这是一种控制系统与设备中的执行元件、检测元件进行连接的网络系统。

设备内部网可以将远离控制系统主机但又相对集中的各种执行元件、检测元件，通过专用的连接器进行汇总，并且通过总线与控制系统主机相连接，从而大大减少了现场接线的工作量。

注意：以上结构仅是就组成完整网络控制系统而言。实际上并非所有控制系统都必须具有以上全部网络层。在工程使用的多数场合，根据系统要求的不同，一般只有其中的某些部分。如对于简单的单台工业机器人构成的系统，通常只使用现场总线网或者设备内部网；对于某些现场控制系统，只使用控制级与设备级等。此外，在部分控制系统中也有将第三层、第四层进行合并的情况。

9）工业以太网的发展状况

（1）以前不用 Ethernet 作现场总线。

Ethernet 区别于其他网络（如令牌网、令牌环网、主从式网络等）的重要特点是，它采用的介质访问控制方法是一种非确定性或随机性通信方式。其基本工作原理是：某节点要发送报文时，首先监听网络，如网络忙，则等到其空闲为止，否则将立即发送，并同时继续监听网络；如果两个或更多的节点监听到网络空闲并同时发送报文，将发生碰撞，同时节点立即停止发送，并等待一段随机长度的时间后重新发送。16 次碰撞后，控制器将停止发送并向节点微处理器回报失败信息。不确定性导致网络可靠性很差。Ethernet 没有用于现场总线的另外一个重要原因是，作为工业现场智能设备的核心组成部分，微处理器在 20 世纪 80 年代时还处于初期发展阶段，功能简单，数字处理能力不强，不能处理 Ethernet 上捆绑使用的 TCP/IP 协议。处理能力差导致系统不能有效识别和处理现场信息，导致系统安全性差。

（2）引入 Ethernet 的必要性。

工业以太网发展动力在于以下几点：

①自动化系统需要将生产流程中的所有东西联网，从最底层传感器到公司内部网（Intranet），以实现对生产过程更为高效的控制。

②现代化生产需要工业网络尽可能扁平，最好是单一网络从顶层到车间一网到底，以减少培训、安装和库存方面的费用。

③技术条件成熟使得以太网到工业现场成为可能。

④最重要的原因是人们对于生产系统信息化的需求。为应对新经济条件下日益激烈的竞争，生产企业必须不断优化生产过程，提高产出的同时最大限度地利用生产资源，并且企业需要保证整个生产系统非预期的停机时间减少，以减少因此带来的损失，另外在产品周期越来越短的情况下，客户对产品的个性化需求也在日益提高，都要求生产系统能够在最短时间内完成产品生产的组态或者组态变更，以缩短产品投放市场的时间。

⑤日益严格的行业法规也越来越要求生产组织者能以最有效的方式来满足这些法规，同时给监管者提供生产方面最大的透明性。基于以上原因，工业以太网在生产管理方面的作用越来越突出。

⑥Ethernet/IP 提供了在 MES、ERP 系统中通用的标签，以满足在构建企业信息化系统中对底层信息的调用和定义，并且减少了底层数据的变化导致整个系统重新组态的风险。

（3）Ethernet 应用于工业现场尚需解决的主要问题。

①Ethernet 实时通信服务质量支持策略。

所谓实时通信服务质量,是指以太网应用于工业控制现场时,为满足工业自动化实时控制要求,而提出的一系列通信特征需求,这些特征包括响应延迟、传输延迟、吞吐量、可靠性、传输失败率、优先级。对应于 ISO/OSI 的七层通信参考模型,以太网技术规范只映射为其中的物理层和数据链路层;而在其之上的网络层和传输层协议目前以 TCP/IP 协议为主,表示层、应用层等没有作技术规定,应用较多的是 FTP、SMTP、HTTP、Telnet、SNMP。这些协议都是非实时性的,因此这些协议所定义的数据结构等特性不适合应用于工业过程控制领域现场设备之间的实时通信。为此,为满足工业现场控制系统的应用要求,必须在 Ethernet+TCP/IP 协议之上,建立完整的、有效的通信服务模型,制定有效的实时通信服务机制,协调好工业现场控制系统中实时和非实时信息的传输服务,形成为广大工控生产厂商和用户所接受的应用层、用户层协议,进而形成开放的标准。

②网络可用性。

网络可用性亦可称为网络生存性,是指系统中任何一组件发生故障,都不应导致操作系统、网络、控制器和应用程序以至于整个系统的瘫痪。它包括可靠性、可恢复性、可管理性等几个方面的内容。

可靠性:组成分布式网络控制系统的控制器、I/O 模块、操作站、工程师站等硬件设备应满足环境适应性要求,相应的软件(包括设备驱动软件、应用程序、操作系统等)必须工作稳定、可靠。

可恢复性:是指当系统中任一设备或网段发生故障而不能正常工作时,系统能依靠事先设计的自动恢复程序将断开的网络链路重新连接起来,并将故障进行隔离。同时,系统能自动定位故障,以使故障能够得到及时修复。

可管理性:是高可用性系统最受关注的焦点之一。通过对系统和网络的在线管理,可以及时地发现紧急情况,并使得故障能够得到及时的处理。可管理性一般包括性能管理、配置管理、在线变化管理等过程。

③网络安全性。

将工业现场控制设备通过以太网连接起来时,由于使用了 TCP/IP 协议,因此可能会受到包括病毒、黑客的非法入侵与非法操作等网络安全威胁,因此网络安全性成为众人关心的另一个重要问题。对此,一般可采用网关、服务器等网络隔离的办法。

(4)需考虑的因素。

今天的控制系统和工厂自动化系统中,以太网的应用几乎已经和 PLC 一样普及。但现场工程师对以太网的了解,大多来自他们对传统商业以太网的认识。很多控制系统工程甚至直接让 IT 部门的技术人员来实施。但是,IT 工程师对于以太网的了解,往往局限于办公自动化商业以太网的实施经验,可能导致工业以太网在工业控制系统中实施的简单化和商业化,不能真正理解工业以太网在工业现场的意义,也无法真正利用工业以太网内在的特殊功能,常常造成工业以太网现场实施的不彻底,给整个控制系统留下不稳定因素。

简单来说,要考虑工业以太网通信协议、电源、通信速率、工业环境、安装方式、外壳对散热的影响、简单通信功能和通信管理功能、电口和光口等。这些都是最基本的需要了解的产品选择因素。如果对工业以太网的网络管理有更高要求,则需要考虑所选择产品的高级功能,如信号强弱、端口设置、出错报警、串口使用、主干冗余、环网冗余、服务质量、虚拟局域网

(VLAN)、简单网络管理协议(SNMP)、端口镜像等其他工业以太网管理交换机中可以提供的功能。不同的控制系统对网络的管理功能要求不同,自然对管理交换机的使用也有不同要求。控制工程师应该根据其系统的设计要求,挑选适合自己系统的工业以太网产品。

由于工业环境对工业控制网络可靠性能的超高要求,工业以太网的冗余功能应运而生。从快速生成树冗余、环网冗余到主干冗余,都有各自不同的优势和特点。控制工程师可以根据自己的要求进行选择。

由于现场总线种类繁多,标准不一,很多人都希望以太网技术能介入设备低层,广泛取代现有现场总线技术。由于技术的局限和各个厂家的利益之争,这样一个多种工业总线技术并存、以太网技术不断渗透的现状还会维持一段时间。大部分现场层仍然会首选现场总线技术。用户可以根据技术要求和实际情况来选择所需的解决方案。

【任务实施】

将检索到的关于工业机器人应用最常见的现场总线类别和工业机器人每种现场总线配置的软硬件的相关信息制作成表(参考表 6-6),完成本任务。

表 6-6　工业机器人应用项目机器人通信软硬件配置选项表(样例)

工业机器人现场总线名称		工业以太网	PROFIBUS-DP	PROFIBUS-PA	Device Net	…
ABB	软件					
	硬件					
发那科	软件					
	硬件					
安川	软件					
	硬件					

【归纳总结】

在大多数工业机器人系统集成应用中,工业机器人需要将自身的状态传递给外部设备,作为外部工艺过程实施的参考条件。例如工业机器人的运行模式、工业机器人的程序指针、工业机器人是否在作业等待点、工业机器人的启停状态、工业机器人的报警状态、工业机器人的工艺作业状态等。同时工业机器人也需要接收外部的很多信息,例如启动命令、回作业等待点命令、程序指针返回 main 命令、急停命令、执行工艺程序命令、外部视觉坐标数据等。这些输入输出数据仅仅依靠工业机器人的 I/O 板来传输是远远不够的,因此在工业机器人复杂工艺应用中相关的现场总线软硬件配置非常重要,掌握不同品牌的不同总线配置方式十分实用。

【拓展提高】

针对不同的工艺,工业机器人有不同的工艺软件包作支撑,在这些针对性的软件包中有专用的工艺指令来帮助实现相应的工艺功能。请结合本任务实施方法,将任务介绍中的三款机器人不同的工艺软件包的代号进行列表整理。

◢ 任务6-4 绘制 ABB 工业机器人应用系统中配置 PN 通信流程图 ◤

【任务介绍】

PROFIBUS 现场总线是由西门子公司推出的一种最新的通信总线,在工业机器人应用项目中,利用西门子 S7-1200 PLC 与 ABB 机器人组成的硬件配置中,机器人和 PLC 之间要通过现场总线进行数据传递,因此熟悉如何配置二者间的通信十分重要。请绘制配置二者之间 PN 现场总线的流程图。

【任务分析】

配置西门子 PLC 和具有 PN 通信能力的 ABB 工业机器人之间的现场总线,主要是在两个系统中分别分配对应的通信参数和数据交换区参数,包括 IP 地址、硬件端口对应关系、硬件配置文件、数据交换区大小、数据交换区地址划分等。将上述参数的配置过程用流程图展现出来就完成了本任务。

【相关知识】

1. 调试工具

1)西门子 S7-1200 PLC

SIMATIC S7-1200 是一款紧凑型、模块化的 PLC,可完成简单逻辑控制、高级逻辑控制、HMI 和网络通信等任务。它是单机小型自动化系统的完美解决方案,对于需要网络通信功能和单屏或多屏 HMI 的自动化系统,易于设计和实施,具有支持小型运动控制系统、过程控制系统的高级应用功能。

集成的 PROFINET 接口用于进行编程以及 HMI 和 PLC 到 PLC 通信。另外,该接口支持使用开放以太网协议的第三方设备。该接口具有自动纠错功能的 RJ-45 连接器,并提供 10~100 Mb/s 的数据传输速率。它支持多达 16 个以太网连接以及以下协议:TCP/IP、ISO on TCP 和 S7 通信。

2)ABB IRB1410 机器人

ABB IRB1410 机器人是由 IRB1410 本体和 IRC5 控制柜组成,其中完成通信数据交互功能的硬件是 IRC5 控制柜。

IRC5 控制柜(灵活型控制柜)由一个控制模块和一个驱动模块组成,可选增一个过程模块以容纳定制设备和接口,如点焊、弧焊和胶合设备等。

完善的通信功能是 IRC5 控制柜的一个特性。PCI 总线扩展槽中可安装几乎任何常见类型的现场总线板卡,其中包括满足 ODVA 标准、可使用众多第三方装置的 500 kb/s 单信道 DeviceNet,支持最高速率为 12 Mb/s 的双信道 PROFIBUS-DP 以及可使用铜线和光纤接口的双信道 Interbus。另外一个插槽可安装一块三信道以太网卡,其中一个信道可供 ABB 作为标准选购件提供的 Ethernet/IP 现场总线使用,另外两个信道可连接驱动模块和模块前部的操作员面板。后者可接插外部 PC 机,执行系统配置和编程及下载等任务,比使用示教器更加高效。另外还有一个插槽可用来安装串行接口卡。

2. 操作内容

（1）创建名为"Commission IRB1410 WITH S7-1200 BY PN"的项目。

（2）打开创建项目，并组态通信网络，设置配置参数。

（3）在 IRB1410 机器人系统中，配置其与 S7-1200 通信的参数和设置。

（4）连接 IRB1410 和 S7-1200 间的硬件通信网络，并进行数据传输实验。

软硬件配置如下：

（1）操作系统：连接 S7-1200 的 PC 机一台、操作系统 Windows 7 Professional、SP1（64-b）。该 PC 机安装了 TIA Portal V14 软件。

（2）IRB1410 机器人。ABB IRB1410 机器人是由 IRB1410 本体和 IRC5 控制柜组成，其中完成通信数据交互功能的硬件是 IRC5 控制柜。

机器人的系统选项配置如下：

RobotWare　Base；

709-1　DeviceNet Master/Slave；

888-2　PROFINET Controller/Device；

608-1　World Zones；

613-1　Collision Detection；

616-1　PC Interface；

617-1　FlexPendant Interface；

623-1　Multitasking。

（3）S7-1200 PLC。本实验系统使用到的 PLC 的 CPU 为 6ES7 212-1AE40-0XB0，它具有 75 KB 工作存储器；DC 24 V 电源，板载 DI8×DC 24 V 漏型/源型，DQ6×DC 24 V 和 AI2；板载 4 个高速计数器（可通过数字量信号板扩展）和 4 路脉冲输出；信号板扩展板载 I/O；多达 3 个用于串行通信的通信模块；多达 2 个用于 I/O 扩展的信号模块；0.04 ms/1000 条指令；PROFINET 接口，用于编程、HMI 和 PLC 间数据通信。

（4）连接电缆。推荐使用西门子 PN 通信电缆连接 IRB1410 机器人及 S7-1200 PLC。若因条件限制，也可自行制作对等网线连接 IRB1410 机器人和 S7-1200 PLC，但要求所使用网线及 RJ-45 水晶头为超五类产品。

系统拓扑图如图 6-14 所示。

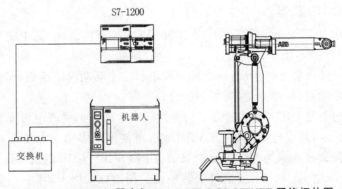

图 6-14　IRB1410 机器人与 S7-1200PLC PROFINET 网络拓扑图

3. 项目配置

S7-1200 PLC 配置：打开 TIA 博途，如图 6-15 所示。

创建新项目，如图 6-16 所示。

图 6-15 打开博途软件界面

图 6-16 创建新项目及设置项目信息界面

硬件组态，如图 6-17～图 6-24 所示。

图 6-17 硬件组态添加 S7-1200 PLC 界面

图 6-18 硬件组态成功添加 S7-1200 CPU 界面

图 6-19 硬件组态添加 S7-1200 PLC16DI/16DO 模块界面

图6-20 硬件组态安装 ABB 工业机器人 PN 通信组态配置文件

图 6-21 硬件组态中 ABB 工业机器人 PN 通信组态配置文件位置

图 6-22 硬件组态添加 ABB PN 通信配置文件到网络中去

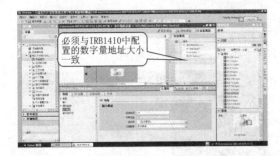

图 6-23　硬件组态添加 ABB 通信组态文件数字量
　　　　输入模块

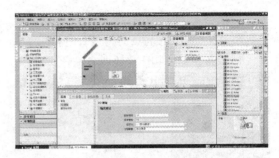

图 6-24　硬件组态添加 ABB 通信组态文件数字量
　　　　输出模块

分配 IP 地址和设备名称-IP 地址设置，如图 6-25 和图 6-26 所示。

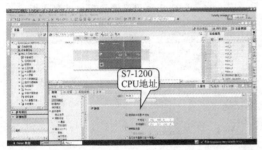

图 6-25　设置 PLC 的 IP 地址

图 6-26　设置 S7-1200 的 PROFINET 设备名称

分配 IP 地址和设备名称-PROFINET 接口设置，如图 6-27 和图 6-28 所示。

图 6-27　设置 IRB1410 网络组态 IP 地址

图 6-28　设置 IRB1410 的 PROFINET 设备名称

IRB1410 机器人配置，如图 6-29～图 6-33 所示。

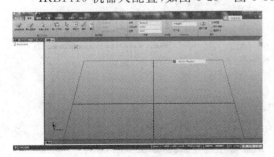

图 6-29　打开 RobotStudio 软件

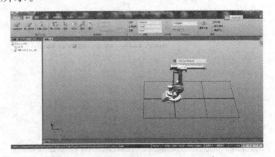

图 6-30　在 RobotStudio 软件中添加
　　　　ABB IRB1410（1）

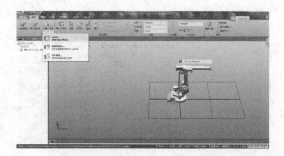

图 6-31　在 RobotStudio 软件中添加
ABB IRB1410(2)

图 6-32　在 RobotStudio 软件中为 ABB IRB1410
创建系统

图 6-33　在 RobotStudio 软件中添加
ABB IRB1410 系统选型

设置 IRB1410 机器人的 IP 地址,如图 6-34～图 6-42 所示。

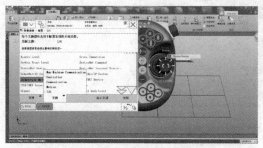

图 6-34　进入控制面板"Communication"主题

图 6-35　进入"控制面板"—"Communication"
主题窗口

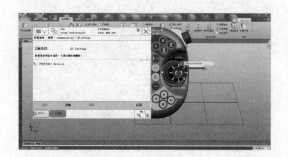

图 6-36　进入"Communication"—"IP Setting"窗口

图 6-37　进入"IP Setting"—"PROFINET Network"
窗口

图 6-38　进入"IP"设定窗口

图 6-39　进入"Subnet"设定窗口

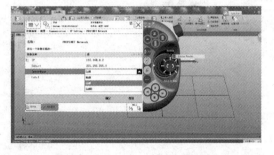

图 6-40　进入"Interface"设置窗口

图 6-41　进入"Communication"—"Static VLAN"
窗口

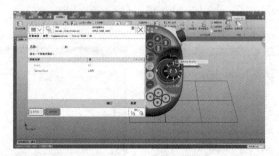

图 6-42　进入"Static VLAN"—"X5"设置窗口

设置 IRB1410 机器人的 PROFINET 站点名称，如图 6-43～图 6-49 所示。

图 6-43　进入"ABB 菜单"—"控制面板"窗口

图 6-44　进入"控制面板"—"I/O"窗口

图 6-45 进入 "I/O" — "Industrial Network" 窗口

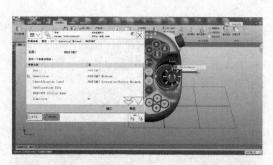

图 6-46 进入 "Industrial Network" — "PROFINET" 窗口

图 6-47 设定 "PROFINET" — "PROFINET Station Name"

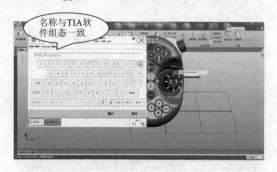

图 6-48 输入 "PROFINET Station Name" 内容

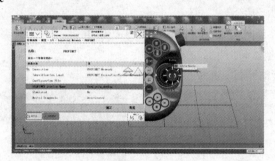

图 6-49 "PROFINET Station Name" 命名为 "Irc5_pnio_device"

创建机器人与 PLC 进行 PN 通信的虚拟板卡,如图 6-50 和图 6-51 所示。

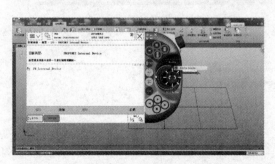

图 6-50 打开 "PROFINET Internal Device" 窗口

图 6-51 修改虚拟板 "PN_Internal_Device" 参数

创建机器人与 PLC 进行 PN 通信的信号，如图 6-52～图 6-55 所示。

图 6-52　进入"控制面板"—"I/O"窗口

图 6-53　创建归属虚拟板的数字量输入信号
"From_PLC_DI0"

图 6-54　创建归属虚拟板的数字量输出信号
"To_PLC_DO0"

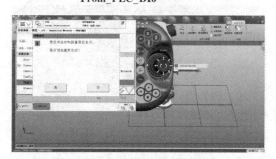

图 6-55　重启示教器，激活修改

4. 测试 IRB1410 机器人与西门子 S7-1200PLC 通信

S7-1200PLC 通信测试，如图 6-56 所示。

IRB1410 机器人通信测试，如图 6-57 所示。

图 6-56　S7-1200 通信监控窗口

图 6-57　IRB1410 通信监控窗口

联机通信测试，如图 6-58 所示。

图 6-58　IRB1410 与 S7-1200 网络视图通信联机监控

【任务实施】

根据相关知识关于配置 PLC 和机器人之间的 PN 通信过程的详细步骤，了解配置二者通信需要设置的具体参数和顺序，使用绘制流程图的软件以上述配置参数操作为步骤，以设置参数先后顺序为流程，绘制配置 PLC 与机器人间的 PN 通信的流程图。

【归纳总结】

尽管本任务中只介绍了关于工业机器人应用系统中 PLC 与机器人间的 PN 通信的配置方法，但是这种流程具有一定的通用性。常见的工业机器人应用系统的现场总线一般都会配置包括地址、硬件端口对应关系、硬件配置文件、数据交换区大小、数据交换区地址划分等参数，了解了这个规律，配置其他现场总线时可以进行参考。

【拓展提高】

请检索资料绘制配置工业机器人外部轴的操作流程图。

参考文献

[1] 全国电气信息结构、文件编制和图形符号标准化技术委员会.电气技术用文件的编制 第1部分:规则:GB/T 6988.1—2008[S].北京:中国标准出版社,2008.

[2] 电力行业电气工程施工及调试标准化委员会.电气接地工程用材料及连接件:DL/T 1342— 2014[S].北京:中国电力出版社,2014.

[3] 全国工业机械电气系统标准化技术委员会.机械电气安全 机械电气设备 第1部分:通用技术条件:GB 5226.1—2008[S]北京:中国标准出版社,2008.

[4] 全国工业机械电气系统标准化技术委员会.机床电气图用图形符号:JB/T 2739—2015[S].北京:机械工业出版社,2015.

[5] 全国工业机械电气系统标准化技术委员会.机床电气设备 电路图、图解和表的绘制:JB/T 2740—2015[S].北京:机械工业出版社,2015.

[6] 全国工业机械电气系统标准化技术委员会.机床电气设备及系统 电气控制柜技术条件:JB/T 12384—2015[S].北京:机械工业出版社,2015.

[7] 周海涛.机电工程项目管理[M].徐州:中国矿业大学出版社,2013.

[8] 陈冠玲.电气CAD[M].3版.北京:高等教育出版社,2016.

[9] 阳宪惠.现场总线技术及其应用[M].2版.北京:清华大学出版社,2008.